数学文化融入大学数学教学的实践研究

黄永彪 著

合肥工業大學出版社

内 容 简 介

狭义的数学文化是指数学的思想、精神、方法、观点、语言，以及它们的形成和发展。广义的数学文化除上述内涵以外，还包含数学家、数学史、数学美、数学教育等内容。

本书主要从数学文化的基本理论、数学文化与数学教学、大学数学教学原理与创新、大学数学教学的基本训练解读、大学数学教学与能力培养探析等方面讲述数学文化在大学数学教学中的实践研究。

本书可供大学数学教师参考学习。

图书在版编目（CIP）数据

数学文化融入大学数学教学的实践研究/黄永彪著. —合肥：合肥工业大学出版社，2022.8

ISBN 978-7-5650-6036-6

Ⅰ.①数… Ⅱ.①黄… Ⅲ.①高等数学—教学研究—高等学校 Ⅳ.①O13

中国版本图书馆 CIP 数据核字（2022）第 157601 号

数学文化融入大学数学教学的实践研究

黄永彪 著　　　　责任编辑 郭 敬

出 版	合肥工业大学出版社	版 次	2022 年 8 月第 1 版
地 址	合肥市屯溪路 193 号	印 次	2022 年 8 月第 1 次印刷
邮 编	230009	开 本	710 毫米×1010 毫米 1/16
电 话	理工图书出版中心：0551-62903004	印 张	15.25
	营销与储运管理中心：0551-62903198	字 数	270 千字
网 址	www.hfutpress.com.cn	印 刷	安徽联众印刷有限公司
E-mail	hfutpress@163.com	发 行	全国新华书店

ISBN 978-7-5650-6036-6　　　　定价：45.00 元

前 言

从文化学的角度理解数学，对于大学数学教育具有特别重要的意义。因为只有当数学本身是一种文化时，才可以称之为数学文化；同时，对大学生进行数学思想和文化的培养是大学数学教学中的一个重要方面，对学生思想逻辑能力和思维方式的培养有着重要影响。目前，数学文化正在不断被融入大学数学教学中，逐渐得到各高校数学教师的高度重视和广泛关注。大学数学教师是数学文化史料研究和传承的中坚力量，在大学数学教学中恰当地融入数学文化教学，既能激发学生学习大学数学的兴趣和主动性，又能提高大学数学教学的效果和教学质量。

鉴于此，笔者撰写了本书。本书在内容编排上共设置了七章。其中，第一章作为本书论述的基础和前提，主要阐释数学文化的内涵与特点、内容与形态以及数学文化的重要价值和学科体系；第二章是数学文化与数学教学，内容涵盖数学本质及其文化意义、数学教学及其意义、数学文化与数学素质教育、大学数学文化教学反思与维度；第三章和第四章分别论述大学数学教学原理与创新、大学数学教学的基本训练解读；第五章和第六章突出实践性，分别对大学数学教学与能力培养、在大学数学教学中融入数学文化进行研究；第七章为数学文化融入大学数学教学的实践例证。

全书结构合理、论述清晰，力求达到理论与实践相结合，让读者在学习基本方法和理论的同时，注重感悟数学的思维、理念和精神，以达到提高能力、提升素质的目的。

笔者在撰写本书的过程中，得到了许多专家的帮助和指导，在此表示诚挚的谢意。

由于笔者水平有限，加之时间仓促，书中所涉及的内容难免有疏漏之处，希望各位读者多提宝贵意见，以便笔者进一步修改，使本书更加完善。

编 者

2022 年 3 月

前言

目　录

第一章　数学文化的基本理论

第一节　数学文化的内涵与特点

一、数学文化的内涵

数学文化的内涵是指在一定历史发展阶段，由数学共同体在从事数学实践活动过程中所创造的物质财富和精神财富的总和①。数学文化的内涵应体现在其历史性、主体性，可从三个层面来理解：最高层面、与其他科学关系层面、与社会生活关系层面。此外，数学文化还包括数学推理方法、归纳方法、抽象方法、整理方法和审美方法等，数学具有丰富的文化内涵，也具有独特的精神领域。

数学文化是客观看待世界的文化，也是量化描述世界的文化。从数学的角度认识世界即从抽象的角度认识世界，运用数学的规则体系，数学家不仅在探究用数学语言描述世界的方式，还在找寻用数学方法量化世界的模式。数学不但可以应用于对客观事物的描述，而且可以应用于对精神事物的描述。数学具有推理的能力、规划的能力和抽象事物的能力。数学作为一种文化在人类文化中占据重要的地位。它与人类文化密切相关，和人类文化共生，代表着人类文化的基本形态。

数学的学科门类可以归为自然科学，也可以归为文化学科。数学文化不同于艺术文化和技术类的文化，它包含在广义的科学文化范畴之内。“数学文化”这个概念是近些年兴起的，过去数学文化的提法是“数学与文化”，这个提法将数学和文化当作两个事物，割裂了数学与文化的关系。其实数学与文化是一个有机的组合体，数学本身就具有深厚的文化，因此“数学文化”这

---

① 陈克胜．基于数学文化的数学课程再思考［J］．数学教育学报，2009，18（1）：22－24.

一提法更能体现数学与文化的关系。

数字文化的内涵广泛，一般从狭义角度和广义角度来定义数学文化。狭义的数学文化主要包括数学的观点、数学的学科精神、数学的解决方法、数学的学科语言，以及数学形成与发展的历程。广义的数学文化还包括数学家的故事、数学发展历史、数学的学科审美、数学的相关教育等，数学的人文内容被纳入了广义的数学文化之中，数学文化与其他学科的文化有着密切的联系。

人类具有抽象思维的能力，数学就是人类这一能力创造性发展的成果，数学属于精英文化，具有高层次的特性。数学文化重视探索精神，推动着人类社会的发展。

二、数学文化的特征

作为人类文化的有机组成部分和特定形式的数学文化，与人类整体文化血肉相连。它除了具有人类文化的基本血脉外，还应该具备数学科学所特有的基因，且并非二者的简单组合，应是二者的有机融合。

数学文化一般具有如下特征：规范特征、审美特征、认知特征、历史特征、价值特征、民族特征。这些特征并非截然分离，而是相互之间有着千丝万缕的联系，并相互产生不同影响①。

（一）规范特征

作为文化的数学，其基本特点是规范性，这一特点是由数学的符号化、模式化特点所决定的，并具体体现在数学表达形式的规范性上。例如，用以描述现实世界的各种量、量的关系及变化的数学语言就具有规范、简洁、方便的特征。数学文化系统中，对数学文化成员的数学活动都有规范性要求。例如，在数学中，对于每一个公式、定理都要经严格规范地证明以后才能确立。数学的推理步骤都是严格、规范地遵守诸法则的，以保证从前提到结论的推导过程中，其每一个步骤都是准确无误的。所以，运用数学方法从已知的关系推求未知的关系时，所得到的结论就具有规范性、确定性和可靠性。

（二）审美特征

审美特征是构成数学文化的重要内容。数学是很美的，而且是高雅的美。数学的这种美除了具有科学美的一切特性，还具有艺术美的某些特性；既具有逻辑美，又具有奇异美；不但内容美，而且形式美；不但思想美，而且方

① 代钦．释数学文化［J］．数学通报，2013，52（4）：1－4.

法美、技巧美；还有统一美，对称美，和谐美，简洁美等。数学所展示的美是揭示事物内在所蕴涵的规律性的美，与自然界的美是高度统一的。例如，微积分被视为人类精神创造的花朵，傅里叶级数被形容为数学的诗；当一个物体中两个量的比例关系达到一个简单的数字0.618（黄金分割点）时，看起来最和谐、最美。在数学的研究中，数学家们往往根据审美的标准选择自己的研究方向，用审美的标准对数学理论进行评价和取舍。数学美极具迷人的魅力，是激励数学家们进行数学研究和创造的强大动力。数学文化的审美追求已成为数学发展的重要原动力，无论是何种数学文化，都具有审美特征，表现出不同程度的审美意识。

（三）认知特征

数学文化的认知特征是数学文化的文化成员对他们所在的与数学有关的环境、数学文化的历史传统，以及数学文化事件中人和事的认知的总和，认知特征的典型成就是认知者的习得结果，也与每一个体的体验密切相关[①]。将数学中所蕴含的文化运用到实际学习和生活中，能改善人们的认知结构，提高思维能力，增强实际应用能力。

（四）历史特征

数学文化本身是具有传承性的，数学文化的历史特征是在原有的基础上的延续、逐步累积、不断发展进步和完善的结果。数学科学的历史长河源远流长，无论发展到什么程度，都离不开历史和积淀过程。纵观数学发展的历史，既是一部文明史，也是一部文化史。数学科学的社会历史性决定了数学文化是长期的历史沉淀，数学文化也必然具有独特的历史特征。数学文化可以说是一种以数学家为主导的数学共同体所特有的观念、行为、态度和精神，是数学共同体所特有的生活或行为方式，或者说是一种特定的数学传统。数学文化以其独特的思想体系保留并记录了数学共同体在特定的历史阶段和数学实践中所创造的文化。

（五）价值特征

数学文化的价值特征就是数学文化的文化成员因生存或求知等需要而学习数学文化或应用数学文化的工具性特征。例如，中国从清末开始逐渐摆脱传统数学而完全转向学习西方数学，这与其当时的“科学救国”之需要有关。数学文化教育对学生的发展是有深远影响的。比如，数学的逻辑思维使他做

---

① 代钦．释数学文化［J］．数学通报，2013，52（4）：1-4.

事条理，以及学习、工作出众；数学学习中形成的理性精神，使他不畏权威、理性思考；受到数学追求效率的熏陶，他在讲话时不会废话连篇等。马克思曾明确指出："一门科学只有当它能够成功地运用数学时，才算真正发展了。"这更恰如其分地表述了数学文化所具有的价值特征。

（六）民族特征

数学文化的民族特征就是数学文化有民族的烙印。郑毓信教授就提出：数学文化是一种由职业因素（居住地、民族等因素）联系起来的特殊群体（数学共同体）所特有的行为、观念和态度等[①]，也就是说数学文化本身具有地域、民族等特性。从数学文化发展的历史层面看，不同民族、不同地域都曾在不同时期各自发展着数学文化，其中有的还有相当精深的发展。这种固有的、与民族文化共兴衰的数学传统深刻地折射出不同民族的精神追求、自然观念和思维旨趣[②]。

三、数学文化的特点

数学文化综合了各个分支的基本观点，综合了众多的思想方法。因此，数学文化的特点具有多面性，具体如图 1-1 所示。

（一）思维性

数学研究的本质就是通过数学思维来展示现实世界的量化关系和空间关系。数学研究的成果大多体现为数学思维成果，数学思维贯穿在数学文化之中。可以说，思维是数学文化的根本，数学文化在很大程度上反映为数学思维。

（二）数量化

一个人数学素养的高低很大程度上取决于其数量化处理能力的强弱。数学文化中的事物都是被数字量化的，数量化是数学文化区别于其他文化的独特之处。任何一种数学方法的应用过程皆是首先把所研究的客观对象进行数量化处理，然后对其进行测量、数量分析和计算，最后使用数学符号、数学式子以及数量关系抽象、概括出数学结构。数量化处理能力包括良好的数字信息感觉、良好的数据感以及可量化描述知识的技能，最关键的是发现数量关系的能力。所谓发现数量关系就是力求找到序列化、可测度化、可运算化描述客观事物的系统。数量化处理是数学的生命。它的具体而广泛的应用促

---

① 郑毓信，王宪昌，蔡仲．数学文化学［M］．成都：四川教育出版社，1999.

② 聂晓颖，黄秦安．论数学课堂文化的内涵与模式及对培养数学核心素养的价值［J］．数学教育学报，2017，26（2）：71-74.

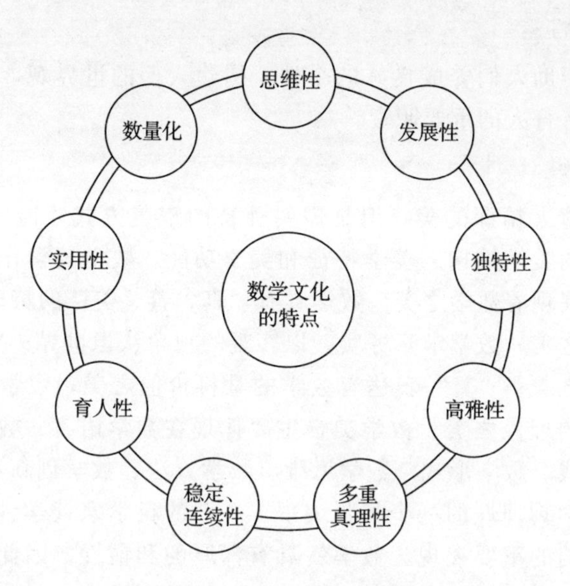

图 1-1 数学文化的特点

进了数学的发展。数学文化的一个重要内容就是展示如何通过数量化处理来解决具体问题。

（三）发展性

数学和社会发展同步，数学文化是一种具有探索精神的文化。数学研究是一个不断发展的过程，数学家寻找完备的模型，又打破完备的数学模型，然后再度寻找完备的数学模型，这种发展性的循环使得数学文化不断得到发展，并推动着人类社会的发展。数学文化的学科魅力存在于不断的发展之中，发展性赋予数学文化强大的生命力。

（四）实用性

数学是一门应用性很强的学科，具有强大的实用性。在现实生活中，数学是人人都能用得到的一种学科工具。数学具有简洁、有效的特点，许多学科的研究离不开数学的辅助，数学和很多学科有着深度的交融。

（五）独特性

数学文化的思想结构是以理性认识为主的，理性思维是数学文化思维的核心。数学的理性思维较为多元，包含多种思维类型，如数学逻辑思维、数学直觉思维、数学想象思维、数学潜意识思维等。数学思维是对多种思维类型的综合运用，多种思维类型在数学思维的框架下协调配合，这使得数学思维具有独特的价值。

（六）育人性

数学能够帮助人们养成良好的个性，构建人们的世界观，数学学科和文化学科一样负有育人的重要职责。

（七）高雅性

数学具有博大精深的美，但是需要独特的审美方式才能感知数学的美。数学具有独特的美学结构、美学特征和美学功能。数学美学作为数学的一个分支，详尽地展现着数学之美。数学具有“真、善、美”的特质，“真”表达着数学的科学之美，数学求真务实，以客观的视角认识世界；“善”表达着数学的社会价值之美；“美”表达着数学的学科价值之美，数学具有精妙的结构，具有深厚的理性之美。数学美学主要体现在数学语言、数学体系、数学结构、数学模式、数学形式、数学思维、数学方法、数学创新和数学理论上。数学之美是数学真理性的一个外化表现。著名的科学家钱学森就说过，宇宙真理的和谐是美的重要表现。数学就具有深厚的和谐性，因此在探究数学之美的时候，不能抛开数学的“真、善、美”，不能以唯美主义倾向来认识数学之美。数学的美是通过本身的规律和结构加以体现的。因此，在数学研究中美学因素有着特别重要的地位，通常人们在一定程度上把数学看作一种艺术。

（八）稳定、连续性

数学知识是明确量化的知识，数学文化遵循一定的数学规律，具有连续性。很多数学家都说过，数学是自律性很强的一门学科。与其他学科相比，数学在漫长的发展和演变过程中始终保持着稳定和连续的发展状态，数学被认为是最具确定性和真理性的学科。

（九）多重真理性

数学不仅仅包含着自然的真理，还包含着多重的真理，数学是一个多重的真理体系。数学在人类客观描述世界的过程中发挥着重要的作用，数学自古以来就作为人类描绘世界的图式而存在着。数学学科往往通过各种抽象的数学符号、数学概括、数学形式来实现对数学真理的表述。

第二节　数学文化的内容与形态

一、数学文化的内容

数学文化在发展的过程中不断地被扩宽、外延，其内涵也在加深。下面将从以下几个方面分析数学文化的内容。

（一）数学知识文化

学习数学知识有助于培养人们的科学文化素质，研究数学可以使人更加严谨。数学知识学习中数学思维的训练对培育人的素质起着重要作用，数学使人明智，学习数学对个人素质培育的意义非凡。以著名的科学家牛顿和爱因斯坦为例，他们在学习数学知识中造就的品质在他们的科学研究中发挥着重要的作用，数学对他们实现自身价值起着重要的作用。

（二）数学人文精神文化

数学有助于丰富人们的精神世界，提高人们的精神文化水平。数学在改善人们思维方式的同时，也完善着人们的精神品格。学习数学有助于培养人们踏实细致、团结协作的做事风格。数学要求人们以创新、发展的思维来学习和研究，因此数学也有助于培养人们的创新精神。数学符合辩证唯物主义和历史唯物主义哲学的思想，可以帮助人们树立良好的哲学观。数学的研究具有难度，因此学习数学也有助于锻炼人们的意志力，培养人们克服困难、勇于挑战的精神。此外，数学具有深邃的学科之美，如数学图形之美、数学符号之美、数学奇异之美，还有着美育的作用。

（三）数学史文化

数学不仅仅是研究数字的学科，也是文化的学科。在数学发展的漫长历史中，涌现了许多感人至深、可歌可泣的学科故事。数学发展的历史作为人类文化历史的重要组成部分，对推动世界发展起着重要的作用。数学的思想影响着世界，数学的大事记也影响着历史发展。数学史文化中蕴含着丰富的思维文化和创新内容①。

（四）数学思想文化

数学具有很高的文化教育意义，这主要体现在数学思想的教育和数学方法的教育两个方面。只会解决数学题目，但是不能深入理解题目背后的数学方法和思想，并不能真正理解数学。真正地理解数学是理解数学题目背后反映的数学思想和数学方法，掌握数学文化所特有的文化观念。

数学的基本观点是数学思想的具体展现。数学思想主导着数学的研究和学习，它是数学文化的本质体现，在数学文化中占有较高层次的地位。数学的化归思想、函数方程思想、符号运算思想、数形结合思想、集合对应思想、

---

① 孙亚洲．大学数学教学中数学文化渗透的途径［J］．当代旅游，2019（12）：160.

分类讨论思想、运动变化数学等是运用比较广泛的数学思想。

数学方法是数学解决具体问题的办法，在数学实践过程中扮演着重要的角色。数学方法承载并展现着数学思想。常见的数学方法有配方法、换元法、恒等变化法、判别式法、伸缩法、映射反演法、对称法等。通过数学方法的运用可以切实地解决具体数学问题，但数学方法的意义不仅仅局限于解决数学问题，其在日常生活中也有着重要的作用。

（五）数学语言文化

数学语言是一种有别于自然语言、文化语言的独特的语言形式。数学文化与人类文化密切相关，数学文化代表着人类文化的基本形态。数学语言主要通过符号语言和图形语言来展示，常常被用来描述各种数量与数字之间的关系及位置变化的关系。数学语言是通过推导与演算来实现语言沟通的，是数学思维活动的外化表现，可以储存、传递、加工大量信息。数学语言具有科学性、严谨性和准确性，具有强有力的表达能力。

（六）数学应用文化

数学是学科交融性极强的一门学科，其应用范围非常广泛。数学在人们的日常生活、经济活动、科学研究中发挥着巨大的作用。可以说，数学无处不在。因此，广泛的应用性是数学明显的特征之一。我国著名数学家华罗庚就曾提到，对整个宇宙的描述离不开数学，从广阔的星空到微小的原子，从地球的运转到生物的变化都可以用数学来演算和描述。数学贯彻一切，存在于各个学科的深处。数学对人们准确而客观地认识世界、描述物体起着重要的作用①。

人类的发展离不开数学，尤其是在新经济时代，数学的作用日益突出，数学的应用价值日益显著，数学文化也在新时代更加丰富。

二、数学文化的形态

（一）数学文化的学术形态

数学文化的学术形态展现着数学家群体在数学研究钻探过程中的数学学科品质。优秀的数学品质有助于数学家个人品质的提升。

数学是学术形态的数学文化的载体，学术形态表现出数学家这一特殊群体的独特文化，也展现着数学本体知识生产和运用的本质。数学家在长期的

---

① 孙亚洲．大学数学教学中数学文化渗透的途径［J］．当代旅游，2019（12）：160.

数学学习和研究中，受数学文化的影响，不断丰富数学学科知识的同时，也在提高和改造着自身的品质。

很多数学研究者将学术形态纳入了数学文化的概念之中。越来越多的研究者把研究的重点放在了学术形态的数学文化上。学术形态的数学文化尚未形成明确的定义，但综合来说可以分为三个维度，即人类文化学、数学史和数学活动。这三个维度分别代表着学术形态三个层面的意义，即数学发展具有历史性、人为性和整体性。

（二）数学文化的课程形态

课程形态的提出对数学文化具有重要的意义。这是因为课程形态是数学文化走向科学化和专门化的标志，使数学文化成为一门科学课程。课程形态的数学文化的提出有助于数学文化发展的规划与实施。数学文化以课程的形态传承和发展，课程形态的数学文化提高了数学文化的课程价值，有助于数学文化的传承、传播与发展。

（三）数学文化的教育形态

教育形态的数学文化有助于数学文化的社会化活动和传播，教学形态的数学文化与社会学和传播学有一定的关系。教育形态的数学文化是学术形态数学文化的新发展。同时，教育形态的数学文化也丰富了课程形态数学文化的内涵。教育形态数学文化的主要对象是学生和教师，这一形态下学生和教师在共同的数学文化指导下从事数学教学与数学学习活动。

第三节 数学文化的价值分析与学科体系

学习数学文化有助于深入理解并运用数学技术，数学文化对数学教育具有重要的意义。数学教育不仅要培养学习者的解题能力，还要培养学习者的数学文化素养。随着教育改革的深入，深化数学文化教育将成为当今数学教育改革的重点。

数学文化教育具有高屋建瓴的作用，在数学文化的指导下，学习者能更灵活地掌握数学学习的方法、数学的基本概念和相关数学理论的背景，深入认识数学的发展规律。数学文化可以使学习者明确数学学习的价值，认清数学学科的社会价值和学科地位；它为每一位数学学习者提供了一个新的认识世界和事物的角度，使学习者以数学的眼光去思考和解决问题。文化视野下的数学理论教育必须重视数学文化教育的意义，因为数学不仅是一门技术学科，还是一门人文学科。数学文化的价值主要体现在以下几个方面。

一、数学文化的价值分析

（一）数学文化在科学发展中的价值

数学文化在科学发展中发挥着重要的作用，很多划时代的科学理论的提出离不开数学的支持。数学之所以成为打开科学大门的钥匙，其关键在于以下两点。

第一，在哲学的观念下，物质具有质与量的双重性质，物质的质与量是统一的。掌握了物质的量的规律，也就掌握了物质的规律。数学是以量作为基本研究对象的学科，在数学研究中，数学家总是在不断地积累和总结着各种量的规律。因此，数学是人类认识物质的重要工具。

第二，在方法论的观念下，数学对科学发展的最大作用是科学的数学化。科学数学化之后，数学就成为科学研究中的重要工具，科学开始用数学的语言表达，用数学的方法运算。

（二）数学文化在语言中的价值

数学语言是单义的、精确的语言，科学以数学语言为第一语言。

数学语言在科学中的运用具有重要优势：第一，数学语言通过精确的概念表述，避免自然语言多义性造成的歧义问题和逻辑混乱问题，数学语言表达可以使科学推理首尾一致；第二，数学语言具有简洁性，简明的数学符号有助于人们更为直观地观察科学的变量。数学符号可以展示事物之间的数量联系和数量级差异，以便于人们清晰地了解事物的差异，做出明确的判断。

很多科学研究的推进离不开数学语言的应用，数学语言是很多学科研究的基础。在数学语言体系下，科学结论的表述更为简明。例如，在数学语言的支持下，经典力学复杂的运动变化被简化成多个数学方程式。又如，孟德尔把数学语言引入了生物学，用数学语言精确地描述了生物遗传性状的排列组合关系，遗传学说在此基础上得以建立。

目前，数学的作用越来越显著，在科学研究中大量运用数学语言的同时，社会也呈现数学化的发展趋势，人们越来越多地运用数学语言交流、传输和储存信息。初等数学语言已经实现了较好的社会教育普及，与此同时，高等数学也渐渐渗透到社会生活的各个角落。

（三）数学文化在社会经济发展中的价值

数学对经济竞争至关重要，是一种关键的、普遍适应的，并能授予人以能力的技术。目前数学不仅具有科学的品质，还具有技术的品质，在大量高新技术中起关键作用的正是数学。

数学既在重大的社会生产实践中发挥着重要作用，又在普通的社会生活中有着重要作用。衣、食、住、行是社会生活的基础，其中就有许多需要数学来解决的问题。例如，设计服饰并进行大规模生产时，便出现了许多数学问题，如下料问题，如何使边角废料最少等。

二、数学文化的学科体系

既然数学文化是一门学科，那么它自然就有自己的学科体系。美国文化学家克罗伯（A. Kroeber）和克拉克洪（C. Kluckhonn）对文化的界定，对我们研究数学文化学科体系有启迪作用。他们认为，文化由外显的和内隐的行为模式构成，这种行为模式通过象征符号获得和传递；文化代表了人类群体的显著成就，包括他们在制造器物中的体现；文化的核心部分是传统的观念，尤其是它所带来的价值；文化体系一方面可以看作活动的产物，另一方面又是进一步活动的决定因素。显然，按上述理解，文化的概念是与社会活动、人类群体、行为模式、传统观念等概念密切相关的。因此，数学文化的学科体系包括现实原型、概念形成、模式结构，三者缺一不可，因此称现实原型、概念形成、模式结构为数学文化学的三元结构。

（一）数学文化的学科体系之现实原型

数学起源于现实世界，现实世界中人与自然之间的诸多问题就是数学对象的现实原型。没有现实世界的社会活动，就没有数学文化。人们通过对现实原型的大量观察与了解，借助于经验的发展及逻辑或非逻辑手段抽象出数学概念（定义或公理）。麦克莱恩（S. Machane）在其著作《数学：形式与功能》中，列举了经过 15 种活动产生的数学概念。这个过程为：由活动上升为观念，再抽象为数学概念。

可见，数学概念来源于经验。如果一门学科远离它的经验来源，沿着远离根源的方向一直持续展开下去，并且分割成多种无意义的分支，那么这一学科将变成一种烦琐的资料堆积。

（二）数学文化的学科体系之概念形成

数学概念的形成是人们对客观世界认识的科学性的具体体现。数学起源于人类各种不同的实践活动，再通过抽象成为数学概念。数学抽象是一种建构的活动。概念的产生相对于（可能的）现实原型而言往往都经历了一个理想化、简单化和精确化的过程。例如，几何概念中的点、直线都是理想化的产物，因为在现实世界中不可能找到没有大小的点、没有宽度的直线。同时，数学抽象又是借助于明确的定义建构的。具体地说，最为基本的原始概念是借助于相应的公理（或公理组）隐蔽地得到定义的，派生概念则是借助于已有的概念明显地得到定义的。也正是由于数学概念形式建构的特性，相对于可能的现实原型而言，通过数学抽象所形成的数学概念（和理论）就具有更为普遍的意义，它们所反映的已不是某一特定事物或现象的量性特征，而是一类事物在量的方面的共同特性。

另外，数学抽象未必从真实事物或现象中直接去进行抽象，也可以以已经得到建构的数学模式作为原型，间接地加以抽象。

（三）数学文化的学科体系之模式结构

一般而言，数学模式是指按照某种理想化要求（或实际可应用的标准）来反映或概括地表现一类或一种事物关系结构的数学形式。当然，凡是数学模式在概念上都必须具有精确性和一定条件下的普适性，以及逻辑上的演绎性。例如，常常说数学的实在即文化，而实在涉及数学模式的客观真实性和实践性（即实际可应用性）等问题。

数学模式的客观性可从两个不同的角度来考察。第一，合理的数学模式应该是一种具有真实背景的抽象物，而且完成模式构造的抽象过程是遵循科学抽象的规律的。因此，我们应该肯定数学模式在其内容来源上的客观性。第二，数学模式往往是创造性思维的产物，但是它们一旦得到了明确的构造，就立即获得了“相对独立性”，这种模式的客观性称为“形式客观性”。

基于上述两种“客观性”的区分，这里引入两个不同的数学真理性概念：第一，现实真理性，是指数学理论是对现实世界量性、规律性的正确反映；第二，模式真理性，是指数学理论决定了一个确定的数学结构模式，而所说的理论就其直接形式而言就可被看作关于这一数学结构的真理。一般而言，数学的模式真理性与现实真理性往往是一致的。这是因为作为数学概念产生器（反应器）的人类的大脑原是物质组织的最高形式，加之数学工作者的思维方式总是遵循着具有客观性的逻辑规律来进行的，因此思维的产物——数学模式与被反映的外界（物质世界中的关系结构形式）往往是一致的，而不能是相互矛盾的。

第二章 数学文化与数学教学

第一节 数学本质及其文化意义

一、数学本质的认识与理解

（一）数学本质的认识

由于数学是复杂的，并且数学在不断发展，因此过去关于数学的某些描述是不完整的。事实证明，无论是柏拉图主义还是数学基础三大学派（逻辑主义、直觉主义和形式主义），对数学的描述均存在一些瑕疵。例如，柏拉图主义无法给出数学对象的明确定义，形式主义无法解释数学理论在客观世界中的适用性。纯数学基于现实世界的空间形式和数量关系，即它基于非常现实的材料。在国内，这种叙述常被用作数学的定义。例如，中国著名数学家吴文俊教授为《中国大百科全书·数学卷》写下的数学条目："数学是研究现实世界中数量关系和空间形式的科学。"又如，《辞海》和《马克思主义哲学全书》中对数学定义分别是"研究现实世界的空间形式和数量关系的科学"和"数学是一门探索现实世界中数量和空间形态的科学"。从某种意义上来说，"数学是研究形式和数字的科学"，这一观点得到了部分数学家的认可①。

然而，在分析上述对数学特征的描述时，有三个关键因素：现实世界、数量关系、空间形式。考虑数学的演化，如非欧几何和泛函分析之类的分支总是远离现实世界，并且数学逻辑之类的分支难以确定其归属。随着数学的不断发展，数字和形状的概念继续扩大，以使数学的定义适应一直变化的数学内容。当数学与现实分离时，一方面，数学需要解决自己的逻辑矛盾；另一方面，数学必须通过与外界接触保持生命力。

---

① 鲍红梅，徐新丽．数学文化研究与大学数学教学［M］．苏州：苏州大学出版社，2015.

从“数学是一门研究空间形式和数量关系的科学”的描述来说，无论是现实世界中的“数量关系和空间形式”，还是意识形态观念中的“空间形式和数量关系”，都属于数学研究的范畴。在数学研究中，除了研究数量关系和空间形式，还要研究基于既定数学概念和理论的数学中定义的关系和形式。

（二）数学本质的理解

理解数学的本质可以通过以下几个方面：

第一，把数学看成一种文化。数学是人类文化重要的组成部分，它在人类发展过程中起着非常重要的作用。数学是科学的语言，是思想的工具，是理性的艺术。学生应该了解数学的科学性、应用性、人文性和审美价值，理解数学的起源和演变，提高自身的文化技能和创新意识。

第二，明白数学中的拟经验性。数学是在经验中不断变化的，它不是一种文化的元认知，而是思维的高度抽象，是心理活动的概括。数学思维和证明不依赖于经验事实，但这并不意味着数学与经验无关。学习数学是一个和别人交流的过程。在数学课上，我们要努力了解数学的价值，让学生从自己的经验中学到知识，并且把知识用在生活和学习中。

第三，把握数学知识的本质。过去，在理解数学知识时，人们经常只看到数学知识的一个方面，而忽视其另一个方面，这导致了各种误解。例如，只考虑数学知识的确定性，不注意数学知识的科学性；只承认数学知识的演绎性，不注重数学知识的归纳性；只看到数学知识的抽象性，不注意数学知识的直观性。

第四，提炼数学思维方法。数学基础往往包含重要的数学思维方法。在数学教育中，只有通过教学和学习两个层次的知识和思维，才能真正地理解知识，帮助学生形成很好的认知结构。

第五，欣赏数学之美。欣赏数学之美是一个人的基本数学素养。数学教育应体现象征美、图像美、简洁美、对称美、和谐美、条理美和创造美。学生应该意识到数学之美，体验并欣赏数学之美，进而享受数学之美。

第六，培养数学精神。数学是一种理念，一种理性，能够激励和推动人类思想达到最高水平。数学教育应该反映数学的理性思维和精神。

简而言之，数学是动态的，是靠经验一点点积累的，它是一种文化。可以说，随着时间的推移，数学的内容会越来越丰富。和其他学科一样，数学也可能存在错误，发现错误、纠正错误，才能使数学进一步发展。在这一过程中，人们才能真正理解数学的本质，理解数学课程标准中提出的概念，真正满足新课程的要求。

二、数学本质的文化意义

数学的本质是指数学的本质特征，即数学是量的关系。数学的抽象性、模式化、数学应用的广泛性等特征都是由数学的本质特征派生而来的。首先，数学揭示事物特征的方式是以量的方式，因此数学必然是抽象的；其次，量的关系是以不同模式呈现，并且通过寻求不同模式来展开研究的，因此数学是模式化的科学；最后，客观事物是相互联系的，量是事物及其联系的本质特征之一，因此数学应用是广泛的[①]。

数学本质的文化意义在于理解数学的抽象性及模式化是研究世界、认识世界的基本方法和基本思想。数学的文化意义中，数学本质的文化意义最为重要。大学数学课程基本的文化点即是数学本质的文化意义。揭示数学本质的文化意义的重点在于揭示数学的抽象性和模式化，从而形成透过现象看本质的思想素养。

（一）数学的抽象性文化意义

数学的抽象性高于其他学科的抽象性。在数学中，不但概念是抽象性的，而且方法、手段、结论也是抽象性的。数学的这种抽象性导致它应用的广泛性。所以，抽象性的观点是数学中一个基本的观点。下面以哥尼斯堡七桥问题为例，来分析抽象性的观点。

哥尼斯堡是欧洲一个美丽的城市，有一条河流经该市，河中有两个小岛，岛与两岸间、岛与岛间共有七座桥相连。人们晚饭后沿河散步时，常常走过小桥来到岛上或对岸。一天，有人想出一种游戏来，他提议不重复地走过这七座桥，看看谁能先找到一条路线。这引起了许多人的兴趣，但经过多次尝试，没有一个人能够做到。不是少走了一座桥，就是重复走了一座桥。多次尝试失败后，有人写信求教于当时的大数学家欧拉。欧拉思考后，首先把岛和岸都抽象成点，把桥抽象成线，然后把哥尼斯堡七桥问题抽象成“一笔画问题”：笔尖不离开纸面，一笔画出给定图形，不允许重复任何一条线。需要解决的问题是，找到一个图形可以“一笔画”的充分必要条件，并且对可以“一笔画”的图形给出“一笔画”的方法。

欧拉把图形上的点分成两类：注意到每个点都是若干条线的端点，如果以某点为端点的线有偶数条，就称此点为偶节点；如果以某点为端点的线有奇数条，就称此点为奇节点。要想不重复地“一笔画”出某图形，那么除去

---

① 鲍红梅，徐新丽．数学文化研究与大学数学教学［M］．苏州：苏州大学出版社，2015.

起始点和终止点两个点外，其余每个点，如果画进去一条线，就一定要画出来一条线，从而都必须是偶节点。于是，图形可以“一笔画”的必要条件是图形中的奇节点不多于两个。反之也成立：如果图形中的奇节点不多于两个，就一定能完成“一笔画”。当图形中有两个奇节点时，则从任何一个点起始都可以完成“一笔画”（不会出现图形中只有一个奇节点的情况，因为每条线都有两个端点）。这样，欧拉就得出了图形可以“一笔画”的充分必要条件：图形中的奇节点不多于两个。从这个例子中我们深刻地感受到数学抽象性的强大威力，这个例子也开创了拓扑学的先河。

（二）数学的模式化文化意义

数学是模式化的科学。数学的本质特征是数学的抽象性，数学抽象性的本质是其形式建构性质。

纯存在性证明即是一种形式建构。数学上证明一个事物存在可以有两种途径：一种是构造性证明，即用某种方式把该事物构造出来；另一种是纯存在性证明，即用逻辑推理的方式证明该事物一定存在。人们很容易接受构造性证明，但不太容易接受纯存在性证明。

下面用纯存在性证明的方法来证明：天津市南开区里至少有两个人的头发根数一样多。

抽屉原理：把 4 个苹果放到 3 个抽屉里，至少会有一个抽屉里有两个或两个以上的苹果。再用抽屉原理证明一个小命题，以加深对抽屉原理的理解。这个小命题是：367 个人中，至少有两个人会在同一天过生日。因为生日只论几月几号，不论年，而平年有 365 天，闰年有 366 天，现在有 367 个人，所以至少有两个人的生日在同一天。

最后再来证明“天津市南开区至少有两个人的头发根数一样多”。这是因为一个人的头发不会超过 20 万根，而天津市南开区的人数多于 20 万，所以运用抽屉原理就知道，天津市南开区至少有两个人的头发根数一样多。这就是纯存在性证明，它证明了上述命题，但并未指出哪两个人的头发根数一样多。这比通过数头发根数去找出头发根数相同的两个人的构造性证明要高明，因为数头发根数很容易出错，更不用说由于数的时间过长，在数的过程中还可能掉头发。这个例子一方面让学生知道了纯存在性证明是怎么回事，另一方面也让学生感受到了数学逻辑推理的强大威力，体会到了数学的魅力。

这个例子中的抽屉原理就是一个模式。大学数学教学应挖掘自身内容，揭示数学抽象的本质——形式建构性质，体会数学的模式化。

第二节　数学教学及其意义

从“教学”一词的语义上分析，数学教学是数学活动的教学。在这个活动中，学生经历数学的活动过程，掌握一定的数学知识，习得一定的数学技能，感受数学的思想方法，发展良好的思维能力，获得积极的情感体验，形成良好的思想品质。

人们对数学教学的认识是不断发展和深入的，如强调师生双边活动，强调师生在数学教学活动中共同发展，强调数学教学不仅是知识的教学还应该提高学生对数学及其价值的认识，关注情感因素在数学教学活动中的作用，全面认识教师在数学教学活动中的角色等。

对于数学教学而言，既可以说它是过程，又可以说它是思维活动的结果。当代社会教育的目标是培养人才，越来越重视思维能力、动手能力，也就是越来越注重教学的过程，注重学生能力的培养，尤其是思维方面的能力培养。但是，目前的教材篇幅有限，教材中展示的数学结论较多，对于数学结论的形成过程及结论中蕴含的思想方法展示得较少。为了培养学生的数学思维能力，让学生更好地掌握数学学习方法，教师应该认真、科学、合理地设计教学过程，在教学过程中为学生展示数学思维，以使学生更好地理解和掌握数学思想和方法，并深入理解方法是如何产生、发展和应用的，进而让学生全面掌握数学思想方法的本质与特征。

一、数学教学的现状与特点

（一）数学教学的现状

1. 教学手段无法激发学生的兴趣

在数学教育中，一些教师的落后教育观念和乏味的教学方法不能激发学生的学习兴趣，使学生在数学学习过程中感到无聊，甚至导致有些学生由于数学课堂教学效果不佳而选择不听课，这就不可能取得高质量的数学教学效果，也会阻碍学生的学习进步。一些数学教师没有完全理解新课程改革的要求。他们单方面认为，只要他们使用多媒体或允许学生在教室里分组学习，就做到了课程改革。实际上，这种想法是不对的，学生并没有完全投入数学的学习中。

2. 学生不能掌握学习技巧

许多学生对数学有误解，认为通过背诵记忆可以提高他们的成绩。其实这样的效果是很差的，如果他们没有掌握正确的学习策略，只是单纯地通过机械记忆去做题，是无法获得解决数学问题的能力的。这也会导致学习效率低下、学习成绩难以提升。数学知识是结构化和抽象的，学生只有真正具备了数学思维，才能灵活地运用自己所学的知识去解决数学问题。

3. 注重成绩，而忽视学生的主体性

受应试教育的影响，一些数学教师更关注学生的数学成绩，在教学过程中没有充分尊重学生的意见，学生是在被动地学习数学，无法发挥出自身的主观能动性、创新意识和学习灵感。此外，部分教育管理者认为，只有好成绩才是数学教师教学质量好的证明。因此许多数学教师会尽最大努力让学生取得好的成绩，从而得到教育管理者的支持。

（二）数学教学的特点

1. 突出知识性目标

第一，在教学过程中可以对目标进行细化。为了彻底贯彻落实目标，教育部门明文规定了目标的具体含义，对目标做出了详细的阐述，教师可以按照阐述和要求具体实施细化了的目标。

第二，将目标细化到每个章节、每个单元、每节课。我国采取了非常有力的措施，保证教学目标能够具体落实，严格要求教师按照每个章节、每个单元、每节课的具体要求设计教学内容，并且为教师提供了可以操作的教学步骤，教师需要按照教学步骤按部就班地进行。我国落实教学目标的方法和布鲁姆目标教学形式有一定的联系，甚至可以说布鲁姆目标教学形式为我国教学目标的落实提供了理论支撑。

除此之外，教学目标的落实还包括练习题的落实。练习题是有层次的，比如模仿性练习题、选择运用形式练习题、组合性练习题、干扰模仿性练习题及综合运用形式的练习题等，这些练习题能够保证教学目标彻底落实。当前，在大学数学教学中，检测教学目标落实情况即教学效果的主要形式仍是考试。这种使目标细化的检测形式虽然能体现出能力，但在很大程度上仍属于应试考试范畴，与当前高校人才培养目标越来越不适应，需要加以改进，不断完善。

2. 由“旧知”引出“新知”

第一，通过“旧知”引入“新知”是目前我国数学教学使用的主要方法。

很多新知识的学习都是以旧知识为桥梁的，这种方式符合人的认知规律，也符合现代认知理论和建构主义思想。在通过“旧知”引入“新知”的过程中，教师会提出很多关于旧知识的问题，并且逐渐联系新知识，实现从旧知识到新知识的过渡。利用“旧知”引出“新知”主要有两种教学形态：一种是学生从旧知识中感受到新知识，并且自主地想要学习和认识新知识，最后经历知识的认识学习过程，这就是理想的教学形态；另一种是不注重旧知识到新知识的转化过程，直接告诉学生新知识，让学生会用，这会导致学生自主学习性的丧失，学生只是知识的灌输容器，这种教学形态是非常不可取的。

第二，注重利用实际问题学习新知识。这种教学方法从实际问题引入对新知识的学习，从根本上来说是由已知引出未知，这里的已知既包括已经学过的知识，也包括实际生活中的情景、材料、经验及元认知感悟。这种方法拓宽了数学知识的来源，不仅可以从数学知识内部引入新知识，还可以从外部引入新知识，使新知识和旧知识、实际经验之间的联系更加密切，学生更容易建立二者之间的联系，所以要注重利用实际问题来学习新知识。

3. 注重新知识的深入理解

第一，新的知识内容建立之后必须进行巩固和深层次的分析理解。也就是说，学习了新知识之后，必须加以巩固，进行深层次的分析理解，这样才能真正掌握新知识。分析方法有两种：一是深入分析概念中的每个字、每个关键词，强调每个词的意义阐释；二是通过辨析题或变式题的方式理解新知识，分析新知识的要义，建立新知识和旧知识之间的联系，利用辨析加深理解。

第二，必须加强新知识和现实之间的联系。一般情况下，从认知水平的角度来看，从实践中获得的新知识可能会比从旧知识中获得的新知识的认知程度要更深刻。这是因为现实中的知识更加真实、多变、复杂，这将促进学生认知能力的提升。当前，有越来越多的大学教师在教学中注重数学知识和实际生活的联系，引导学生利用数学知识去解决实际生活问题，发挥数学知识的具体作用。课后，教师会布置一些和实际生活相关联的作业，这些作业需要联系实际生活展开设计，一般没有特别高的难度，但是可以培养学生的综合能力。

4. 重视解题和关注方法

第一，传统数学教学非常重视习题的解答过程，可以说重视解题过程已经成为传统数学教学的一个主要特点。学生在解题中需要依靠定理和概念，所以解题过程是复习概念和定义的过程，注重解题练习其实强调的是学生对基本知识、基本方法的掌握，能帮助学生打好基础。除此之外，数学还非常重视对多种解题思路的思考，注重使用多种方法解答习题，注重利用一种方法解答很多习题，对解题思路的研究和追求有利于培养学生的学习思维。

第二，现代数学教学强调数学课本外非常规问题的解决。现代数学教学强调的是应用数学知识解决生活问题，建立数学和其他学科知识之间的关联，联系生活实践的案例教学，来展示如何运用数学解决实际生活问题，可以说现代数学教学的问题设计更倾向于数学知识的应用，倾向于让学生自主收集信息、选择信息、处理信息，最后得出数学结论。对数学外部非常规问题的解决能够帮助学生形成大观念、大方法，培养学生的研究精神，让学生掌握一般的科学方法。对比传统数学教学和现代数学教学，我们发现传统数学的解题思路更倾向于具体技巧的应用，属于小方法。未来数学发展不仅要注重解题思路，还要注重知识的实际应用，要实现小方法向大方法的教学转变。

5. 强化巩固、训练与记忆

第一，数学教学注重巩固与练习。我国数学教材在每节后面都会附带练习题，每个单元后面也会有单元练习题，每个章节会有章节复习题，而且课后还有作业，在学完之后还会有阶段考、学期考。中国对考试的重视，其实就是对学生基本功的重视，强调巩固练习的重要性，这种练习有其正确的一面，但是一定要适度，如果把握不好度，就很容易造成练习过度，学习会适得其反。

第二，数学强调记忆。在数学学习过程中，经常用到各种各样的记忆方法，如意义记忆法、图表记忆法、口诀记忆法、联想记忆法、对比记忆方法等。从本质上来讲，很多记忆方法属于意义记忆方法的分支，记忆方法能够帮助学生更好地掌握数学知识，但是也需要适度，否则就会变成死记硬背、生硬模仿，会让数学思维变得僵化，不利于学生真正掌握数学知识。

二、数学教学的效率与对策

（一）数学教学的效率

数学教师要注重在教学过程中有针对性地帮助学生学习，要了解学生的学习情况，并且展开整体的教学研究，只有这样才能提高自己的教学效率。

1. 数学教学效率低的原因

（1）学生学习数学信心不足

在最开始参加数学竞赛活动时，很多学生都有积极性，但是对数学知识的理解并不是特别简单的，会有一定的难度，这就使学生在数学学习中遇到了很多困难，有的学生还没有体会到知识的趣味就已经放弃了对数学的学习，或者对数学的学习兴趣已经不高了。这说明部分学生在遇到数学挑战和障碍时，无法积极地挑战、探索，而是选择了回避，这种心理很难获得好的学习效果，也无法和其他学科建立起内在的关联。

从教学实践来看，学生更喜欢了解和学习与生活实际有关联的数学知识。传统的练习题已经无法激起学生更大的学习兴趣了，一味地进行理论探究无法维持学生的学习热情。长时间的理论研究会使学生处于被动状态，学生对学习重点和难点的关注力会有所下降，很难更好地掌握核心知识，也无法继续提高解决问题的能力，学科思维能力的培养更是难上加难。所以，总体而言，纯粹的理论探究很难让学生获得更多的数学技巧，也很难提高学生的数学成绩。

（2）教师教学方法不当

除了学生原因，数学教学活动效率的提升还和教师有关。数学学科有非常复杂、庞大的内容体系，而且很多知识相对难以理解，如果教师在教学活动策划中不能找准教学活动的方向，不能明确教学活动的目标，不能做足教学活动的资料准备，就会导致教学活动的环节不合理、不科学，教学内容没有强有力的理论支持，这自然不能吸引学生的注意力，最终导致教学效率低下。当前，我国正在进行教育改革，传统的数学教学方式也在发生变化，教学理念向更合理的方向发展。但是，教师对理念的应用还没有达到理想水平，在具体的应用过程中存在以下问题：①教师忽略了学生的主体性，仍然将自己作为教学主体，将学生视为知识的接受者，学生始终处于被动的学习状态；②教师的教学活动缺少实践方面的内容，对学生的教导更多地以教师的指导和训斥为主，没有针对学生进行个性的潜能激发；③学生和教师之间的沟通不密切，教师更多的是追求实现标准的教学，忽视了学生的个性发展，学生无法通过课堂的学习实现对所有知识的内化吸收。以上因素导致了数学教学效率无法得到快速提升。

2. 数学教学效率的提升途径

（1）层次分明，能突出重点、化解难点

教学活动有自己的教学核心目标，数学学科的教学活动也一样。在开展数学教学活动之前，教师需要指明这一阶段的学习目标、学习重点、学习核心，并且将重点内容写在黑板上，让学生明确了解，给予足够的重视；教师应该在做好上述工作之后再进行知识的细致讲解，这样做能够帮助学生快速进入学习状态，并有明确的学习方向。除此之外，教师还可以通过幽默的语言、生动的动作或者辅助教学用具吸引学生的注意力，让学生全身心地投入教学活动，让学生在知识的驱动下学习新知识、接受新知识、吸收新知识，构建自己的知识体系。

（2）凸显学生课堂主体地位，创新教学方式

数学教学活动的开展必须注重学生的学习主体性，所有的教学计划和教学内容都要围绕学生进行，要突出学生的主体位置。教师必须避免以前教学中的灌输式教学方法，要改变自己的教学理念，摆脱以往教学理念的束缚，将知识和具体的案例相结合，通过案例的演示，引导学生进行知识的总结，开拓学生的思维，让学生自主探究知识规律。学生对知识的自主探究和分析有利于学生真正掌握知识的本质。举例来说，在学习数学函数知识时，在传统的教学活动中，教师会先给出函数的具体定义，然后分析定义中具体词汇的含义和定义的特点，研究函数的定义域，研究函数的图像，分析不同函数的不同特征，最后通过练习题帮助学生进行知识的巩固。但是，这样的教学过程只是为了完成“双基”目标，只是让学生认识并了解存在的知识内容，并且让学生学会运用知识。在教学改革之后，新的教学理念要求教师注重引导作用，教师的教学应该以学生学科素养的培养为主要任务，教师应该尝试教学方法、教学理念的创新，引导学生自主探索知识，形成数学能力。例如，对于函数的学习，新的教学形式要求教师先引领学生观察、分析函数的特征，然后根据特征总结函数定义，引导学生界定不同函数的定义域，以此让学生了解和把握函数知识，最后再指导学生将知识应用到练习题中。除了理念创新，教师还应该创新教学方式、教学手段。教师可以使用类比的方式让学生学习新知识，如果学生遇到了解不开的难题，教师可以帮助学生寻找相似的题目，让学生调动以往学过的旧知识和经验分析新问题，进而解答新问题。

（3）学习与思考相结合，启发引导学生

学习和思考是相辅相成、相互依存的，如果学生只学习不思考，那么很难很好地运用知识；如果学生只思考不学习，那么学生的思维发展将是不坚实、不牢固的。所以，学生如果想要学好数学，就必须同时进行思考和学习。只有将二者进行很好的结合，才能深入挖掘知识的本质。学生学习能力和思考能力需要教师的引导和激发，教师要帮助学生调动思维能力，自主整理学科相关知识点，并且建立知识点间的内在联系。在数学教学活动开展的过程中，教师应该注重培养学生的思考能力，让学生在学习知识的同时，寻找适合自己的学习方式。

(4) 加强学法指导，培养良好学习习惯

在数学教学活动过程中，学习任务的完成必须有计划性，教师也必须让学生意识到计划的重要性。学生可以根据自己的情况设置具体的目标，并且在规定的时间内完成相应的学习任务。目标的存在能够帮助学生克服障碍，获得目标计划内的知识。学习计划的内容应该符合学生的个人情况，也就是要有针对性。另外，目标还要可以操作及实现，目标的设置分长期目标和短期目标，学生要严格执行自己的目标计划，在学习的过程中不断地磨炼自己的意志。

提前预习能够帮助学生更好地进入学习状态，也能够加深学生对知识的理解，而且课前预习可以培养学生的自主学习能力，学生可以在自主学习的过程中发现学科兴趣，在学习活动中也能够投入更多的热情和精力。但是，预习需要达到标准，就要在教师正式讲课之前掌握基础知识，以及重点和难点内容，而且要在正式的学习中解决自己预习时遗留的疑问。

复习也是一种非常重要的提高学习效率的方式。在课堂上系统学习之后，学生应该进行复习，加深对知识的理解，强化自己对教材中概念和定义的记忆，并且和以往学过的知识建立关联，丰富自己的知识体系，通过记录的方式写下学习心得。此外，课后练习题部分也能够提高学生的思考能力，要求学生独立完成作业，运用自己分析能力和解决问题的能力完成课后作业。课后作业的完成过程能够锻炼学生的意志，让学生将理论知识应用到具体的实践中，提高学生的知识运用能力。

总体而言，在数学教学活动过程中，学生可以通过预习、复习和练习的过程对知识进行整体的总结、概括，建立新、旧知识的链接。从实际应用的角度来看，学生只有在系统地掌握知识之后，才能更好地应用知识。所以，教师还要不断地提高自己的实践能力。

(二) 数学教学的对策

数学教育应该立足于学生的发展，注重基础，注重学生的成长，确保所有学生都能掌握所学的数学知识。随着社会的进步和对教育方法理解的加深，教育追求的是可以促进学生全面发展的以人为本的素质教育，数学教学的对策如图 2-1 所示。

1. 培养学生的自主学习能力

教育是在“教学”和“学习”之间传递知识的互动过程。在课堂上，教师必须创造一个和谐的教育环境，通过教学方法和教学策略，设计有趣的教学内容来让学生学到知识。在尽可能大的学习范围内，教师应充分启

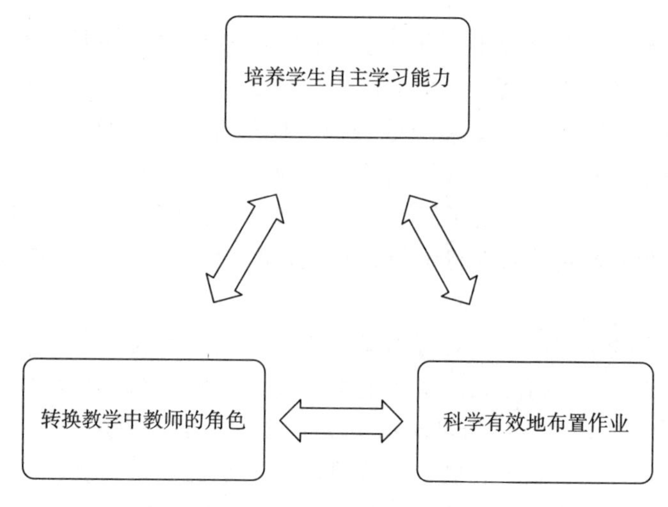

图 2-1 数学教学的对策

发学生的学习思维，按照循序渐进的原则让学生获得信息和知识，获得学习的能力。根据学生的能力，有效地动员各级学生积极参加教育活动。学生的积极性会大大激发其学习热情，使其拥有强大的学习内部动机，产生有效的学习行为。在课堂上，教师应确保学生有足够的时间积极观察、猜测、确认、推理、讨论、交流。此外，教师还应该积极鼓励学生提出问题，并积极探索问题的解决方法，勇于表达自己的看法。这些活动可以让学生创新思维能力得到充分的发展。作为教师，还需要在教学方法上保持灵活性，并能够处理课堂上出现的情况。在教育中，教师还必须注意动机的指导作用，增强学生的学习潜能，让他们从学习中获得成就感，爱上学习，从而取得理想的教学效果。

教师需要发展学生的自学能力，这也是素质教育的一个要求。为了培养学生在数学教育中的自主学习能力，让学生可以积极主动地学习数学，有必要开展多种教育活动，使学生有勇气进行实践。在新的数学课程标准中，学生应该享受学习数学，学习数学的过程应该是一个充满活力和个性化的过程。在运用教材的基础上，有必要营造一种氛围，让学生可以积极、自觉地参与其中，让学生可以高效地吸收数学知识，在讨论交流中培养学生的团结合作能力、竞争精神等优秀品质。

2. 转换教学中教师的角色

在教育中，教师首先必须改变角色并确定新的教育身份。教师应作为学生学习活动的指导人员，应该时刻记住自己的责任是教育，所有学生都有学习的潜能，并且能够很好地学习。在教学过程中，教师应该具有包容性，要运用合适的教学方法引导学生积极地学习。教学内容不仅包括让学生掌握知识，还应该包括教给学生如何思考，以及在面对问题时应该如何采取行动。在教学实践中，教师应该向学生展示思考数学问题的全过程，鼓励学生提出问题，并拥有自己的独特思想。

在教学活动中，作为组织者，教师应该平等对待每个学生，合理地引导学生，以激发他们对学习的积极性，让学生学会表达意见、提出看法，并为学生提供合作与交流的空间。在学习过程中，协作和交流的空间和时间能够大大提高学生对所学知识的吸收效率。在教育方面，学习过程不仅是一个转移知识的过程，还是一个不断提出问题、解决问题的过程。同时，教师应提供足够的时间供学生独立学习，在学生学习活动中教师也是一个良好的合作伙伴。教学实际上是一个教学和学习互动的过程，在此过程中，教师和学生可以交流思想并相互探索。教师不是管教者，应与学生建立彼此平等的关系，营造良好的师生互动氛围，对于学生增加知识、积累思维经验至关重要。

3. 科学有效地布置作业

教师必须科学有效地为学生布置课堂练习和家庭作业。一直以来，教师对课堂教学的设计更加重视，常常忽略了数学课后作业的布置，在没有课后作业支持的情况下，教师的教育往往是失败的。深入研究课外作业应该如何布置，对数学教学来说非常重要。通过鼓励学生努力学习和认真思考，可以训练学生的数学思维能力并发展他们的数学逻辑能力。

在采用新课程概念后，教师应该充分提高学生的学习效率。因为课堂的时间只有45分钟，这是固定的，教师可以通过丰富教学的方式来提高学生对所学知识的掌握速度。教师需要对学生负责，在课堂上调动学生的积极性，与学生形成良好的互动。只有这样，学生的数学学习才能被提升到一个新的水平。

三、数学教学价值与意义

（一）数学教学价值分析

1. 为学生深度发展提供数学经验

数学教学不是全民教育，但是数学教学仍然属于基础教育，所以数学教学具有基础性。经过数学教学，学生可以获得更高的数学素养，以适应现代生活。在数学学习中，比运算更重要的是思维方式。数学教学通过对学生思维模式的锻炼，从根源上提升学生的数学素养。学生通过课堂学习，不仅能掌握大量的数学知识，还能建立空间、象限、函数、公式算法、运算法则等重要的思维方式，提高逻辑思维、形象思维能力。与此同时，高校学生在遇到数学难题时，能根据以往教材中所学的知识，积极地去思考问题、解决问题。若遇到高难度且复杂情景化的数学难题，学生能通过多人合作、互帮互助的方式解决难题，激发思维潜能，培养其创新精神，进而提高辩证唯物主义的认知能力。

此外，数学教学中经常会出现团体合作项目，前后桌小组成员之间讨论交流不仅有助于学生思维扩散，及早解决问题，还可以提高学生的交流能力。数学课程涉及类目众多，如极限、导数、不定积分、定积分计算等，这些都需要学生运用教师所说的思维逻辑去思考、交流、探讨。数学学习采用扎根式的学习模式，它是学生今后进行科学钻研和升学深造的基础，无论今后学生选择怎样的专业，都离不开数学的支撑。因此，数学教学还扮演着承上启下的角色，对学生今后的学习和生活都会产生深远的影响。

2. 有利于学生思维能力的培养

数学作为人们发现问题和解决问题的思想工具，是按照逻辑演绎严格表述的，具有高度的抽象性、严密的逻辑性、结论的可靠性和应用的广泛性，在形成人类的理性思维方面起着关键作用，是能够培养人的正确思维的，而这些需要依靠数学教学来实现。数学能为学生提供丰富的思维素材，同时也能为学生提供广阔的思维空间，所以人们经常说数学是思维的体操。通过数学教学对学生进行这种思维操练，确实能够增强学生的思维本领，发展学生的科学抽象、逻辑推理和辩证思维能力。

对于高校学生而言，大学数学教学对于他们的成长有着重要的作用。首先，数学教学中传授的逻辑思维乃至一般的数学思维方式可以促进他们思维能力的提高，对他们思考和研究各种问题有着不可替代的作用。其次，数学与信息技术的结合产生了数学技术，使数学及其应用不同于以往，有了巨大的进展，对社会发展起着极大的推动作用；同时，在实现中华民族伟大复兴“中国梦”的进程中，国家对数学人才的需求与日俱增，高校学生尤为需要学习数学。因此，在大学数学教学中，教师应积极培养学生的思维能力，让学生在学习数学的过程中，学会思考，善于思考，而且不断养成自主学习的能力。最后，数学教师在教学过程中还应有意识地培养学生的创新思维能力，引导学生通过举一反三的模式，不断钻研，让创新思维伴随整个学习生涯，并使之成为自己的思维习惯。这样，不但能提升学生的数学素养，而且对其今后的发展也有很大的帮助。

3. 对育人作用的发挥有重要价值

数学是一门研究现实世界的数量关系和空间形式的科学，它一方面是科学乃至艺术的工具，另一方面蕴含着看不见的数学精神。人们曾从不同视角对数学有各种评述，如“数学是科学的皇后”“数学是艺术”“数学是真善美的体现”“数学是一门技术”“数学是看不见的文化”，等等。这足以说明，数学无疑对大学生进行素质教育有无可替代的重要作用。数学教师在课程教育中，应重视德育教学成果，除了基础的专业知识外，还应该将素质教育融入日常的教学中，让学生除了掌握课本知识以外，还能够融会贯通多项生活技能。例如，教师透过专业知识，侧面反映现实世界，做到真正的以德育人，以德服人。

对于高校学生来讲，数学本身就是众多学科中枯燥、晦涩难懂的一门学科。数学教学要想生动，必须从德育教学入手，将生活元素融入教学，如一个抽象的比喻、一个智慧的幽默等折射出来的真理中就蕴藏着数学逻辑思维。数学文化与人文历史本身就有一定的联系，实践证明，学生也喜欢教师这样的授课方式，这样也更能让学生融入课堂的情景教学中，升华师生感情。

（二）数学教学的重要意义

1. 加强数学教学是时代要求

我们生活在一个信息高速发展的互联网时代，信息化教学已经成为高科技钻研项目的核心技术。当下的生活工作中，无论是方案制订、设计修正，还是施工操作，处处依赖于数学技术。因此，强化数学教学已经是大势所趋。

2. 加强数学教学是学科自身要求

加强数学教学是学科自身要求，主要涉及以下几个方面。

（1）高度抽象性

数学内容是严谨的、现实的，仅仅从客观逻辑数量关系和空间形式中反映一些现实问题，舍弃外界一切不相干的介质，这就是数学的抽象特点。数学学科建立在抽象的基础上，通过数学文化、语言、符号的加深，让其不断地升华，这是任何学科都无法比拟的。此外，数学家对一些数学难题的探索，给数学的交流、提升带来了很大的转变，让数学的抽象性逐渐多元化，这也是数学区别于其他学科的一个特点。由此可见，数学教学中对学生抽象思维的培养至关重要。

（2）严谨逻辑性

数学教学不同于物理学科或者其他可以用实验去佐证的学科。数学的本质是推理，它的最终结果需要一整套严谨科学的推理，证明这个结论是正确的。因此，数学教学中会用到很多公式，创设契合学情的定理、公式的生成情境，即根据授课对象——学生的学情特点而创设的一个再创造过程。这些公式可以在数学公理中直接应用，套用公式将一些看似不相干的命题联系在一起。这里所说的命题，是可供判断的陈述句，如果也用陈述句表述计算结果，那么，数学的所有结论都是命题。数学逻辑思维能力是一种严密的理性思维能力。数学逻辑思维能力指正确合理地进行思考，即对事物进行观察、类比、归纳、演绎、分析、综合、抽象和系统化等，运用正确的推理方法、推理格式、准确而有条理地表述自己思维过程的能力。

（3）应用广泛性

现代社会中，小到日常生活，大到科学研究，都离不开数学学科的支持。尤其是随着现代信息技术的发展，数学学科的应用越来越广泛。不仅如此，数学与其他学科之间也有着千丝万缕的联系，如每门学科的定性研究都会转化为定量研究，数学学科正好可以解决量的问题。数学是最基本的学科，也是最有科学哲理的学科。无论是自然科学（如物理、化学），还是社会科学中的一切问题都要回归数学，都要用数学的方法严密论证和推理，用实践进行检验。因此，数学在高等教育中已经和英语、语文并列为三大重要的基础学科，数学学好了，对学习物理、化学、生物等都有很好的帮助。数学应用的广泛性也是数学显著的特点之一，主要包括两个方面：第一，在生产、日常生活和社会生活中，人们几乎时刻运用着最普通的数学概念和结论；第二，现代科技的发展离不开数学。

（4）内涵辩证性

数学的研究对象是现实世界的空间形式和数量关系，而现实世界以其自身的规律在运动、变化和发展。因此，作为反映这种规律的空间形式和数量关系的数学，处处充满着唯物辩证法。例如，数学课本中存在的常量和变量、概率中的随机与必然、象限中的有限和无限等，它们是互相存在的前提，缺一不可，而且在特别环境下，还可以进行互相转化。数学教学中也处处隐含辩证方法，如证明“直与曲”就运用了辩证法。解答数学题需要辩证法，数学的发展也离不开辩证法。在数学的发展史上，有很多的例子可以说明，数学离不开辩证法，如数学问题是数学发展的主要根源。数学家们为了解答数学问题，要花费较大力气和时间，难免会用到辩证法。因此，数学教学中对学生展开的辩证唯物主义教育必不可少。

第三节　数学文化与数学素质教育

在数学文化的基本观念中，数学被赋予了广泛的意义。数学不仅是一种科学语言，一门知识体系，还是一种思想方法、一种具有审美特征的艺术。在此基础上，数学素质的含义应予以新的阐述。数学素质的本质是数学文化观念、知识、能力、心理的整合，而实现数学素质教育目标的关键在于充分体现数学文化的本质，把数学文化理念贯穿到数学教育的全过程中。

一、基于数学文化观念的数学素质认知

素质是一个与文化有密切关系的概念，教育学理论关于素质概念所强调的是人在先天素质（即遗传素质）的基础上，通过教育和社会实践活动发展而来的人的主体性品质，是人的智慧、道德、审美的系统整合。由此可见，素质概念的实质在于各种品质的综合。

数学素质是个体具有的数学文化各个层次的整体素养，包括数学的观念、知识、技能、思维、方法，数学的眼光，数学的态度，数学的精神，数学的交流，数学的思维，数学的判断，数学的评价，数学的鉴赏，数学化的价值取向，数学的认知领域与非认知领域，数学理解，数学悟性，数学应用等多方面的数学品质。

（一）数学的思想观念系统

数学的思想观念系统主要包括：要有独立思考、勇于质疑、敢于创新的品质，要形成数学化的思想观念，会用数学的立场、观点、方法去看待问题、分析问题、解决问题，树立理性主义的世界观、认识论和方法论，对数学要有客观的、实事求是的、科学的态度和看法，如不仅要认识到数学的重要性和作用，还要意识到数学的局限性和不足，要注重数学方法与其他科学方法的协调和互补，对数学的真、善、美观念及其价值有客观、正确、良好的感悟、判断和评价。

（二）数学的知识系统

在现代教育日益强调能力、素质的时候，有一种认识上的偏颇，好像知识不再重要了。从数学素质的构成看，知识是最基本的成分，知识与能力、知识与素质不是对立的，而是相辅相成的。对数学知识而言，至关重要的是，在知识被学习者纳入自身认知结构时，知识是以怎样的方式构成的，不同的

知识构成方式决定着知识在认知结构中的功能。优化的知识结构具有良好的素质载体功能和大容量的知识功能单位，只有被优化和被活化的知识才能发挥作用。为此，不仅要阐述知识本身是怎样的，还要阐明知识何以如此；不仅要揭示知识的最终结果，还要展示知识的发生过程，使知识以一种动态的、相互联系的、发展的、辩证的、整体的关系被组合在一起。知识的上述特征应该成为其构成数学素质要素的基本前提。

（三）数学的能力系统

数学能力的发展过程是一个包含认知与情感因素在内的日益变得相互关联和在更高级水平上的复杂的心理预演过程，其中多种思维形式从不同的侧面反映了数学能力的本质。数学能力具有十分丰富的内容，其中，数学创造力作为数学能力的有机组成部分，在数学能力结构中占据着核心地位，这种核心地位同时决定了数学创造力在数学素质教育中的重要意义。数学创造力不应单纯地被理解为作为科学的数学创新与发现，而应扩展到数学教育的过程中与范围内。数学创造力体现在数学的感觉、数学的观察、数学的悟性、数学意识、数学知识的学习、数学的问题解决、数学的思维、数学的交流、数学应用等不同数学活动中。在数学教育过程中，个体的数学认知活动都是人类数学文化进程的一种再现，其中独特的心理基质构成了真正创造力的起点。特别重要的是，在中、小学数学教育中，创造力的一个突出特征是再创造，对每一个个体而言，再创造的教育意义是无可比拟的。

二、数学文化与数学素质教育

（一）数学教育的理念

现代化建设所需的数学人才，必须具备现代化的数学素质结构，仅仅把数学看成训练思维的智力体操是不够的。因此，不能仅仅把数学看成其他科学的工具，应赋予其更为宽泛的意义。在数学教育过程中，我们要特别注重挖掘数学的科学教育素材，体现数学的科学教育价值，发挥数学教育的科学教育功能，塑造和培养有科学思想、科学观念、科学精神、科学态度、科学思维的现代化建设人才，充分展示数学的自然真理性、社会真理性和人性特征，突破数学的外在形式，深入其思想精神的内核之中。在培养学生的数学观念时，应让学生具备数学是人类文化的共同财富的世界文化意识，促进文化融合与交流，用数学等科学文化变革传统文化，促进知识素质的现代化，迎接信息社会全球经济一体化的挑战。

(二) 教学方法与策略

由于未来数学课程的文化内涵丰富，教学方法改革充满机遇与挑战。因此，要重视学生数学文化经验的积累和总结，包括数学的观察、实验、发现、意识，无论成功还是失败，都是有价值的，要重视数学史典籍和数学家传记的德育功能和教化作用。

数学素质作为现代社会人们必备的一种素质，是人们完整素质结构的有机组成部分。数学素质教育是培养人们数学文化素质的基本手段，为了切实实现素质教育目标，还需要在理论和实践两个方面做大量的工作。在实施数学素质教育过程中，必须考虑到诸如应试教育的现实性、数学不同侧面的特点、对数学应用的多层次需求、数学素质教育目标的层次性、社会对数学需求的多样化等因素。

第四节 大学数学文化教学反思与维度

一、大学数学文化的教学反思

(一) 大学数学教育中数学文化的缺失

大学生经历了小学、初中、高中十几年的数学知识积累过程，更易理解数学文化的丰富内涵。同时，他们已经具备了一定的自学和探究能力，在知识层面上可推荐数学书籍让他们阅读，在观念层面上可开展适当的专题讲座进行教化，在精神层面上可通过探究活动使其能力得以提升。但是从一些调查研究的结果来看，大学数学课程及课堂中缺少数学文化的浸润，间接显现了大学数学教学中数学文化的缺失。

1. 大学生的数学文化观存在不足

在对数学研究对象的认识上，一些学生将数学错误地看作大量公式、定理和枯燥的计算；一些学生对数学研究内容的认识不全面；一些学生对数学语言的认识不够深入，没有意识到数学语言的重要性；一些学生在对数学发展过程的认识上有偏差，没有体会到数学精神、思想和方法的重要性；一些学生没有意识到数学的地位和作用。另外，在对数学美的认识上，仍有少部分学生没有发现数学的美。

2. 大学生的数学观哲学取向以处于较底层的工具主义和柏拉图主义的观点为主

下面从数学本质、数学特征和做数学三个方面进行分析。

首先，在数学本质方面学生认同的：①数学是一个知识的统一体；②数学是创造和再创造的活动；③数学是方法和规则的集合；④数学是从公理和定义出发，根据形式逻辑演绎定理。不确定的：①数学就是定义、公式、结论和方法的应用；②数学是由现实问题或数学自身产生的问题推动的，其结果并不可预见。不认同的：数学是漫无目的的游戏，是与现实无任何紧密联系的东西。

其次，在数学特征方面学生认同的：①从数学中不断会有新的发现；②人们可以用多种不同的方法来解决数学问题；③逻辑的严密性和精确性是数学必不可少的；④有可能得到正确答案而仍然没有理解这个问题。不确定的：①数学中学到的知识极少与现实有关，很少会在生活中被用到；②数学问题主要是与教材内容相关的习题和考试中的试题。

最后，在做数学方面学生认同的：①数学尤其需要形式和逻辑上的推导，以及进行抽象和形式化的能力；②要在数学上取得成功，主要在于很好地掌握尽可能多的规则、术语和方法等实用知识；③做数学需要大量应用运算规律和模仿解题的练习；④计算机等技术手段已被广泛地用于做数学。不确定的有：几乎每一道数学题都可直接运用熟悉的公式、规则和方法来解题。

3. 大学数学教学中数学文化课程的缺失

通过对国内外大学开设数学文化课的情况及国内大学开展数学文化活动的调查发现，多数高校数学课程基本以数学理论及应用知识为主，很少涉及数学文化层面。

4. 课堂教学中缺乏数学文化的融入

按照从大到小的顺序，影响学生数学观来源的七种因素是：解数学题、教师演示教学的方式、教材的内容与整体编排、数学考试、同学、数学课堂情境、所学的专业。高校数学教学中融入的数学文化也只是局限于蜻蜓点水地介绍的一点数学史知识。如何在数学课堂中营造数学文化氛围，将数学文化融入普通数学课堂仍需要继续探索。

（二）大学数学教学中文化缺失的现象

大学数学教师在上课前应思考“教什么”“为什么教”“怎么教”这三个基本问题。而这三个问题的确立与教师自身所持有的数学价值观、课程观有关。另外，还存在操作层面的问题，即教师自身数学文化知识的存量与结构影响教师的授课方式和效果。

1. 教师的数学价值观导致大学数学教学中文化的缺失

教师的数学价值观分为三种形态：工具取向的数学价值观、知识能力取向的数学价值观、文化取向的数学价值观。显然教师持有文化取向的数学价值观是展开数学文化教育的前提。但在现实中，持工具取向的数学价值观、知识能力取向的数学价值观的教师占绝大部分。

2. 教师的数学课程观导致大学数学教学中文化的缺失

教师自身所持有的课程观大体分为整体主义课程观和结构主义课程观。整体主义课程观是把课程置于历史长河中动态地来看，考虑学生整体发展；结构主义课程观从静态的结果来看，仅仅考虑学生对知识进行建构。但在现实中，由于自身数学文化知识的匮乏、教学时间相对紧张等主、客观原因，持结构主义课程观的教师占绝大部分，最终导致大学数学课少有文化气息。

3. 教师在教学操作层面的能力导致大学数学教学中文化的缺失

操作层面的问题主要是来自教师自身及教育体制。由于教师自身数学文化知识的匮乏、习惯性教学方式及高校教学时间相对紧张等主、客观原因，即使有些教师具备文化取向的数学价值观，也难以在大学数学课堂教学中渗透文化气息，更难让人听到流形、聚类、混沌、分形这些数学文化常识与语言。

二、大学数学文化的教育维度

数学已有几千年的发展史，现在已经渗透到社会的各个领域中。它所蕴含的文化资源无比丰富。它可以是发人深省的数学思想、精彩美妙的数学方法和让人着迷的数学命题，也可以是展现数学在科学技术、政治经济、文学艺术及社会现实生活中的那些应用。然而，这些内容又都是繁杂无序的，是没有组织结构的，我们必须经过适当的筛选和一定的教学加工，才能把它们改造成“教育形态”的数学文化。我们可以从数学文化教育的以下几个维度考虑。

（一）数学文化的科学教育维度

在激发学生兴趣和创新精神的基础上，数学教学更应注重培养学生迎难而上的探究精神。数学作为人类文化的一部分，其永恒的主题是认识宇宙，也认识人类自己，要让学生深切地感受到数学是科学的语言、思维的艺术。

与其他学科相比，数学探究的抽象程度更高一些，如数学模型就是通过对原型的模拟或抽象而得来的，它是一种形式化和符号化的模型。

在引导学生进行数学探究的过程中，教师要成为有力的组织者、指导者、合作者，应该为学生提供较为丰富的数学探究问题的案例和背景材料，引导而不是代替学生发现和提出问题，特别是鼓励学生独立地发现和提出问题，还要组织学生通过相互合作解决问题，指导学生养成查阅相关参考资料、在计算机网络上查找和引证资料的习惯。教师要大力鼓励学生独立思考，帮助学生坚定克服困难的毅力和勇气，同时要指导学生在独立思考的基础上用各种方式寻求帮助。

在教学内容的组织上可进行适度拓展延伸。首先是教材的文化拓展。教材是学生学习数学的重要依据，只要教师对教材相关内容进行适当的加工、拓展和补充，就可使其焕发出文化的活力。例如，在概念教学中展示一段背景综述，充分揭示数学知识产生、发展的过程，使学生感受到数学知识都是事出有因、有根有底的，均是一定文化背景下的产物。又如，在解题教学中，除了必要的解题训练外，通过整理和反思，让学生感受解题过程中所蕴含的数学思想和方法。其次是利用经典数学名题拓展。数学是一门古老而又常新的学科，问题是促进数学发展的源泉和动力。从古到今，产生了极其丰富而有趣的数学问题，这些数学问题孕育着深刻而丰富的数学思想方法。最后是利用科学中的数学拓展。从哥白尼日心说的提出、牛顿万有引力定律的发现，到爱因斯坦相对论的创立，再到生命科学遗传密码的破解，数学在其中发挥了非常重要的作用。另外，教师还可以进行跨学科拓展，可从数学出发延伸到其他学科知识，也可从其他学科的需要出发引出相应的数学知识，如物体运动变化与曲线、导数与瞬时速度等。

（二）数学文化的应用教育维度

把数学应用意识视为一种重要的数学素养，这就要求我们多用数学的眼光去发现生活，不失时机地把课堂上的数学知识延伸到实际生活中，向学生介绍数学在日常生活和其他学科中的广泛应用。例如，教师在课堂上提出通信费等函数问题，交通路径、彩票抽奖等概率统计问题，贷款、细胞分裂、人口增长等数列问题，以及利润最大、用料最省、效率最高等优化问题，鼓励学生注意数学应用的实例，开阔他们的视野。在解决实际问题时，学生若能深切感受数学的应用价值，感受数学与现实世界的紧密联系，将有助于其形成良好的数学观，有利于其透过问题的表象探寻问题的本质，从而形成基于数学视角和数学方法思考并解决问题的能力。

（三）数学文化的人文教育维度

数学教育具有培植人文精神、促进心灵成长、使学生获得非与生俱来的完美人格的人文价值。学生学习数学时，需要学习的不只是事实和技巧，更需要吸收一种数学的世界观，一套判断问题是否值得研究的标准，一种将数学的知识、热情、鉴赏力传递给他人的方法。教师教好数学，不能只让学生简单地记住一堆事实或掌握一套技巧，而需要开发与学科有关的东西。

数学发展的历史长河中蕴藏着无限的人文教育素材，数学的发展史可以说是人类文明史的缩影，充满了人类的喜、怒、哀、乐，既有艰辛的劳动，又有辉煌的成就，经历了从幼稚到成熟的成长过程，它承载着人类社会每一次重大变革的重要成果。教师可利用数学家的故事，展示他们执着追求真理的精神风采，呈现他们高尚的人格品质，从而激发学生的民族自尊心和自信心，增强他们继承和发扬民族光荣传统的自豪感和责任感。

（四）数学文化的审美教育维度

数学是一种奇妙有力、不可缺少的科学工具，可把奥妙变为常识、复杂变为简单。简单既是思想，又是目的。数学思想是人人都可以享用的，如数学中有一种非常重要的思想方法——化大为小，也就是把遇到的困难事物尽量划分成许多小的部分，这样每一小部分显然更容易得到解决，每个人都可以用这样的方法来处理日常问题。

自然界和人的生产生活领域有大量错综复杂的关系和变化着的现象，利用数学分析方法，可以将这些关系和现象中隐含的秩序和法则通过公式、方程式等表现为简单而有用的规律，这就是数学美。美，在本质上体现为简单性。“好的数学”是一种至美，只有借助数学才能达到简单性的美学准则。

数学教育离不开审美教育，数学中的简单美是激发求知欲、形成内驱力的源泉。如果能让学生在数学教育中有如此的审美经历，定会激发他们钻研数学的热情和动力。引导学生充分享受这种简单美，不但能培养学生的创造性思维，而且对提高学生类比、联想、想象等特殊思维能力有十分重要的作用。另外，数学的简单美还能培养学生遵循客观规律、办事简洁和精益求精的个性。只有让学生体会到数学的内在美，才能让学生爱好数学，进而钻研数学。

第三章 大学数学教学原理与创新

第一节 大学数学的教学原则与原理

一、大学数学的教学原则

大学数学教学必须严格遵循图 3－1 所示的原则。

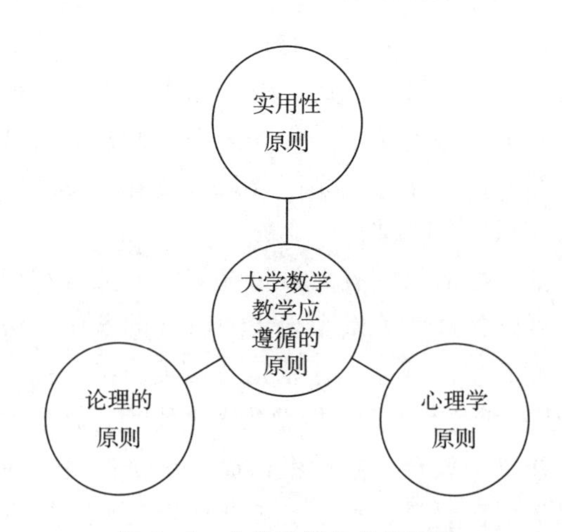

图 3－1 大学数学的教学原则

第一，实用性原则。每个大学教师都知道数学是许多学科的基础，是解决问题不可或缺的工具。许多科学研究进行到一定程度后都可归于某类数学问题。例如，在新兴的“生物信息学”中，许多问题最终可以归于某个数学问题。数学进一步发展的原因正是其他学科在发展过程中对数学提出了要求，这成了数学发展的长期动力。数学为其他学科提供工具的同时，也拓展了其自我发展的道路，这是数学存在和发展的意义①。

① 刘莹．新时代背景下大学数学教学改革与实践探究［M］．长春：吉林大学出版社，2018.

第二，论理的原则。我国非常注重培养学生的数学思维能力，在大学数学教学中，有必要提高学生的思维和逻辑技能，这不仅是论理原则教学价值的具体体现，还是大学生进入社会所必需的素质。

第三，心理学原则。大学数学教学应该站在学生的位置，并与其心理发展相适应，以满足其真实需求。不符合心理学原则的教学方法没有教学价值。大多数认知心理学家和数学教育工作者认为，知识是通过认知主体的积极构建而获得的，而不仅仅是通过传递，知识的获取涉及重建。另外，学生获得知识与其本身的知识结构和认知事物的基本概念有着重要的关系。如今的教育体制下，学生的学习心理、学习方式、生活方式、知识结构都是为高考服务的。这种教学模式的直接后果是学生动手能力和敏捷性很差。为此，大学教育采用以素质为导向的讲课方法。这种方法旨在提高学生的个人能力，展示其个性，以便使学生成为对社会和国家有用的人才。

综上所述，这三个原则是统一的，而不是对立的。大学数学教师应该让学生感受到数学来自生活，易于理解且有实用价值，然后深入理论层面。数学教育不能将理论与应用分开，否则只能让学生被动地接受知识，长久下去会使学生失去学习兴趣。正确的教学方法应该是将理论应用于实践，运用数学概念和方法来分析和解决实际问题，使学生自然产生索取知识的欲望，能够积极学习。

二、大学数学的教学原理

经过20世纪90年代广泛的教学改革运动，目前大学数学课程的内容基本稳定。在教的内容确定之后，教学方法成为主要矛盾。无论是在国内还是在国外，大学数学教育仍然未被充分利用。为了在大学开展数学教育，教师必须拥有广泛的知识基础和良好的数学科学研究基础。

大学数学教育是一种成人教育，不同于儿童普通教育理论中讨论的教育。因此，数学教育改革的经验不能在大学中复制。无论数学教育水平如何，教师都有必要将学术形式的数学内涵转化为一种易于让学生通过教育学到的教学形式。高等教育概念应适当定位并适应大学生的年龄特征，并根据大学数学的特点，总结出一些普遍适用的教学原则。大学数学教学方法的改革方向主要是“体现创新精神”和“学生主动学习”。笔者将它融合在以下五项教学原理中，教学原理如图3-2所示。

第一，问题驱动原理。以解决问题作为数学教学的起点，目的是树立学习目标。

第二，适度形式化原理。数学思维是数学的本源，而形式化的表达是数

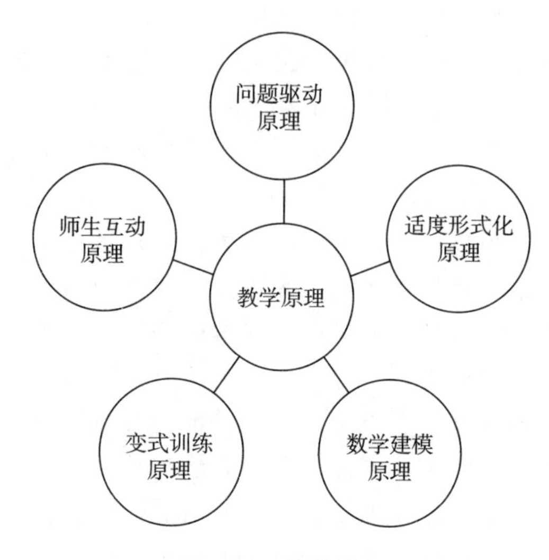

图 3-2 教学原理

学的特点。二者结合，则意味着数学教学既要讲推理，又要讲道理，目的是掌握数学本质。

第三，数学建模原理。数学建模是数学应用的前提，必须把数学建模融合到数学教学过程中，目的是学会数学应用。

第四，变式训练原理。数学是做出来的，练习不可或缺。变式训练是克服重复、单调的有效途径，目的是巩固学习成果。

第五，师生互动原理。教学不能单向灌输，大学数学教育也需要一定的师生互动，目的是建立合理的教学方式。

在五项原理中，前四项涉及数学内容的处理，最后一项是教学方法方面的内容。一般而言，学校的数学教育应该激发学生学习数学的积极性，使形式思维严格，但最重要的是强调数学思维的本质，将数学建模融入数学教学过程，实现师生之间的互动，然后通过变式训练，巩固数学知识、思想和方法。

（一）问题驱动原理

问题是数学的核心，解决问题是数学教学的目标之一。所谓问题驱动，即教师必须积极地提出与教学内容相对应的问题，以便学生在反思问题的过程中展示数学内容。在问题的驱使下，教师可以根据书中的定义、定理和证明来避免平铺直叙，或者只是计算。为了避免教科书式的教学情形的出现，教师需要提出问题并将教科书的内容整合到教学过程中，在教学过程中提出问题、分析问题并解决问题。

1. 描绘一门学科要解决的问题，树立教学目标

大学数学教学面临的是具有多年数学学习经验的学生。开始时教师必须制定课程目标，解释本课程要解决的问题，并激发学生学习的热情。

2. 重要的概念，往往来自对一个问题的求解

例如，整个微积分课程必须以问题为指导，每个主要章节必须以问题为导向。提出一个好问题可以激发学生的学习兴趣，激发学生对研究的热情，并鼓励他们迈出走向成功的第一步。

（二）适度形式化原理

形式化是数学科学的特征之一，大学数学的内容也需要正式的表达。从教学的角度看，问题在于学生不容易理解某些数学内容，所以大学数学教学也必须转变为学生容易理解的教学形式。根据数学的内容和学生的特点，适度掌握形式化水平已成为大学数学课程成功设计必须遵循的基本原则。

1. 形式主义教学哲学的运用

19 世纪下半叶，数学概念发生了巨大变化。以微积分为核心的分析数学用 $\varepsilon-\delta$ 语言得以完成严谨化的历程。希尔伯特重写了《几何基础》，把《几何原本》中不严谨的部分加以规范，并开发了一个严格的欧几里得几何公理系统。20 世纪，形式主义、逻辑主义和直觉主义的数学哲学开始被争论，最后形式主义的数学哲学得到了大多数数学家的认可。

随着以计算机技术为代表的信息时代的数学迅速发展，形式主义的数学哲学逐渐减弱。到目前为止，学术形式的数学依旧是被形式化地加以表述的。形式化的冰冷之美是理性文明的标志。我们绝不能否认或鄙视正式的数学表达。

大学数学教科书中的数学知识总是从公理出发，给出逻辑的定义，列举定理，然后逻辑地证明它，最后得到数学公式和规则的推论，这是形式化的必然结果。虽然正式的数学较难被理解或认识，但它非常有价值，应该让学生学习、理解、欣赏、掌握和应用。

2. 不同形式化水平的选择

数学必须正式化，但尚未完全正式化。这尤其适用于数学的教育形式。事实上，大学教科书的形式化程度是不一样的，相关教师需要做出适当的选择。以微积分为例，就有以下四种形式化水平。

第一，特高的形式化水平。例如，将微积分和实变函数结合，将黎曼积分和勒贝格积分统一处理。

第二，高要求的形式化水平。以 $\varepsilon-\delta$ 语言处理的微积分，即“数学分析”课程。

第三，一般要求的形式化水平。整体上要求形式化表述，但对极限理论等的论证采用直观描述，辅以 $\varepsilon-\delta$ 语言的表述。

第四，较低的形式化水平。直观地解说微积分大意。

每个级别都是合适的。教师要做的是根据学习目标和学生的特点进行选择。进一步而言，即使是高水平的“数学分析”课程也不能过分追求形式化，不可沉陷于烦琐的形式化陈述之中。对于一些完全成熟的理论，教师可以直接接受它们而不需要任何论证。

构成分析基础的实数理论是严格分析过程中的核心问题，无论是戴德金的“分割”理论还是柯西的基本序列理论，都得到了很好的定义。我们不再需要单独检验四个算术公理和排序实数系统的公理、阿基米德公理、完整的公理等。类似地，坐标轴上的点可以一对一地对应于所有实数，直观上可接受并且可以直接参考。另外，虽然需要正式的数学和公理系统，但它不是一个有时间限制的教学过程。

另外，数学科学与其他学科不同，具有严格的逻辑结构。因此，数学的现代化不能离开以前的理论。例如，非欧几何的发现并不否定欧氏几何，现代分析基于经典分析。那么，要在一个有时间限制的教学过程中呈现较多的数学内容，只能在保留一些数学本质的同时向前迈进，接受一些经典的结论作为“平台”。对于以怎样的理论作为一个平台，教师要根据实际情况选择。例如，在微积分的教学中，教师可以严格证明闭合区间内的连续函数的几组属性（有界性、最值可达性和介值性），或者可以选择不证明。

（三）数学建模原理

数学建模（mathematical modeling）是计算机技术信息时代的产物，它指的是通过数学符号、数学表达式、程序、图形等对实际主体的基本属性的抽象，并且可以简洁表征的数学活动。一般而言，数学本身就是量化关系和空间形式的模型。任何重要的数学内容均可以被抽象为一个或多个数学问题的模型。数学建模对数学教育产生了重大影响。

对于大学数学教学而言，数学建模课程的发展是一项深刻的改革。它包括数学教学观念的转变、教学内容的重组和教学方法的更新。大学教师应该尽可能地研究和积累并考虑基础课程的特定部分、特定的句子，甚至将某个想法、某种能力作为工作中问题的模型。数学建模技能的培养不再是数学教学的奢侈度量，而是当今大学数学教育中应考虑的基本原则。

1. 教学建模与应用题教学

如果数学建模仍然是一个新事物，那么问题的应用则是古老而众所周知的。数学建模和应用题教学有很多共同的地方。

数学建模有以下四个较为重要的步骤：合理假设—模型建立—模型求解—解释验证。

应用题教学也有类似的四个阶段：实际情景—列数学式—解数学题—检验答案的合理性。

可见，应用题教学是数学建模的初级阶段，数学建模则是应用题教学的现代发展。两者之间的主要区别：①数学建模的实际情景更加具体、更加切合现实；②数学建模的抽象度更高，而不只是某数学知识的直接运用；③数学建模的问题需要合理假设，条件往往冗余，次要因素需要忽略，问题需要整合简化，数据需要整理，过程比较复杂；④数学建模问题的求解，往往需要借助计算机进行大量的计算；⑤数学建模的结果，常常不是唯一的，答案具有一定的开放性，可以做某种讨论。因此，我们不否定数学应用题的教学，而是要在此基础上进一步提高，达到数学建模的水平。

2. 在大学教学主干课程中融入数学建模

在大学教学主干课程中融入数学建模主要有以下“融入”原则。

第一，“融入”不能影响课程原定的教学计划。切入要自然，起点要低，不明显增加学生的负担。

第二，融入主干课程的“建模”案例数量不必多，但质量要高，不可喧宾夺主，不能影响扎实的基础。

第三，数学建模的四个关键步骤：合理假设、模型建立、模型求解、解释验证，这必须在案例中体现。

第四，案例解决既要有解析方法，又要有数值方法。要会使用数学软件。

第五，普遍受惠与因材施教相结合。例如，课堂讲解以基本原理和方法为主，课后习题可以安排不同层次的研究课题。

第六，启发式教学和适度“灌输”相结合，鼓励甚至“迫使”学生多思考、多动手、多提问和多讨论交流。

（四）变式训练原理

变式训练是一种有效的方法，是中国数学教育的优势之一。一般而言，所谓的变式是指当核心内容不变时，非必要内容和形式转换，以便学生能够找到本质和解决方案，可以更深入地了解所学到的知识。除上述定义的核心内容不变的情况外，还可以改变部分变式问题核心内容中的构成要素，然后通过观察所产生的效果来加深对数学本质的理解和掌握。例如，通过培养概念的要素来学习概念，提出概念的正面和负面例子，以便学生能够判断和辨析问题何时得到解决，在解决问题时将问题的条件和结论进行变换，让学生推测，以培养学生的思维能力。

大学数学教学也需要不同的培训。数学问题在不断变化，如何在混乱的形式中掌握本质是一项重要的数学技能。变式训练的目的是发展学生解决问题的技能，使学生能够在掌握基本概念和基本属性的基础上理解各种问题和对象的数学本质，并使用概念和属性来解决问题。

（五）师生互动原理

教学相长、师生互动是我国固有的传统教学模式。我国正在大力提倡“独立、探索、合作”的互动教学方法。由于大学教育的对象大部分是成年人，年龄特征决定了教与学的实践。特别是大学数学上课形式基本上是大班授课，实际上教师和学生之间的互动存在限制。正因如此，教师和学生之间的互动显得更为重要，为此教师必须努力进行创造性地教学改革。课堂解答、小班练习、课外作业修正及定期问答都是数学教学的基本形式。近年来，数学建模中增加了数学活动，在上述每个步骤中都有教师与学生互动的协议和安排。

关于大班讲授如何进行师生互动，具体的建议有以下几个方面。

互动形式一：如同名人演讲一样，在课堂上留出几分钟让学生提问。这种互动需要学生积极配合，让学生大胆地在大班课堂上发问。这类互动适合宏观地讨论一些数学思想方法。由于时间不多，不便讨论一些推演证明的细节。

互动形式二：在关键时刻，适当提出经过精心设计的问题，指定学生回答。由于要求学生即兴回答，问题不宜太难，而且一般不需要上黑板书写，在座位上就能回答。如果班级很大，则需要扩音设备。一节课有 3～5 次提问，可以调节课堂气氛，增进师生间的了解。

互动形式三：自问自答。这是一种启发式教学。虽然课堂上不便对话，但是问题来自学生的认知困难，这种互动形式能够比较真切地解决学生的困惑。

互动形式四：答疑过程中收集学生的普遍问题，在大课上进行讲解和交流。

至于习题课上的交流，由于是小班进行，自然需要进行深入的互动，包括请学生在黑板上演算、讨论解题方案、纠正错误、由学生做总结性发言等多种形式。一种新的趋势是充分利用信息技术，为教师和学生创建一个互动在线平台：教师在线视频咨询；微信答疑，个性化咨询，电子作业，在线批改；介绍相应的参考资料，课外阅读。

最后要提到的是数学建模活动，这是一个以学生为中心的学习过程。学生通常在教学中发挥着重要的作用，通过仔细阅读教师提供的案例材料，进行认真的分析和反思，并得出自己的结论。在讨论过程中，他们积极地表达自己的观点，讲述自己的想法和判断，并与他人争论。教师的角色是组织者、引导者和推动者。

第二节　大学数学的教学模式创新

一、大学数学的深度教学模式创新

（一）深度教学的性质与样态

根据大学数学深度教学的活动结构及其条件，深度教学在一定的范围内是有可能的，但是也是需要条件的。从根本上讲，事物的性质决定事物的规律与方法，而事物性质的不同表现又与它的类型密切相关。

1. 深度教学的性质

揭示大学数学深度教学的基本性质，在方法论上需要明确两点。一是事物的性质与事物的结构密切相关。换言之，深度教学的二重结构在很大程度上决定着它的基本性质。二是事物的性质是事物本质的具体表现。对于深度教学基本性质的揭示，其实质是对深度教学本质内涵的进一步认识。根据深度教学的本质内涵与基本结构，大学数学深度教学具有四个基本性质：深刻性、交融性、层次性、意义性。

（1）深刻性

深度反映的是触及事物本质的程度。具体而言，深度教学就是要触及学生的本质，触及学科的本质，触及学习的本质，触及发展的本质。这“四个触及”决定了深度教学具有深刻性。相应地，深度教学的深刻性集中表现在四个方面：①触及学生心灵的深处；②深入学科教材的本质；③引导学生持续地建构；④对学生产生深远的影响。深度教学的深刻性决定了深度教学应当实施反思性教学。

（2）交融性

从某种程度上讲，深度教学要沟通和融合教学内部的各个要素、各种关系和各个环节，以充分发挥教学对学生学习与发展的整体效应。这就决定了深度教学具有交融性。从广义上讲，深度教学的交融性表现在四个方面：①学生与学科的交互融合，即学生深层的兴趣、情感、思维与学科教材本质的交互融合；②学生与学习的相互支持，即学生深层的兴趣、情感、思维与学生持续建构过程的相互支持；③学科与学习的相互依存，即学科教材本质与学生持续建构的相互依存；④师生之间的心灵融通，即师生之间在兴趣、情感和思维上的心灵融通。深度教学的交融性决定了深度教学应当实施对话式教学。

（3）层次性

深度教学重在引导学生通过深切的体验和深入的思考，帮助学生达到对学科本质的深层理解，进而理解自然，理解社会，理解他人，最终理解自我，实现自我。这里的关键之一是根据学生学习与发展的水平序列，使学生的学习过程不断向纵深推进。深度教学的层次性集中表现在学习活动及其过程的阶梯性。深度教学的层次性决定了深度教学应当实施阶梯式教学。

（4）意义性

如果教学没能进入学生的精神世界和意义领域，这样的教学是没有深度的教学。从根本上讲，深度教学就是引导学生建构知识意义，提升自我生命意义的教学。

深度教学的意义性集中表现在三个方面：①教学目的，即不但引导学生获得知识，而且获得意义；②教学内容，即在学科教学内容之间以及学科教学内容与学生心灵深处之间建立非人为的实质性关联；③教学过程，即促进学生的兴趣、情感和思维在学生持续建构过程中的深度参与。深度教学的意义性决定了深度教学应当实施理解性教学。

2. 深度教学的样态

根据大学数学深度教学的程度、条件和范围，深度教学的实践样态存在四种类型，具体如下。

（1）完全缺失的深度教学

深度教学的三重关系都没有建立起来，深度教学的三重条件完全丧失，教学的深度就会消失殆尽。这是目前学校普遍存在的一种教学情况：教师不能全面、准确地把握学科教材的本质，不能依托学科教材找到学生兴趣的引发处、情感的共鸣处和思维的迸发处。

（2）点上突破的深度教学

教师虽然没能建立起学生兴趣、情感、思维与学科教材本质的交互融合关系，学生持续建构与学科教材本质的相互依存关系，以及学生兴趣、情感、思维与学生持续建构的相互支持关系，但是在把握学科教材本质，依托学科教材定位学生兴趣的引发处、情感的共鸣处和思维的迸发处，以及设计持续建构的学习活动三个点位上，实现了某个（些）点位的突破，此时的教学就是点上突破的深度教学。

（3）局部突破的深度教学

教师不仅在把握学科教材本质，依托学科教材定位学生兴趣的引发处、情感的共鸣处和思维的迸发处，以及设计持续建构的学习活动三个点位上，实现了某个（些）点位的突破，还在学生心灵深处（兴趣、情感、思维）与学科教材本质的交互融合关系，学生持续建构与学科教材本质的相互依存关系，以及学生兴趣、情感、思维与学生持续建构的相互支持关系三个方面，实现了某个（些）方面的突破，此时的教学就是局部突破的深度教学。

（4）完整鲜明的深度教学

深度教学的三重关系都比较完好地建立起来，深度教学的三重前提和五个基本条件基本具备，这种情况下的教学就是完整鲜明的深度教学。某些特级教师和教学名师的教学就是这种情况：教师能够在深入把握学科教材本质和学生兴趣、情感、思维深处的基础上，通过学科问题设计和基于学科问题的学习活动设计，沟通学生、学科与学习之间的多向交互关系，引导学生持续建构学科教材本质，促进学生意义理解和可持续发展。

（二）深度教学的结构模型

作为一种教学形态，深度教学与大学数学教学本身的存在状态密切相关。大学数学教学的不同存在状态，在很大程度上规定了深度教学的内涵和方式。事物都是在一定的关系中存在的，关系的状态规定着事物的存在状态。从分析的角度来说，大学数学教学的存在状态可以用其中所涉及的关系状态来加以描述。对于任何学科的教学，它在学生和教师互动的背景和框架下，都具有以下三种基本的关系状态。

第一，学生与学科的关系状态。学生与学科的关系状态涉及的问题实质是“学科学习何以可能”。作为学生学习的主要载体和对象，学科教学内容与学生心灵世界之间的关系状态，用心理学术语说就是学科逻辑顺序与学生心理顺序之间的关系状态，它影响着学科教学的存在状态与深度状况。学生与学科的关系状态又取决于学科教学内容与学生心灵世界的交融状况。学科教学内容没能进入学生的心灵深处，与学生的兴趣、情感和思维不能发生实质性的联系，连学习都很难真正发生，当然就无法达到深度教学了。

第二，学科与学习的关系状态。学科与学习的关系状态涉及的问题实质是“学习学科的什么”。概括而言，学科是学生学习的对象。但是，学生究竟应该学习学科的哪些内容呢？对这个问题的回答与实践，便构成了学科与学习的关系状态。因此，学科与学习的关系状态取决于教师的学科理解方式及其水准，进而影响着大学数学教学本身的存在状态与深度状况。大学数学教学的深度状况标志着教师的学科理解水平和学生的学科学习水平。

第三，学生与学习的关系状态。学生与学习的关系状态涉及的问题实质是“持续学习何以可能”。任何教学关心的基本问题都是“学生学习的发生与维持”。由此可见，学习是一个持续的过程，是一个建构的过程。只有引导学生持续地建构，才能接近学习的本质。反之，这种“学习”既不能让学生产生持续的变化，也难以对学生形成持久而深远的影响，而真正的学习就没有发生。学生持续建构的过程、方式与状况决定着学生与学习的关系状态，进而又在很大程度上决定着教学的存在状态与深度状况。

需要注意的是，学生与学科、学科与学习及学生与学习三种关系及其所有因素在师生互动的背景与框架下，共同构成了学科课堂中的学习共同体。正是这个学习共同体影响着学科教学的存在状态和深度状况，并决定着学生学习与发展的最终状况。换言之，深度教学就是教师引导学生持续建构学科本质，促进学生意义理解和可持续发展的教学。因此，可以将深度教学描述为一个由心灵深处与学科本质的交互融合关系、心灵深处与持续建构的相互支持关系和持续建构与学科本质的相互依存关系三者有机结合而成，共同促进学生意义建构的活动结构。深入分析这个活动结构，可以帮助我们逐步揭示深度教学的基本性质、支持条件和实现机制。

1. 心灵深处与学科本质的交互整合

心灵深处与学科本质的交互整合反映的是深度教学在学生与学科方面的关系状态，这种关系状态受制于三个方面的因素：①教师能否把握住学科教材的本质，这反映了教师的学科教材理解方式及水准，并在很大程度上是制约学科教学深度的重要源头；②教师能否把握住学生心灵深处的想法，这反映了教师对学生兴趣、情感和思维的把握状况，并决定着学生在大学数学课堂教学中是深度参与还是浅层参与；③教师能否把握住学科教材本质和学生心灵深处的联结处，这规定了学生心灵深处与学科教材本质之间是交互融合还是相互分离。

显然，如果教师无力把握住学科教材的本质，不能把握住学生深层的兴趣、情感和思维，教学就只能在表层、粗浅的水平上进行，因为它失去了深度教学的基础和前提。而在学生心灵深处与学科教材本质的关系方面，即使教师把握住了学科教材的本质和学生心灵的深处；但是，如果学生心灵深处与学科教材本质相互分离，学科教材就难以进入学生深层的兴趣、情感和思维，学生也难以真正参与到学科本质的深度建构中，从而在很大程度上降低了学生学科学习的深度。

另外，在学生与学科的关系层面，深度教学要求具备三个基本条件：①教师转变自身的学科教材理解方式，提升自身的学科教材理解水准，能够全面、准确地把握学科教材的本质内涵；②教师熟悉学生兴趣、情感和思维的需求及特点，能够走进学生的心灵世界，在学科教材中准确地找到学生兴趣的引发处、情感的共鸣处和思维的迸发处；③教师能够准确地找到学科教材本质与学生兴趣、情感、思维的联结处，并通过问题设计，实现学生心灵深处与学科教材本质的交互融合。

2. 心灵深处与持续建构的相互支持

心灵深处与持续建构的相互支持反映的是深度教学在学生与学习方面的关系状态：一方面，学生对学科本质的持续建构需要触及学生心灵的深处，有赖于学生兴趣、情感和思维的实质性参与；另一方面，学生持续建构学科本质的学习过程反过来又会不断激发学生的兴趣、情感和思维。这里涉及两个问题：①如何激发学生的兴趣、情感和思维以支持学生的不断建构；②如何设计持续建构的学习活动以维持学生的兴趣、情感和思维。在实践中，前者有赖于学科问题的精妙设计，后者取决于学习活动的类型、序列与方式。

在学生与学习的关系层面，如果教师既没能激发学生的兴趣、情感和思维，又没能为学生设计持续建构的学习活动，这样的教学注定是没有多少深度的。如果教师激发出了学生的兴趣、情感和思维，但没有为学生设计持续建构的学习活动；或者教师为学生设计了持续建构的学习活动，但没能激发学生的兴趣、情感和思维，那么这样的教学只能在一定范围内具有比较有限的深度。只有当教师既激发出了学生的兴趣、情感和思维，又设计出了持续建构的学习活动以维持学生的兴趣、情感和思维，这样的教学才具有比较完好的深度。不管是学生兴趣、情感和思维的激发，还是促进学生持续建构的学习活动序列设计，都有赖于教师的引导。显然，在学生与学习的关系层面，深度教学需要具备两个基本条件：①基于学科问题的学习活动序列设计；②促进学生持续建构的学习引导。

深度教学的三重关系结构表明：学生心灵深处与学科教材本质的交互融合、学生持续建构与学科教材本质的相互依存，以及学生心灵深处与学生持续建构的相互支持是深度教学的三重前提条件。

3. 学科本质与持续建构的相互依存

学科本质与持续建构的相互依存反映的是深度教学在学科与学习方面的关系状态。在一定程度上讲，深度教学就是引导学生不断建构学科本质的过程。一方面，学习是一种持续的建构过程。这种持续建构需要指向学科的本质，以对学科本质的持续建构作为重要目标。另一方面，学科本质的学习需要一个持续的过程，需要一个持续建构的过程，这样才能对学生产生持久的影响，使学生持续产生变化。从这种意义上来说，学科本质与持续建构的相互依存乃是深度教学的存在状态。

从分析的角度，学科与学习的关系状态有三种情况。①粗浅型。教师既没能把握住学科教材的本质，又没能为学生创建持续建构的学习过程。在这种情况下，无论是大学数学教学内容还是教学过程，都没有任何深度可言。②分离型。教师能够把握住学科教材的本质，但又没有为学生创建持续建构的学习过程；或者，教师虽然试图为学生创建持续建构的学习过程，但自身对学科本质的把握不到位。在这种情况下，深度教学只能在一定范围内实现。③依存型。教师既能准确地把握住学科教材的本质，又能为学生创建持续建构学科本质的学习过程。在这种情况下，深度教学能够在一定范围内较好地实现。

因此，在学科与学习的关系层面，除了前面已经涉及的教师对学科教材本质内涵的把握之外，深度教学还需要具备一个基本条件：教师需要认识到学习的持续性与建构性本质，善于设计兼具顺序性与层次性的活动序列，引导学生对学科本质展开持续的建构。

（三）深度教学的操作框架

深度教学的操作框架可以归纳为：一个终极价值，两个前端分析，四个转化设计，四个导学模式。其中，价值导向是深度教学的核心价值，分析、设计与引导是深度教学的三个实践环节，分析与设计之间、设计与引导之间以及引导与分析之间则形成双向生成的互动关系。

1. 一个终极价值

一个终极价值是指促进学生的意义建构与持续发展。人是意义的追寻者和存在物，是意义的社会存在物。人在意义中存在，在存在中发展，在发展中不断提升意义。正是意义，成为人的存在之本和发展之源。凡是有深度的数学教学，都必须立足于学生作为人的这种本质规定性，引导和促进学生的意义建构与持续发展。这是深度教学的核心价值和终极追求。

意义建构是指学习者根据自己的经验背景，对外部信息进行主动的选择、加工和处理，从而获得自己的意义，获得基于自身的而非他人灌输的对事物的理解。“意义”大致包含三种含义：①语言文字或其他符号所表示的内涵和内容；②事物背后所包含的思想和道理；③事物所具有的价值和作用。具体而言，深度教学条件下学生要建构的意义主要包括以下两个层面：

第一，知识层次的意义。知识层次的意义主要涉及知识的产生与来源、事物的本质与规律、学科的思想与方法、知识的关系与结构，以及知识的作用与价值。

第二，生命层次的意义。人的生命的核心是精神生命，所谓人的生命意义其实就是人的精神意义。也就是说，生命层次的意义其实就是学生的精神意义，在大学数学教学条件下学生的精神意义主要包括五个方面：需要与兴趣，愿望与理想，意识与思想，情感与精神，价值与信仰。

2. 两个前端分析

两个前端分析是指对学科教材与学生学情的深度分析。学科教材的分析状况在很大程度上决定着学科教学内容的深度，学生学情的分析状况又在很大程度上影响着学生学习过程的质量。学科教材与学生学情的深度分析是深度教学的两个前提。

3. 四个转化设计

四个转化设计是指从目标的内容化到活动的串行化。从实质上讲，教学结构其实是学科教材结构和学生心理结构的深层转换，而学生的学习与发展状况其实取决于教学结构的状况。换言之，大学数学教学设计必须抓住教学实践中的若干关键转化环节，做好转化设计。基于学科教材和学生学情的深度教学需要做好四个转化设计：目标的内容化、内容的问题化、问题的活动化与活动的串行化。

（1）目标的内容化

在做好学科教材和学生学情两个前端分析之后，教师首先需要做的是深度教学的目标设计。深度教学的目标可以从三个方面加以考虑：①体现终极价值。深度教学的目标设计始终都要将促进学生的意义建构与持续发展作为终极价值追求，其中的关键是确定学生意义建构的内容和程度。②聚焦核心素养。深度教学的目标设计要对着重培养学生的核心素养加以明确的定位。③兼顾三维目标。深度教学的目标还要兼顾新课程教学的三维目标，即知识与技能、过程与方法、情感态度与价值观，这是深度教学的第一个设计任务。

(2) 内容的问题化

教学内容在与学生发生关联之前，是一种外在于学生的客观存在。如果大学数学的教学内容始终不能与学生发生某种实质性的关联，就不可能产生任何有深度的课堂教学。将外在的教学内容与学生的主观世界沟通起来，其中一种有效的实践方式就是学科问题的设计，即教学内容的问题化。在这里，学科问题具有多重深度教学的价值与作用：①学科问题是学科与学生的关联器，它能将学科教学内容与学生内心世界联系在一起，从而为学生的深度建构提供认识上的前提；②学科问题是触及学生心灵深处的触发器，它能够不断激发学生的兴趣、情感和思维；③学科问题是促进学生持续建构的维持器，它能够在很大程度上促进学生不断地建构。因此，如何将精选出来的教学内容转化设计成恰当的学科问题，成为深度教学的第二个设计任务。

(3) 问题的活动化

如果说学科问题是沟通学科教学内容与学生内心世界的关联器，是触及学生心灵深处的触发器，是促进学生持续建构的维持器，那么这三个方面的价值和作用最终还需要借助活动这个机制才能实现。在这里，问题与活动构成了一种双向建构和相互支持的关系：一方面，问题为活动提供了目标、内容上的依据和动机上的支持；另一方面，活动又为问题的提出与探究提供了平台。不仅如此，活动不仅是教学的基本实现单位，还是学生学习与发展的实现机制。在深度教学中，学生正是在问题的导引下，通过活动这个平台和机制，不断展开对学科本质和自我意义的建构。说得再明确一点，“问题—活动”乃是深度教学条件下学生学习与发展的双重心理机制。这意味着，如何依据学科问题，科学合理地设计学科学习活动，是深度教学实践中教师需要做好的第三个设计任务。

(4) 活动的串行化

为了引导学生持续地建构，不断地提升学生学习与发展的水平，教师在深度教学实践中需要做好第四个设计，即活动的串行化设计。所谓序列，是按照某种标准而做出的排列。在深度教学中，活动的串行化设计主要遵循四个标准。①顺序性。根据学生的认知特点与思维顺序，考虑活动的先后顺序，使各种活动的切换自然、得体。②主导性。抓住学生学习的关节点和困难处，准确定位学生学习的主导活动，做到关节点和困难处的学习突破。③层次性。根据学生的最近发展区，依次设计不同的学习阶梯，促进学生渐次提升学习与发展的水平。④整合性。根据大学数学教学的核心目标，优化组合各种类型的教学活动及其要素，发挥教学对学生发展的整体效应。

4. 四个导学模式

从反思性教学到理解性教学，深度教学的反思性、交融性、层次性与意义性决定了深度教学的四个基本导学模式：①反思性教学是教师引导学生通过间接认识、反向思考和自我反省等认知方式，达到对学科本质的深入把握和对自我的清晰认识；②对话式教学是教师为了引导学生完整深刻地把握课程文本意义，按照民主平等原则，围绕特定话题（主题或问题）而组织的师生之间、生生之间和师生与文本之间的一种多元交流活动；③阶梯式教学是教师根据学生的最近发展区，借助学习阶梯和支架的设计，不断挑战学生的学习潜能，逐渐提升学生的学习与发展水平；④理解性教学旨在营建一种以意义建构为目的的学习环境，以学生的前理解为基础，引导学生通过多向交流，达到对知识意义与自我意义的真正理解，进而提升自己的生命价值。

作为深度教学的四个基本导学模式，反思性教学、对话式教学、阶梯式教学与理解性教学都是为了促进学生的持久学习，以促进学生的意义建构与持续发展作为核心价值和共同目标。四者之间相互联系，相互支持，共同构成深度教学的实践体系。对于深度教学的这四个基本导学模式，教师需要从整体上加以理解，并在实践中综合灵活地运用。

深度教学的实现与否取决于教师四个方面的实践智慧：①分析力，即对学科教材和学生学情的深度分析；②设计力，即目标的内容化、内容的问题化、问题的活动化与活动的串行化设计；③引导力，即反思性教学、对话式教学、阶梯式教学与理解性教学四个导学模式及其策略的运用；④认识力，即对生命与智慧、学科与教材、知识与能力及学习与发展四大课堂原点问题的深入认识。

（四）深度教学的基本范式

在科学理论中，命题是对概念之间关系的陈述。一般而言，这里的关系主要是指因果关系，而且是相对稳固的因果关系。但是在教育领域，导致某种结果的原因常常不是单方面的，而是诸多因素共同作用的结果。因此，我们难以提供因果关系确定的诸如定律一样的命题，而是代之以一种有较强经验支持的尝试性命题或推测性说明，以描述和揭示深度教学内部的若干规律性联系。当我们还无法完全明白深度教学各种因素之间的复杂关系时，这种尝试性命题或推测性说明恰恰是一种将我们对深度教学的认识由已知推向未知，进而变未知为已知的思维方法。如此，就可以提供一个由某些最具本源性的概念、命题共同构成的用以描述和解释深度教学的基本范式。

基于大量的经验支持和前面的理性分析，本书将深度教学的基本范式规定为四个基本命题：①深度教学是深入学科教材本质的反思性教学；②深度教学是触及学生心灵深处的对话式教学；③深度教学是促进学生持续建构的阶梯式教学；④深度教学是引导学生建构意义的理解性教学。这四个基本命题是对深度教学的本质、结构、性质及条件等方面的高度提炼，代表着深度教学实践的基本方向。

1. 深度教学是深入学科教材本质的反思性教学

学科教材中可供学生学习与吸收的内容很多，但是学科教学必须对学科教材内容进行“量”的压缩和“质”的精选，必须将学科教材中最有价值的内容教给学生，必须引导学生进入学科的深处，去领悟学科的精髓与灵魂。任何学科教学都必须将学科中的那些广泛、强有力的适应性观念教给学生。这些观念可以把现行的极其丰富的学科内容精简为一组简单的命题，成为更经济、更富活力的内容，帮助学生通过对学科深层结构的理解来提升他们分析信息、提出新命题、驾驭知识体系的能力。

2. 深度教学是触及学生心灵深处的对话式教学

教育养的是人，主要养的是人的心灵，教育的根本任务乃是育心，真正的教育必须走进学生的心灵。如果不能触及学生心灵深处，就难以将教学推入学生的意义领域。如果教学不能触及学生心灵深处，各种知识、技能就难以与学生的心灵相遇、交融和贯通，学生便难以获得智慧的提升。如果教学不能触及学生心灵深处，学生就难以发挥自身的学习内源性，深度参与到课堂学习活动中来。从上述意义上说，深度教学是触及学生心灵深处的教学。

学生的心灵深处究竟是什么？从学科教学的实际操作来看，学生心灵的深处主要是指学生深层的兴趣、情感和思维。因此，教师需要依托学科教材，准确地定位学生兴趣的引发处、情感的共鸣处和思维的迸发处。根据学科教学实践的大量经验，学生兴趣的引发处常常就在学生好奇心和求知欲发生的地方，学生情感的共鸣处通常能引起学生的动心、动情，学生思维的迸发处又总是与学生所遭遇的问题情境和认知困惑有关。

3. 深度教学是促进学生持续建构的阶梯式教学

从学习的角度看，深度教学就是要引起和维持学生的深度学习。深度学习就是触及学习本质的学习。在大学数学教学中，学习的本质可以从学生、内容和过程三个基本方面加以理解：①深度学习必须是触及学生心灵深处的学习，即触及学生深层的兴趣、情感和思维；②深度学习必须是深入学科教材本质的学习；③深度学习必须是聚焦学习过程本质的学习，即聚焦于学习的建构性过程。归纳起来，深度学习的实质就是学生的持续建构，包括学科本质、心灵世界和自我意义的不断建构。从大学数学教学的角度看，深度教学的本质不是“遮蔽”，而是“发现”，是引导学生不断地发现自然，发现他人，发现社会，最终发现自我和实现自我；深度教学的本质不是“给予”，而是“追寻”，是引导学生不断地追寻知识的意义，追寻世界的意义，追寻自我的意义。不管是“发现”，还是“追寻”，其实质都是引导学生持续地建构。从此意义上讲，深度教学就是引导学生持续建构的教学。

持续建构需要从目的、过程和条件三个方面分析：①持续建构以学科本质、心灵世界和自我意义的完整建构作为终极目的；②持续建构是一个在不同层次上持续向纵深推进的建构过程；③持续建构需要激起学生兴趣、情感和思维的深层参与。引导和实现学生的这种持续建构关键在于不断创造出学生的最近发展区，让数学教学走在学生发展的前面。为此，我们需要根据学生的学习与发展水平，为学生设计出渐次提升的学习阶梯。而在学生向更高层次的阶梯迈进时，我们又需要为学生提供相应的学习支架。显然，引导学生不断建构的深度教学必然是阶梯式教学。

4. 深度教学是引导学生建构意义的理解性教学

任何教学都要为学生的发展开路，都要致力于促进学生的发展。任何教学如果不从人的更高层次的发展去理解和展开，所取得的任何结果都将是肤浅的、表面的。发展具有多个层面的内涵，既涉及功利意义上的发展，又涉及本体意义上的发展；既可指他主的发展，又可指自主的发展；既包含短浅的发展，又包含持续的发展。如果教学只是将技能训练和行为强化作为自己的首要任务，它就难以进入学生的兴趣、情感和思维层面；如果教学不能进入学生的兴趣、情感和思维层面，它就无法来到学生的内心深处和意义领域，当然难以对学生产生深远而持续的影响。同样，如果教学只是将学生定格在被塑造、被书写、被灌输的客体位置上，它就无法发挥出对自身发展起着决定性意义的自主能动性；一旦教学离开了学生的自主能动性，也就失去了学生持续发展的最根本的动力。因此，针对当下学科教学的突出问题，深度教学追求的乃是学生的持续发展，深度教学就是促进学生持续发展的教学。

学生的持续发展首先指向人的心灵和精神，指向人的精神世界的丰盈，指向人的生命意义的提升。这是学生持续发展的终极价值。其次，学生的持续发展重在发展学生的学习力。学生的持续发展需要以学习能力的培养和提升为前提，学生持续发展的关键在于为学生的学习力奠基。这是学生持续发展的实质内容。最后，学生的持续发展依靠学生的自主发展。学生的持续发展终究需要依靠学生自身的内源性，依靠学生本身的自主性、能动性与创造性，其中的重要任务就是引导学生学会自主学习与自主发展。这是学生持续发展的基本方式。因此，学生的持续发展既是一种意义建构的生长过程，又是一种学习力的生长过程，还是一种基于自主的生长过程。

这意味着，促进学生的持续发展必须着力于引导学生的意义建构，着力于提升学生的学习力，着力于激发学生的自主能动性。然而，无论是意义建构的广度、深度，还是意义建构的成功与否，都取决于学生的实际理解力状况。尽管学习力包括学习的动力、毅力与能力等多种学习能量，但理解力无疑是学习力的一个关键方面。从根本上讲，学生的自主学习与自主发展最终都必须在学生的自我理解中，通过自我理解而实现。

（五）深度教学模式的创新

深入学科教材的本质、触及学生的心灵深处、促进学生的持续建构和引导学生的意义建构乃是深度教学实践的四个基本方向，深入学科教材本质的反思性教学、触及学生心灵深处的对话式教学、促进学生持续建构的阶梯式教学和引导学生建构意义的理解性教学是深度教学的四个基本模式。

1. 深入学科教材本质的反思性教学

深度教学是引导学生深度建构学科教材的本质，唯有通过反思，学生才能真正把握学科教材的本质。这就是深度教学的第一个教学模式：深入学科教材本质的反思性教学。

（1）反思性教学的理念

在大学，虽然教师主要承担的是某一个学科的教学，但很多教师又常常将自己的任务理解为教教材。其结果是：学生只是学了几本教材，却没能真正认识这门学科；学生只是学到了某些粗浅的教材知识，却很少把握该门学科的精髓。长此以往，学生自然难以发展出良好的学科核心素养。改变这种状况的前提就是转变我们的教材观念：教师的教学任务不是教教材，而是用教材教，教师用教材来教学生学习学科。鉴于学生学习时间和精力的有限性，教师的任务主要是用教材来引导学生把握学科的本质，是为了更好地解决时下人们普遍关注的话题——培育学生的学科核心素养。

不管是引导学生把握学科的本质，还是培育学生的学科核心素养，首先应引导学生借助教材来学习学科。简单而言，就是要引导学生着重从学科的以下五个要素来展开学习。

① 对象和问题。所有学科都有自己特定的研究对象和研究问题。例如，物理学主要研究物质世界最基本的结构、最普遍的相互作用和最一般的运动规律，数学主要研究现实世界的数量关系和空间形式。而在各门学科内部的

不同领域，又涉及具体的研究对象和研究问题。

② 经验和话语。所有学科都有自己特定的经验形式与话语体系。对于大学生而言，就是要掌握不同学科的基本活动经验、问题表征方式和语言表达特点。

③ 概念和理论。所有学科都有自己特定的概念系统与理论体系，具体表现为学科中的概念、原理、结构和模型等概念性知识。

④ 思想和方法。所有学科都蕴含着经典的思想方法，包括哲理性的思想方法、一般性的思想方法与具体性的思想方法。

⑤ 意义和价值。所有学科都有自己独特的意义与价值，具体表现为学科知识的作用与价值，以及学科知识所蕴含的情感、态度与价值观。

（2）反思性教学的目标

从教学目标来说，深入学科教材本质的反思性教学旨在培育学生的学科核心素养。学科核心素养特指那些具有奠基性、普遍性与整合性的学科素养。其中，具有奠基性的学科素养是指那些不可替代和不可缺失，甚至是不可弥补的学科素养，如学科学习兴趣、学科思想方法等。具有普遍性的学科素养是指超越各个学科并贯穿于各个学科的学科素养，如思维品质、知识建构能力等。

从分析的意义上讲，学科核心素养的基本结构可以归纳为："四个层面"与"一个核心"。"四个层面"如下：①本源层，即对学生的学科学习最具有本源和发起意义的那些素养，主要表现为学科学习兴趣；②建构层，即学生在学科学习中所具有的知识建构能力，主要表现为发现知识、理解知识和构造知识的能力；③运用层，即学生运用学科知识解决问题的能力，集中表现为实践能力与创新能力；④整合层，即学生在长期的学科学习中通过领悟、反思和总结，逐渐形成的具有广泛迁移作用的思想方法与价值精神。"一个核心"是指学科思维。正是依靠学科思维的统摄和整合，学科核心素养的四个层面及其各个要素才形成了有机的整体。

笔者认为有四个因素与学科核心素养的发展密切相关，这四个因素如下：①学科活动经验；②学科知识建构；③学科思想方法；④学科思维模式。其中，学科活动经验是学科核心素养发展的重要基础。离开学科活动经验，学科核心素养的发展便成为无源之水。学科知识建构不仅是影响学科核心素养发展的重要因素，还是学科核心素养的组成部分。作为学科的精髓与灵魂，学科思想方法在一定程度上决定着学科核心素养的发展状况。学科思维模式是特定学科的从业者和学习者在分析问题与解决问题时普遍采用的思维框架和思维方式，它在学科核心素养发展中起着决定和整合的作用。

(3) 反思性教学的方向

在教育意义上，学科是指教学科目。在学科课堂中，教师的直接任务是引导学生学习学科，引导学生学到学科中最有价值的知识。而在深度教学的视域中，其实质是要引导学生把握学科的本质。对于这个问题，可以从两个方面加以思考。①研究对象。学科的研究对象决定着学科的本质。不同的学科有着不同的研究对象，不同学科的各个分支也有不同的研究对象。不同学科的不同研究对象决定了不同学科的研究过程、研究方法和研究结果的不同。具体而言，学科的研究对象就是学科的独特研究问题。独特的研究问题决定着学科的本质。②存在形态。学科的存在形态决定着学科的本质。任何学科都具有三个基本存在形态：知识形态、活动形态与组织形态。学科的知识形态主要表现为学科的核心知识，包括核心的概念、原理和理论等。学科的活动形态主要是指学科研究者发现知识和解决问题的活动样态，具体表现为学科的研究方法与研究手段。学科的组织形态主要是指学科知识的组织系统，常常表现为学科的基本结构。

(4) 反思性教学的环节

反思总是去寻求固定的、自身规定的、统摄特殊的普遍原则。这种普遍原则就是事物的本质的真理，不是感官所能把握的。这意味着，作为主体对自身经验进行反复思考以求把握其实质的思维活动，是引导学生把握学科教材本质的核心环节。

在汉语语境中，一般将反思理解为对自己的过去进行再思考以总结经验和吸取教训。在大学数学教学条件下，人们常常谈论的“反思性教学”“反思性学习”都是将“反思”理解为经验的改造和优化。从源头上看，“反思”是一个外来词，为近代西方哲学尤其是黑格尔哲学所常用。实际上，具有真正哲学意义的反思概念是随着近代西方哲学的发展而得以确立和清晰起来的。归纳起来，反思的概念大致包含以下五层含义。

① 反思是一种纯粹思维。反思是一种纯粹的思维，即纯思。换言之，反思是一种以思想本身为对象和内容的思考，是对既有思想成果的思考，是关于思想的思想。

② 反思是一种事后思维。一般而言，反思首先包含哲学的原则。哲学的认识方式只是一种反思，意指跟随在事实后面的反复思考。可见，反思是一种事后和向后的思索与思考。

③ 反思是一种本质思维。反思是对自身本质的把握，这是反思的重要含义。任何反思都是力求通过现象把握本质，通过个别把握一般，通过有限把握无限，通过变化把握恒常，通过局部把握整体。

④ 反思是一种批判思维。“反思”一词含有反省、内省之意，是一种贯穿和体现批判精神的批判性思考。换言之，反思不仅内含批判精神，还是批判的必要前提。简单地说，批判就是把思想、结论作为问题予以追究和审讯的思考方式。

⑤ 反思是一种辩证思维。真正彻底的反思思维不但是纯粹思维、事后思维、本质思维和批判思维，而且必须是辩证思维。因为只有辩证思维，才能达到真正必然性的知识的反思。

回到大学数学教学领域，我们可以从五个维度来理解学生的反思。①反思的目的。反思不是简单的回忆、回顾，其目的主要是把握学科本质，进而不断优化和改进自身的知识结构、思维模式与经验体系。②反思的方向。作为事后思维，反思一定是向后面的思维、反回去的思维，是学生对自己已有思考过程及结果的反复思考。③反思的对象。学生反思的对象不是实际的事物和活动，也不是直观的感性经验。反思是学生对自己思考的思考，是学生对自己已获知识的思考，是学生对自己已获知识的前提与根据、逻辑与方法、意义与价值等方面的思考。④反思的方式。反思的本质含义决定了反思的基本方式是反省思维、本质思维、批判思维与辩证思维。⑤反思的层次。反思不是初思，而是再思、三思、反复思考。如果说初思有可能停留于感性的认识水平上，那么反思则是通过反复思考达到了理性的认识水平。

（5）反思性教学的模式

引导学生把握学科本质的教学模式是反思性教学。这里的反思性教学不是教师发展意义上的反思性教学，而是学生发展意义上的反思性教学。简单地讲，学生发展意义上的反思性教学是指学生在教师引导下通过反思思维把握学科教材本质，进而改造和优化自身知识结构、思维模式与经验体系的教学形态。教师要从目标、内容、过程、方式与水平五个维度，确立反思性教学的基本实践框架。

① 反思性教学的目标：把握学科本质。反思性教学的目标是引导学生透过现象把握本质，透过局部把握整体，透过事实把握意义。换言之，引导学生把握学科教材的本质和学科知识的意义。

② 反思性教学的内容：知识的过程、方法与结果。这种教学模式是让学生学会对自己的知识进行理解和不断反思。反思性教学涵盖了以下内容：一是将学到的知识看作一种过程进行反思，主要是学生要学会在获取知识的过程中进行反思；二是将所学的知识看作一种结论进行反思，其中包括逻辑思维、行为方法和价值观念等方面；三是将所学的知识看作一个问题进行反思，让学生学会质疑和批判。

③ 反思性教学的过程：从矛盾到重建。在实践中，反思性教学会创造问题的环境，从而使学生产生疑惑，这样会有认知的矛盾，所以学生就会努力去做到知识平衡，最后回归教材，重建自己的知识结构。

④ 反思性教学的方式：其中包括四种不同的思维——反省思维、本质思维、批评思维和辩证思维。这四种思维模式循序渐进地引导学生，从而达到反思性教学的目的。反省思维其实就是让学生在学习的过程中找到一些办法，并对这些方法进行反省，从而得出一些心得体会，最终提高学习效率。本质思维就是教会学生通过现象看清事物的本质。在实践中，教师应该将知识的缘由作为重点，其次就是事物的本质、学习学科的方法、各学科之间的知识联系等，让学生看到学科的本质和知识核心，最终能让学生真正地掌握知识。批评思维就是让学生敢于质疑，让学生具有一定的批评精神，从而激发出内心的创新精神。辩证思维的出发点就是整体与发展的观点，学生要学会用这一观点来看待问题，能看到事物的发展性，也能看出事物的对立性，辩证地看待事物，既能看到好的方面，又能看到不好的方面。

⑤ 反思性教学的水平：从回顾到批判，根据学生反思的水平，可以将反思性教学区分为回顾、归纳、追究与批判四个层次。其中，在回顾水平上，反思性教学只是引导学生对自己获得知识的过程、方法与结果进行回忆。这种水平的反思性教学在实践中比较多见，一个典型的表现就是教师只是让学生对自己学习过程中的得失进行反思。在归纳水平上，反思性教学引导学生对先前获得知识的过程、方法与结果进行梳理与归纳，但此时的知识还主要停留于经验水平和概念水平上。在追究水平上，反思性教学引导学生对知识的产生与来源、事物的本质与规律、学科的方法与思想、知识的作用与价值等方面进行反复地探求与追寻。在批判水平上，反思性教学引导学生将自己已获得的知识作为问题加以质疑和拷问，其着眼点在于提升学生的问题意识、批判精神与创新能力。

2. 触及学生心灵深处的对话式教学

深度教学不是远离学生心灵的教学，它一定是触及学生心灵深处的教学。对话式教学能触及学生心灵的深处，这就是深度教学的第二个教学模式：触及学生心灵深处的对话式教学。

(1) 对话式教学的根源

教育是心灵的艺术，教学是心灵的启迪，教师是人类灵魂的工程师，凡是与教育有缘的人都熟悉这些名言和说法。在实际的教学中，学生心灵沉睡的现象不在少数。归纳起来大致有以下三个方面的表现。

第一，“无心”现象。教师的教学与学生的心灵世界少有瓜葛，难以引起学生心灵的共鸣与回应，致使教师的教学与学生的心灵两相平行而很少相交。此时的课堂在学生的心灵之外，自然就会产生学生没精打采、注意力涣散等现象。

第二，“走心”现象。教师的教学与学生的心灵世界有些关联，偶尔会引起学生心灵的共鸣与回应，但终究未能走进学生心灵的深处。此时的课堂止步于学生心灵的表层，很少触及学生深层的需要、兴趣、情感和思维，自然就会产生学生一笑而过、一时兴起而难以持续投入等现象。

第三，“偏心”现象。教师的教学单纯强调学生心灵的理性部分，很少关注学生心灵的情感、精神部分；教师的教学单纯强调学生的逻辑思维，很少关注学生的感知与体验、直觉与领悟。在这种情况下，课堂将学生心灵的理性部分置放在课堂的绝对统治地位，学生心灵世界中更具有生命本源意义的部分却被放逐在课堂之外。长此以往，教学非但不能建构学生的意义世界和生成学生的精神整体，反而会使学生的意义世界和精神人格不断陷入干涸和贫乏的境地。

(2) 对话式教学的问题情境

设计问题的情境主要涵盖了触发问题、唤醒问题和建构问题。从事物发生的状态来看，问题情境的产生能触发学生、唤醒学生，并且让学生内心世界不断地得到建构和充实。在问题情境设计的基础上，和学生及时沟通能建立起教师和学生之间的心灵桥梁，这种教学也被称为对话式教学。通过这种方式不但可以让两者的思维不断碰撞，而且可以构建学生的内心世界。总之，对话式教学能在问题情境创立的基础上，取得很好的效果。

① 学心心灵的触发器：问题情境。怎样的问题情境才能触及学生心灵的深处？基于大量的课堂范例，能够触及学生心灵深处的问题情境通常能够引发学生的注意力、好奇心、求知欲、探究欲和共鸣感等。具体而言，教师可以采用五个方法来创设尽量精妙精当的问题情境。

第一，以真实生意义。问题情境的创设需要从学生的生活实际出发，尽可能让学生在真实的问题情境中展开学习，使学生真正感受到自己是在学习有实际意义的知识，真正体会到知识与生活的密切联系。

第二，以新奇激兴趣。新奇的事物总能激发人的兴趣，容易引起学生的好奇与思考。教师要善于捕捉课程教材中的新奇处，进而创设出尽量新奇的问题情境。

第三，以真切动真情。生动形象的场景和真情实感容易引发学生的情感体验和情感共鸣，产生以情动情的效果。教师在创设问题情境时要善于做到情真意切，用情感架起沟通交流的桥梁，从而促进学生的主动参与和情感投入。

第四，以困惑启思维。当学生遭遇困惑时，内心就会产生一种不平衡的心理状态。为了恢复心理上的平衡，学生便会产生深入探究的欲望和冲动。教师要善于通过问题情境创造困惑，使学生产生认知冲突。

第五，以追问促深究。善于引导的教师，都善于在学生已有思考的基础上，借助巧妙的追问，促使学生循序渐进、由浅入深地建构和理解知识。

② 触及学生心灵深处的教学途径：对话式教学。借助问题情境，教师便可以采用对话式教学，不断地触发、唤醒和建构学生的心灵世界。从操作上讲，教师可以根据教学实际，分别采取问题讨论、论题争辩、成果分享、角色扮演和随机访问五种对话教学方式。

第一，问题沟通式。这种教学模式是让学生在课堂上发现问题，并且根据这个问题进行沟通讨论，并商讨出最后的解决办法。

第二，论题争论式。这种对话教学一般要形成正、反两个论题，由此让学生自己分为正、反方，让学生通过辩论赛的形式真正地理解知识。

第三，结果分享式。这种教学模式主要在于让学生在完成课后作业的基础上，敢于分享自己的学习结果，达到分享的目的，让学生学会自我反思和团队协作。

第四，角色互换式。这种教学模式重视学生对相应角色的互换，而体验不同角色可以让学生体验到沟通的重要性，最后学会相应的知识。

第五，随机抽查式。这种教学模式能够让学生自发地、主动地从不同的角度发现更多的问题，形成多种学习方法，培养学生的合作交流能力，使其能够对学习的知识有深刻的印象。

3. 促进学生持续建构的阶梯式教学

教学贵在循循善诱。教师要善于引导学生由浅入深地认识事物，最终达到穷理尽妙、慎思敏行的学习境界。深度教学的第三个教学模式是促进学生持续建构的阶梯式教学。

（1）阶梯式教学的根据

“阶梯”的原意是指台阶和梯子，人们常常用以比喻向上、进步的凭借或途径。阶梯所具有的基本特征便是它的层次性。借用到教学之中，所谓阶梯式教学，就是指教师基于学生学习与发展的现实水平，将教学活动整合设计成具有层次性的学习阶梯序列，以引导学生不断提升学习与发展水平的教学模式。

单从学生的思维建构过程来看，当下课堂教学普遍存在三大问题：①缺乏连续性，即强制性地中断学生的思维建构，致使学生的思维建构没能在一个连续、完整的过程中充分展开；②缺乏纵深性，即不自觉地将学生的思维建构限定在一个水平线上，致使学生的思维建构没能向尽可能高、深、远的层次推进；③缺乏挑战性，即习惯性地低估了学生思维建构的能力和潜力，未能更有效地挑战和挖掘学生的学习与发展潜力。正是出于对这三大课堂教学问题的反思，我们才格外强调采取阶梯式教学来实现课堂教学过程的连续性、纵深性与挑战性。

撇开当下课堂教学过程缺乏深度的实际问题不论，提出和强调阶梯式教学还具有以下三个方面的内在根据。

① 知识的层次性。知识不但具有经验性知识、概念性知识、方法性知识、思想性知识和价值性知识五种类型，而且在逻辑上还可以区分为经验水平、概念水平、方法水平、思想水平和价值水平五个层次。基于知识的这种层次性，课堂教学应该将学生的知识学习从较低层次的经验水平、概念水平提升到较高层次的方法水平，甚至是思想与价值水平。

② 学习的层次性。古今中外的人们都确认了学习具有层次性这个基本认识。其中，具有代表性的是将学习从低级到高级分成信号学习、刺激反应学习、连锁学习、语言的联合学习、多重辨别学习、概念学习、原理学习和解决问题学习八类学习。人们非常熟悉的还有将认知领域的学习目标从低到高依次区分为知识、领会、运用、分析、综合和评价六级。也有学者把学习分为反射学习与认知学习两大类，进而又把认知学习区分成感性学习与理性学习两大层次。基于学习的这种层次性，课堂教学应该将学生的学习从低级的水平不断提升到较为高级的水平。

③ 发展的层次性。苏联心理学家维果茨基将学生的发展区分为低级心理机能与高级心理机能两个层次。外部的物质活动是人的活动的最初形式，也是人的发展的最初形式。通过外部的物质活动，人获得的是最初的低级心理机能；通过内部的心理活动，人才能获得高级的心理机能。在最近发展区理论中，维果茨基更是明确地将学生的认识发展分成两种水平：一种是现有水平，即学生当前所达到的认识发展状态；另一种是在现有状态的基础上，经过帮助或努力所能达到的一种新的发展状态。在这两种水平状态之间存在差异，这个差异地带就是“最近发展区”。理想的教学应该在“最近发展区”下功夫，既要高于原有的认识水平，又应是学生经过努力所能达到的。基于发展的这种层次性，课堂教学应该将学生的发展从现有水平不断提升到潜在的水平和可能的水平。

（2）阶梯式教学的理念

基于知识、学习与发展所具有的层次性，可以从以下四个方面，提炼和归纳阶梯式教学背后所蕴含的理念与思想。

① 知识即由知到识。按照一般的理解，知识是人们对事物的一切认识成果。这是一种广义的理解。从词源上讲，“知”作为动词是指知道，作为名词是指知道的事物。“知道”等同于晓得、了解之义。但在古人看来，所谓“知道”是通晓天地之道，深明人事之理，此所谓“闻一言以贯万物，谓之知道”。“识”包括辨认、识别等意思。如果说“知”主要是指认识层面的通晓世道和深明事理，那么“识”则将人的认识拓展到实践的层面，与人的分析判断和实际问题的解决密切相关。由此观之，“知识”不是简单的晓得、了解，唯有达到对事物之深层道理的把握，并付诸实际问题的解决，方能叫作知识。我们强调阶梯式教学，就是要引导学生超越知识的表层，去把握事物背后所蕴含的深刻道理，以穷其事理，尽其奥妙，最终使自己做到慎思敏行。这就是阶梯式教学坚持的第一个观点：知识即由知到识。

② 学习即持续建构。人们普遍认同的一个观点是学习不是获得，而是建构。“建构”一词与“解构”相对，其原意是指建立起一种构造。运用到学习领域，我们可以将“建构”的基本含义理解为建立自己对知识和事物的理解，构造出属于自己并能解决问题的知识结构、思维模式和意义系统。按照建构主义学习论的观点，学习首先是学习者基于自己的已有经验对知识的主动建构；其次，学习是学习者在一定情境中运用自己的已有经验对知识的主动建构；最后，学习是学习者在一定情境中运用自己的已有经验，通过学习共同体的交流合作对知识的主动建构。但是学生对知识、事物和自我的建构不是一蹴而就的，其间涉及弥补、修正、更新、深化、整合等多种心理环节。换言之，建构本来就是一个由易到难、由浅入深、由表及里、由分到合的持续过程。这就是阶梯式教学坚持的第二个观点：学习即持续建构。

③ 发展即不断进步。教学的最终目的是通过学习、引导促进学生的发展。发展是事物不断前进的过程，是由小到大、由低到高、由旧到新的运动变化过程。在课堂教学中，所谓发展就是促进学生由现实状态发展到更为理想的状态，由现实水平发展到更高级的水平。这就是阶梯式教学坚持的第三个观点：发展即不断进步。

④ 教学即持续助推。教学始终都要为学生的发展开路，始终都要走在学生发展的前面，始终都要给学生创造不断学习与发展的台阶，始终都要不断地帮助和推进学生的发展变化。作为学生学习与发展的助推者，教师始终要做的最重要的事情便是给学生提供动力、机会、方法和支架，全力助推学生

向更有深度的学习和更高水平的发展迈进。这就是阶梯式教学坚持的第四个观点：教学即持续助推。

(3) 阶梯性活动的设计

① 从学习过程到形成概率水平。从知识的五个层次可以看出学生学习的过程一般是从概念的形成开始，慢慢地形成自己的思想，最后形成自己的知识结构。这是阶梯性活动设计的第一个思路：学习过程—形成概念—形成办法—形成思想—找到价值。

② 从开始认识到悟性认识。我们可以根据学生的思想层次发展看出他们的认识发展都要经过开始认识，然后到理性认识和悟性认识，最终构建自己的知识框架的过程。这是阶梯性活动设计的第二个思路：开始认识—理性认识—悟性认识。最初，开始认识就是学生最开始只能看出事物的一些表面现象，对其只能达到最初步的认识。慢慢地，学生通过学习，将没有关系的对象进行联系与结合，看出里面的相似点，对事物的规律现象能有进一步的认识。理性认识就是学生可以看出事物的本质特征，并且已经有了自己的判断能力和认知能力。悟性认识就是学生在前面几个过程的历练中，可以有自己的思维模式和解决问题的办法。

③ 从个案学习到活化学习。根据范例教学论的基本观点，学生的知识学习需要经历一个从个别到一般、从具体到抽象、从客观世界到主观世界逐渐深化的过程。鉴于此，可以将教学过程分成四个环节：范例性地阐明“个”的阶段，范例性地阐明“类”的阶段，范例性地掌握规律和范畴的阶段，范例性地获得关于世界和生活经验的阶段。这就是设计阶梯性活动的第三个思路：个案学习—种类学习—普遍学习—活化学习。

④ 从独立学习到挑战学习。根据学生的发展状态，学生的发展需要经历一个从已有水平到现实水平，最后到可能水平的变化过程。相应地，可以将学生的课堂学习分为独立学习、协作学习、集体学习与挑战学习四个层次。这就是设计阶梯性活动的第四个思路：独立学习—协作学习—集体学习—挑战学习。

(4) 阶梯性活动的学习支架

阶梯性活动就是给学生提供一个学习的模式场所，依靠这种场所，学生的学习能力能不断地得到提升。就像建筑工程里面的房子结构要用支架来支撑，学习和发展也需要支撑。所以，我们必须给学生提供学习发展和提升的平台与支架。

在建筑工程中，“支架”是一个专业词汇，是一个构架的支撑点。在教学中，“支架”则变成了提升学生水平和能力的一个平台。我们可以根据现有的资源将支架归为两种类型：主导性支架和支持性支架。所谓主导性支架就是教师采用科学的办法来督促学生学习；支持性支架是对于学生在学习过程中所产生的一些需要，教师能起到支持和帮助的作用。

① 指导性支架的设计。根据教学的实际经验，教师可以采用“以追问促探究”“以交流促理解”“以概括促整合”“以实践促反思”四个方法来设计指导性支架以促进学生的阶梯性学习。

② 支持性支架的设计。根据学生学习的实际需要，促进学生阶梯性学习的支持性支架常常包括问题、情境、概念、图表、模型、案例等工具和手段。

4. 引导学生建构意义的理解性教学

教学过程中不应该只看到其“功利”和“实用”的价值，否则很难和学生之间建立起教学的桥梁。这种课堂上的学生对学习会毫无动力，他们也不能认识到学习的意义，所以学生也就很难找到自己的人生价值和发现自身的精神世界。我们必须通过深度教学来解决这些存在的问题，这样才是具有构建意义的教学。此外，学生能通过理解来找到建构意义的根本，因为建构意义就是围绕理解展开的。这就形成了深度教学的特点之一：通过建构意义来展开理解性教学。

(1) 理解性教学的构建意义

作为一个意义建构体，“意义”也是一个理解各异、歧义丛生的概念。从广义上讲，意义是人类以符号形式传递和交流的一切精神内容，包括意向、意思、意图、知识、价值、观念等所有精神内容均属于意义的范畴。在日常生活中，人们又常常从“功利”的角度将意义理解成什么对什么所具有的价值和作用。作为一个具有独特意蕴的哲学范畴，意义包括意味和意指两个方面，具体是指能够支撑人在现实世界中安身立命、生活实践的价值理念，或者是能够为人在世俗生活世界中安身立命和处理各种价值关系提供支撑的价值理念。

通过以上叙述可以看出意义对人存在的重要性，它是我们内心与外部环境不断交流中由物体和个体向人显露出的观念体系。这种观念体系比较复杂，它既包含对事物的理解和自我的反馈，又包含对事物价值的追求，也就是对实现自我价值的无限追寻和肯定事物的精神满足。

① 意义的组成。教师在教学过程中应该指引学生组建意义。但是，很长一段时间内，在课堂中占据主要地位的是知识，这种环境阻碍了知识引导对学生内心世界的发展。我们应该重新认识课堂环境下知识所存在的意义以改变这种现状。也就是说，我们可以从两方面出发剖析知识的意义：一是有用

的知识，知识有很多用处；二是无用的知识。课堂知识是一种权威的存在，可以在一定程度上实现学生心灵的发展，所以它具有价值意义。也就是说，课堂上的教学并不是简单的知识累积，它更深层次的要求在于以知识积累为基础，去实现学生的心灵意义，丰富学生的内心世界，让学生能够找到自己存在的价值。所以，我们在实践的过程中，应该认识到知识和生命的关系，从而去掌握“意义构建”的全部意义。

② 意义的建构。意义不仅是心灵的建构物，还是心灵的栖息地。然而，心灵又不可能凭空建构出任何意义。意义在心灵中的建构方法具体如下。

意义建构的认识框架：外求成物—内求成己。意义来源于人的现实生活。人的现实生活包括两个方面：一是认识和改造世界；二是认识和改造自我。这两个方面在总体上展开为“成物”（成就世界）与“成己”（成就自我）的过程。正是“成物”与“成己”的过程成为意义的现实来源。

人在认识世界与改造世界的过程中，建构着“物”的意义。在这里，“物”的意义首先通过人及人的需要呈现，从而表现出某种外在性。在认识自我与改造自我的过程中，人既是意义的体现形态，又是追寻意义的主体。在这里，意义的生成同时表现为意义主体（人）本身的自我实现。唯有在“成物”的过程中，外在的事物才能进入人的认识与实践领域，成为人认识与改造的对象，并由此呈现事实、价值等方面的意义。同样，唯有在“成己”的过程中，人才能以自身潜能的发展和自我的实现为形式，既追问和领悟生命存在的意义，又赋予自我生命以内在的意义。概而言之，“成己”与“成物”既敞开了世界，又在世界之上打上了人的各种印记；意义的生成以“成己”与“成物”为现实之源，“成己”与“成物”的历史过程则指向不同形式的意义之域或意义世界。

不仅如此，在“成物”与“成己”的双重过程中，人不但认识和改造着世界，而且认识和改造着自我；人不但以观念的方式把握世界和自我的意义，而且通过实践过程赋予世界以多方面的意义；人不但从事实层面把握着世界和自我，而且从价值层面把握着世界和自我；人不但根据客观事实和实际情况来把握世界和自我，而且按照人自身的目的和理想来改造世界与自我。换言之，“成物”与“成己”不但成为人的意义之源，而且所蕴含的多重过程又决定了人的意义世界的多样性，具体表现为事实维度的意义（是什么）、价值维度的意义（意味着什么）与精神维度的意义（人应当成为什么）。

总之，意义的现实缘由围绕着“成物”和“成己”来展开，也是意义组成的过程。详细而言，就是人内心深处都具有向往性，这样才能对这个世界有所认识和完善。在认识和完善的过程中，离不开心智和心事两大载体的依托，这样一来能对事物有准确的掌握，并且从价值意义出发发现事物的本质特征，从而认识到世界和事物的存在价值。但是，人在认识世界的同时也存在于整个世界，在完善世界的过程中也在不断地寻找着自我。在寻找自我的过程中，人们发现自己并不断地追求自我价值，由此便慢慢地找到生命存在的意义，这个过程我们可以认为是内求成己。

③ 意义组成的心理暗示：理解。意义对人为什么存在做出了解答，理解则是对人存在的方式给出了答案。我们可以从心理机制出发，理解就是意义在内心深处慢慢建立的根本存在。理解其实是一种心理活动，是通过表面去看清事物的意义的过程，也是慢慢剖析人们心理的一种结果。但是，不管是在外部环境中还是自我的价值上，理解只会通过学生的内心在心智和心事不断结合的过程中完成组建。所以，理解其实就是掌握一种事物的深刻意义，我们也可以将理解看作很多方向不断循环的过程。

不过所有的理解都是建立在先前理解的基础上，先前理解可以看作理解的出发点和源头。简单而言，先前理解有三个因素：一是本体先行所具备的心理框架；二是主体先行所理解的心理内涵；三是主体先行的思维模式。这些所谓的心理因素会一定程度上制约学生对个体意义的认识。另外，所有的理解都要经过很多对话和不断融合之后才能慢慢有结果。先前理解会对个体对现在的理解有一定的影响，如个体容易在理解的过程中以自己的视角去看待事物的意义，这样一来就会产生理解偏差。所以，个体要学会多角度地看待事物，看到事物的价值、历史与现在、事物与本身，以及不同个体之间的观念结合，从而不断地改善和进步，最终达到对事物的真正理解。我们可以将理解看作人本身的一种理解。这种理解是其他人不能代替的，理解终究是自我理解。具体来说，所有的理解和理解中的意义都要通过自己的生命体验去获得。这是一种具有很强的个性特征的过程，所以理解就是感受到我们所能感受到的事物。换个角度就是，我们自己真正能感受到的事物才是真正被理解的。所以，通过先前理解—理解—个体理解这三方面的逻辑思维，心灵才能理解事物的同时又理解自我，在掌握事物意义的同时明白生命的真谛。

④ 意义组建的基本途径：感受。前面所说的外求成物、内求成己，还有先前理解、理解、个体理解，这些方面都离不开感受的作用。感受就是意义在内心可以建造的根本。从深层次上说，感受在构建意义中的重要作用其实离不开它本身拥有的包容性，表现为事物与个体的结合、知识和生命的结合、个体与他人的结合，以及个体和多种精神需求之间的结合。

最初，感受将外部环境和学生个体结合起来，为学生开创出了一条由表到里的理解途径，在理解事物的基础上还理解着个体，在组建事物意义的基础上也组建着自己的意义。然后，感受能让学生将自己的生活体验和对生命的认识和课程里的知识结合起来。在感受的维度里，客观的事物都是具有生命力的，拥有生命的意义和情调。由于感受世界让学生不满足于课堂上的知识范畴，他们会自己主动地追求生命的价值和意义。最终，感受可以使学生理解师生之间的关系和情感等，让构建意义的对话式教学具备实现的可能性。另外，感受本身就是从本体的生活体验和精神世界出发的，在此基础上去建造知识的价值和自我的价值，这些建造起来的意义可以和本体的意义相结合。这样一来，学生内心的精神世界和意义建造才得以不断发展。

（2）理解性教学的构建途径

作为人类特有的一种心理活动，理解不仅是学生内化知识的关键环节和形成能力的重要基础，还是学生意义建构的基本机制。正是通过理解，学生不仅认识和建构着知识的意义，还认识和建构着自我的生命意义。如果说深度教学是引导学生建构意义的教学，那么引导学生建构意义的教学又必定是理解性教学。

① 理解的本质。根据哲学解释学的基本观点，“理解”在本质上是一个多重的双向循环过程，任何理解都需要经历一系列的循环过程才能真正实现。落实到课堂教学实践，我们将“理解”界定为透过知识表层把握背后深层意义的双向循环过程。

② 理解性教学的设计。展开理解性教学要从教材理解、学情理解、教学目标的确定、教学内容的选择、教学过程的设计、教学策略的选用等几个方面对引导学生建构意义的理解性教学模式进行实际的运用。

第一，理解性教学的教材分析：把握学科知识的深层意义。理解性教学首先要求教师能够超越教材的表层，把握住教材知识背后所蕴含的深层意义。为此，教师可以从五个方面来分析教材：知识的产生与来源，事物的本质与规律，学科的方法与思想，知识的关系与结构，知识的作用与价值。

第二，理解性教学的学情分析：把握学生的前理解。在理解性教学中，教师分析学情的重点是准确把握学生的前理解。为此，教师可以从三个方面来分析：学生的经历与见识，意识与观念，思路与方法。

第三，理解性教学的目标确定：一核三维。理解性教学的目标确定可以采取“一核三维”的操作模式。“一核”，即确定理解的核心目标。理解性教学的核心目标是引导学生建构知识的意义与自我的意义。以此为基础，引导学生分别从学科兴趣、专业理想、思想观念、社会责任等方面认识和反思自己，从知识学习中建构和获得自己的生活意义与生命价值。“三维”，即确定理解的三大任务。

第四，理解性教学内容的选择：从了解到理解。为了引导学生深刻、丰富而又完整地理解知识，最终建构起知识的意义与自我的意义，教师需要根据其重要性程度将教学内容分为三个层次：学生只需了解的内容，如人工取火的各种方法；学生必须记忆的内容、基本要领等；学生重点理解的内容，包括三个基本条件之间的内在关系。

第五，理解性教学的过程设计：从前理解到自我理解。根据理解的基本心理逻辑，理解性教学包括前理解、协作理解和自我理解三个基本环节。在前理解阶段，教师创设问题情境，让学生基于自己的已有经验进行尝试性的理解。在可能的情况下，教师还可以引导学生对自己的科学兴趣、专业理想、科学精神、科学态度和社会责任等方面进行反思和认识。

第六，理解性教学的策略选用：循环式教学。理解的关键在于双向循环过程的展开。为了促进学生的协作理解与自我理解，最终建构知识的意义与自我的生命意义，教师需要尽可能地引导学生展开多种双向循环的认识过程。在数学教学中，教师可以采取体验-思考、提取-整合、诠释-生成、交流-反思四种教学策略。体验-思考策略是让学生作为一个体验与思考者，引导学生在已有生活经验和实验观察的基础上，深入思考实验设计的根据与思路、实验探究的思想与方法；提取-整合策略是让学生作为一个提取与整合者，引导学生从实验中提取关键的信息与证据，最终整合建构出相关条件和原理；诠释-生成策略是让学生作为一个诠释与生成者，引导学生诠释蕴含于数学探究过程中的科学精神、科学方法、科学思想与社会责任，鼓励学生生成自己的问题、见解等；交流-反思策略是让学生作为一个交流与反思者，反思和调整自己的认知结构和思维方式。

二、大学数学的双导双学教学模式创新

（一）双导双学教学模式的背景分析

双导双学课堂教学模式研究的提出，基于两大背景：一是解决大学数学课堂教学中存在的问题；二是顺应培育大学生核心素养的时代要求。

1. 解决课堂教学中存在的问题

随着教育教学改革的深入，教师的教学理念在不断更新。但是，大学数学课堂教学仍然存在诸多弊端，许多必须解决的问题长期以来没有得到解决，或一直解决不好。

(1) 学生被动学习的问题

在一些大学数学课堂教学中，学生的主体地位还未得到真正确立，主体作用没能得到充分发挥。学生的学习主动性差，学习积极性不高，从而不利于学生的后续学习和终身持续发展。于是，我们创建了“双导双学”教学模式的研究，意在通过课题研究，以及在教学实践中对学生的引导，培养学生独立学习的能力。

(2) 教师目标不明确的问题

在教学实践中，存在两个弊端：一个是许多教师教学目标意识薄弱，课堂教学没有明确、集中的教学目标，导致教学针对性差；二是没有明确的教学目标，造成部分教师在课堂教学中随意性大，觉得这也该教，那也该学，因而不断给自己和学生加码，使得教师教得很累，学生学得很苦，厌教、厌学情绪突出。

2. 培育学生核心素养的时代要求

学生发展核心素养，主要是指学生应具备的、能够适应终身发展和社会发展的必备品格和关键能力。核心素养是关于学生知识、技能、情感、态度、价值观等多方面要求的综合表现，是每一名学生获得成功、适应个人终身发展和社会发展的、不可或缺的共同素养，其发展是一个终身持续的过程。

中国学生发展核心素养，以科学性、时代性和民族性为基本原则，以培养“全面发展的人”为核心，分为文化基础、自主发展、社会参与三个方面，综合表现为人文底蕴、科学精神、学会学习、健康生活、责任担当、实践创新六大素养，具体细化为十八个基本要点。文化基础、自主发展、社会参与三个方面构成的核心素养总框架充分体现了马克思主义关于人的社会性等本质属性的观点，与中国治学、修身、济世的文化传统相呼应，有效整合了个人、社会和国家三个层面对大学生发展的要求。

(二) 双导双学教学模式的教学思想

1. 双导双学教学模式问题的解决

第一，双导双学教学模式解决“教什么”“学什么”的问题。大学数学课堂教学有效，直至高效优质，必须先解决教师教什么、学生学什么的问题。本模式直指教学目标，选取大学数学教学内容，因而解决了“教什么”“学什么”的问题。

第二，双导双学教学模式解决“怎么教”“怎么学”的问题。本模式从教与学统一的视角，着力解决“怎么教” “怎么学”的问题，那就是教师主导——导标导法，优化课堂；学生主体——自主实践，学会学习。

第三，双导双学教学模式解决“教得怎样”“学得怎样”的问题。优质课堂必须解决“教得怎样”“学得怎样”的问题，那就是达成目标——学会。目标是否达成，是评价教学效果的依据。本模式直指这一教学关键问题的解决。

第四，双导双学教学模式解决“教是为了不需要教”的问题。教师的教是为了以后学生不需要教，这就要培养学生自主学习的能力——会学。

以上问题的解决，直面当前大学数学教学中的问题，具有很强的针对性和极大的现实意义。

2. 双导双学教学模式的作用

教学，先要解决方向，即教学目标问题。瞄准教学目标，开启教学之旅，是教学的起点；通过实施教学的各个环节，达成教学目标，是教学的归宿。教学目标的重要性不言而喻。教学目标有以下四个作用。

（1）“指挥棒”作用

大学数学教学目标是教学活动的“第一要素”，对教学有“指挥棒”作用，指导和支配整个教学活动。教学活动追求什么目的，要得到什么结果，都会受到教学目标的指导和制约，教学过程也围绕教学目标而展开。如果教学目标正确、合理，那么就是有效的教学，否则就会导致无效的教学。

（2）“控制器”作用

大学数学教学目标一经确定，就对教学活动起着“控制器”作用：一是表现为约束教师和学生，让教和学凝聚在一起，完成共同的教学目标；二是表现为总体目标制约各个子目标，如高层次教学目标制约低层次教学目标，低层次教学目标必须与高层次教学目标一致。

（3）“催化剂”作用

现在提倡三维教学目标的整合，其中情感态度价值观目标可以激发学生的学习动力，对学习起“催化”作用。教师制定教学目标时，一定要研究学生的兴趣、动机、意志，在分析非智力因素上下功夫，这样制定教学目标才会对学生产生激励作用，让学生产生要达到学习目标的强烈愿望。

（4）“标杆尺”作用

大学数学教学目标作为预先规定的教学结果，自然是测量、检查、评价教学活动的“标杆尺”。教学是包括钻研教材、设计教学、组织实施、反馈评价等环节的系列活动，而评价是其中的重要教学环节，它既是教学活动一个周期的终结，又是下一个周期的开始。教学评价主要是检测教学设计时预定的结果是否实现及实现的程度如何，以便获得调整教学的反馈信息，教学目标的“标杆尺”作用相当重要，必须用好。

3. 双导双学教学模式的追求

方向问题解决之后，路径与工具又成了教学的主要矛盾。要让大学生掌握方法，在以后相似的学习情境中运用方法，这就是“会学”，即学会学习。“会学”较之“学会”层次更高，意义更重大。“学会”是适应性学习，重在接受、积累知识，解决当前问题；学会学习不仅关注学生学会什么，更关注学生怎么学，比“学会”更具基础性、工具性，有助于其后续学习。“会学”是创新性学习，重在掌握方法，主动探求知识，目的在于提出新问题，解决新问题。我们一定要着力于教给学生“带得走”的东西——“会学”。

中国基础教育课程改革提出了六个方面的具体目标，即改变五个“过于”，一个“过分”。首要的目标即为“改变课程过于注重知识传授的倾向，强调形成积极主动的学习态度，使获得基础知识和基本技能的过程同时成为学会学习和形成正确价值观的过程”。这一目标意在解决课程功能、价值取向问题。课程功能的改革强调了要从单纯注重传授知识转变为体现引导学生学会学习，学会生存，学会做人。知识是重要的，专注于知识传授并没有错。但凡事有“度”，不能“过于”“过度”。要把握好“度”，就应该了解知识的类型结构。知识分三种：第一，陈述性知识（讲述事实、结果的知识），解决是什么的问题；第二，程序性知识（讲述方法、过程的知识），解决怎么做的问题；第三，条件性知识，解决何时做的问题。

（三）双导双学教学模式的内容与环节

1. 双导双学教学模式的内容

教学模式就是从教学的整体出发，根据教学的规律、原则而归纳提炼出的，包括教学形式和方法在内的，具有典型性、稳定性、易学性的教学样式。从静态看，教学模式是一种教学结构；从动态看，它是一种教学程序。教学模式反映教学的共性、规范性，是教学实践的提炼与固化。

“双导”，即教师在课堂教学中充分发挥主导作用，引导学生明确学习目标，在学习目标的引领下，指导学生掌握一定的学习方法，达到教学的有效直至高效。在本教学模式的实施中，教师需做两件事。第一，“双导”。导标：指导学生明确学习目标。导法：指导学生掌握学习方法。第二，加强良好习惯的培养，培养优良的班风、学风，对学生进行“核心素养”中“必备品格”的培育。“双学”，即学生在教师“双导”（即导标、导法）的引领下，在课堂中运用相应的学习方法，直指目标，充分自主学习，达成目标，学会学习，形成良好的学习习惯。在大学数学教学模式的实施中，学生也需做两件事。第一，“双学”。自主学习：直指目标，自主学习，达成目标。学会学习：运用方法，掌握方法，学会学习。第二，形成良好习惯、良好品格，助推学习成功。

“双导双学”课堂教学模式是基于教师“双导”、学生“双学”的大学数学课堂教学模式，在课堂教学中充分发挥学生的主动性，通过教师的“导标”“导法”，学生通过直指目标的“自主学习”，达到学会的目的；通过掌握学习方法，达到“会学”的目的，从而形成培养学生“学会学习”的学科核心素养的课堂教学模式。

“双导双学”教学模式以教学目标的达成为主线，以教师引导学生实践为过程，以学生达成学习目标和学会学习为取向，从而增强课堂教学的针对性，实现学生学习的自主性，落实教师的主导性，提高大学数学课堂教学的实效性，保证学生学习能力的培育，使之在未来学习、终身学习中可持续发展。教师“双导”与学生“双学”在教学过程中紧密交融，构成“师—生”“生—师”“生—生”多元互动的开放系统，形成一个完整的学习网状结构，师生成为一个有效互动的学习共同体。教师在课堂教学中实施“双导”，学生课堂学习中实践“双学”，学生充分地自主学习、适当地探究学习和有效地合作学习，不仅要达成学习目标，做到“学会”，还要掌握方法，达到“会学”。这就是“双导”“双学”教学模式的基本内容。

2. 双导双学基本教学模式的环节

第一环节：教师“引导学习目标”，学生“明确学习目标”的时间为5分钟以内。①辅助环节：或创设情境，或开门见山，引出新课，板书课题，时间为1分钟左右。②根据教学内容，师生合作互动，明确学习目标（开始的一两周时间，教师为主；然后逐步放手，引导学生主动明确目标），时间为3分钟左右。

第二环节：教师“引导学习，点拨方法”，学生“自主学习，运用方法”，时间约15分钟。①根据制定的学习目标，教师点拨主要的学习方法，时间为2分钟左右。②学生运用方法，开始自主学习，时间为8分钟左右。③学生小组合作学习：主要是交流自主学习的成果，然后推选代表全班进行交流，时间为5分钟左右。

第三环节：教师“检测目标，强化方法”，学生“达成目标，掌握方法”，时间约20分钟。①教师组织各小组全班交流，进行点拨、更正、完善，时间为5分钟左右。②检测达标情况。检测的方式分口头（如数学展示思维过程的口述等）与书面（各种书面作业）；及时反馈，对不达标的知识点、能力点进行补救；对错误之处进行矫正；时间为12分钟左右。③学生回顾本节课的学习收获，师生共同总结学习方法，时间为3分钟左右。

（四）双导双学教学模式的实施原则

1. 目标指向原则

数学课堂教学必须以目标为导向，始终指向学习目标，不能游离于目标，更不能偏离目标。换言之，教学全过程的各个教学板块的实施，是达成目标的重要组成部分，为达成目标服务。

2. 师生互动原则

"达成目标"和"掌握方法"是本模式的两个关键概念：一要做到师生互动，教师把引导目标和指点方法贯穿学生学习的全过程，学生在充分的学习实践活动中，始终瞄准目标学习，运用恰当的方法学习；二要落实"生生"互动，在学生充分自主学习的前提下，要组织学生有效地进行合作学习，在交流中互相启发，甚至"生教生"，智慧共享，共同进步。

3. 反馈矫正原则

反馈矫正有两个方面的内容：一是学生是否学会本节课的学习内容，是否达成目标，这要通过多种形式，及时地当堂检测加以验证，并进行及时的矫正、补救；二是本节课主要的学习方法学生是否掌握，要做到适时点拨，强化总结。

4. 能力为重原则

教师的最终目标是让学生学会学习。在各学科的教学中，落实让学生"知道学的内容""知道怎么学"，形成学习能力，并把这种能力迁移到课外，在没有教师指点引导的情形下也能自学。在实施本教学模式时，教师一定要做到逐步放手。如"教师引导学习目标"的环节，开始的一两周，教师以引导为主，之后就要注重与学生互动研讨，逐步培养学生能够根据教材特点、教学内容，确定学习目标，选择学习方法的能力。

5. 因材施教原则

所谓因材施教，是根据学生年龄段特点（主要是学生的知识水平与接受能力），既落实上述教学思想，遵循模式框架，又灵活操作。如一个课时中有几个教学目标时，低年级可以一个目标达成后，再进行第二个目标；高年级则可以在学生扣住目标自学后，再集中检测达标情况。

（五）双导双学教学模式的传承创新

第一，传承：能力培养与"三维目标"教学思想。双导双学课堂教学模式研究，是对中华人民共和国成立以来各学科教学中注重能力培养的传承，是对中国启动的第八轮基础教育课程改革各学科课程中必须达成“三维目标”（其中的“知识和能力、过程和方法”就高度关注学习能力的培养）要求的传承，是对中国各学科教学注重培养学生自学能力的传承。

第二，创新：培育学生“学会学习”的核心素养。双导双学教学模式的创新之处在于：①在大学数学课程的教学实践中，引导学生形成各学科的学习能力——明白学习内容，明确学习目标，掌握学习方法，使得培育学科“学会学习”的关键能力能够得到落实；②操作性很强，各学科的各个教学板块（如数学的概念教学、计算教学和问题解决教学等）怎样实施，不同年段怎样操作，怎样从课内学习向课外拓展延伸等，都有具体的操作策略与方法。

三、大学数学的翻转课堂教学模式创新

（一）翻转课堂的理论认知

1. 翻转课堂的发展

翻转课堂最早的探索者是萨尔曼·可汗，他想到了制作教学视频，让更多学习有困难的孩子享受辅导资源。他制作的第一个教学视频上传到网站上后，很快引起了人们的关注，目前很多学校都在教学中使用翻转课堂。

伴随着翻转课堂教学模式受到越来越多的关注，视频网站上有越来越多的教师开始录制和上传不同学科的课程讲解视频，学生可以合理、灵活安排课外时间进行在线学习，在课堂上再进行答疑解惑、查漏补缺。由此，翻转课堂不仅改变了小城镇学校的教学模式，还影响了来自不同国家、地区、学科的教师，使他们改变了自己当前的授课模式。

虽然翻转课堂的教学效果和可行性得到了教师和学生的认可，但是上传到视频网站的教学资源依然有限，不能全面覆盖不同年级、学科，只在部分地区和学生群体之间得到传播。然而，萨尔曼·可汗在2011年建立的非营利性质的在线视频课程——“可汗学院”解决了这一问题。可汗学院在全球范围内流行，这是因为一方面其得到了比尔·盖茨等投资人的支持，另一方面萨尔曼·可汗的教学视频不但专业，而且独具个人魅力。此外，他还针对在线教学设计了一个能够及时捕捉到学生做题时容易被卡住的细节的课程联系系统，教师可以及时地为学生提供针对性的帮助，同时设置了奖励机制，对学习效果好的学生授予勋章，人们后来把这种教学方式叫作翻转课堂的“可汗学院”模型。随着互联网与移动设备的不断发展，到2020年，翻转课堂已经被应用到更多的学校中，成为教学创新的重要组成部分。

2. 翻转课堂的教学结构

所谓翻转课堂，就是教师创建视频，学生在家中或课外观看视频中教师的讲解，回到课堂上师生面对面交流和完成作业的一种教学形态。因此，这是一种典型的先学后教的教学结构，明显区别于先教后学的传统课堂教学结构。

3. 翻转课堂的核心理念

翻转课堂的核心理念是先将新知识的基础打牢，再锻炼并加强知识的运用能力；课堂外进行知识教学，课堂内进行知识内化与运用。只有深刻认识和理解该教学模式的核心运行理念，才能在不同地区、年级、学科的课堂上充分发挥翻转课堂教学模式的功效。

（1）布鲁姆掌握学习理论

本杰明·布鲁姆是美国当代著名的心理学家、教育家，他曾提出“教育目标分类理论”“掌握学习理论”等一系列教育理论。1981 年，布鲁姆通过实验发现，通过一对一的针对性教学后，班级里多位中下水平学生的成绩超过了多位中上水平学生的成绩。可见，在恰当的条件下，每一位学生都有成为优等生的可能。对此，他提出了掌握学习理论，即在“所有学生都能学好”的思想指导下，在经过班级授课学习的基础上，教师给予学生针对性的、及时的帮助，针对反馈信息调整教学计划和教学方法，从而使每一个学生都达到教师在授课前制定的教学目标。因此，布鲁姆掌握学习理论不仅是翻转课堂理论的重要组成部分，还对翻转课堂的实践教学过程和我国的教育发展有着重要的指导意义。首先，该理论要求教师树立每个学生都能成功的乐观教学理念，平等看待学生，一视同仁；其次，这一理论还强调教师关注每个学生人格心理，推动学生主动学习，充分调动学生深度学习的积极性；最后，创新性地提出了教师应恰当、合理地运用奖励评价机制，充分发挥其促进功能。

（2）建构主义学习理论

这一理论的核心观点：学习是人在已经获得的知识基础上，结合时代背景、所处的社会文化背景、个人成长经历，主动地对知识重新进行加工和组合，重新建构知识体系的过程。因此，建构主义学习理论在翻转课堂的应用体现在如下几个方面：①教学活动是以学生为主导进行的，教师只是学生主动进行知识建构的帮助者和促进者；②教学活动不仅局限于教授书本知识，还需要尝试在实际情境中运用知识解决实际问题；③强调协作学习的重要性。由于学习过程是个人主动以自己的方式形成对不同事物的认识和见解，从而每个人对同一个事物的认知是不同的，因此互相交流各自的观点，能够使最终建构的知识丰富、全面，且令人印象深刻。

（3）自组织学习理论

翻转课堂得以推行的核心在于学生通过计算机网络技术的支持，主动地进行自我学习和互助学习活动。这一观点与印度教育家苏伽特·米特拉 1999 年在启动的“墙中洞”（Hole in the Wall）项目总结出的自组织学习理论不谋而合。苏伽特·米特拉在印度一处偏远的贫民窟的墙体里嵌入了一台联网的计算机，并告诉这里的孩子们可以自由使用这台计算机，整个实验的过程没有出现任何类似教师角色的干预行为，但是这些孩子们竟然自发地组织成互助小组，通过网络学习各科知识。该项目表明，建立起引发学生好奇心的学习环境，能够有效提升学生参与学习活动的动机程度，而与同伴形成学习互助小组也会进一步激发学生不断探索学习的动力，从而最终形成一个自组织学习的良性循环机制。伴随着信息技术、媒体技术的进步，以及不同学科的教育资源依托互联网逐步开放，作为主张“自组织学习”的翻转课堂教学模式，必然对我国的教育变革产生深远的意义。

4. 翻转课堂的主要内容

由于翻转课堂是一种新兴的、处于发展阶段的教学模式，来自不同领域的争议和质疑声音不断。目前，很多学校的主要教学模式依然是课堂由教师主导，教师对知识进行讲解，学生被动学习，其学习的积极性和互动性普遍不高。翻转课堂则是将传统课堂中的教师和学生的角色进行了互换，学生首先在上课前通过教师录制好的课程讲解视频进行自学，随后课堂转变为教师组织学生交流学习进度和成果，针对性地对学生各自的问题和困难提供有效的解决方案，引导学生自发地对知识进行思考和实践运用，学生从被动学习转变为主动学习。同时，一方面，这一模式为评估教师的教学成果增加了新的评价指标，即课程讲解视频的关注度、播放量，以及学生进行评论、转发的数据；另一方面，翻转课堂让学生的学习效果评估不再由简单的阶段性考试成绩所决定，学生的自主学习能力、创新能力、表达能力、领导能力等是否在学习过程中得到了提升也被纳入评价指标中。

当前，传统的课堂教学模式和现存的教育方式已经呈现出其在培养推动新时代发展人才方面存在的不足，而翻转课堂能够在几年内就受到多个国家、地区教师和学生群体的认可，就可以看出这一课堂模式是时代发展的要求，也是教育行业转型升级的体现。目前不同阶段的学校针对翻转课堂进行了多方面的考察和实践研究，认为这一模式相比于传统课堂，能够有效地激发学生的学习动力和兴趣，加深了学生对学科知识的理解，学生的综合素质、创新能力、思考能力和自学能力等得到了不同程度的提升。随着我国基础教育的全面普及，以及教育理念的创新，翻转课堂在帮助学生全面发展方面的价值和实践意义逐渐凸显，发展空间巨大。

（二）翻转课堂教学活动设计

近年来，中国的教育一直处于改革阶段，翻转课堂是教育改革实践的产物。数学在加入翻转课堂之后，教学模式也产生了变化。在数学学习之前，学生需要根据导学案开展自主学习，教师和学生会积极讨论本节数学课的相关内容，而且上课环节也发生了变化，上课更加注重师生之间的交流、展示、讨论与探究。数学教学模式的变化使课堂中出现了很多微课视频、音频、图片及其他网络链接。

翻转课堂的教学模式要求学生利用导学案展开自主学习，再进行小组内部讨论，学生可以在讨论中解决疑问，如果讨论之后还存在困惑，学生可以在课堂上向教师询问，也可以和同学展开深入的交流，分析问题，解决问题。

建构主义思想指出学生和环境之间存在的相互作用能够为学生学习提供源源不断的动力，而且作用力还能够让学生在认知方面和情感方面发生态度转变。对于学生来说，自身和环境之间的相互作用就是学习活动，在翻转课堂教学模式中，微课具有非常重要的作用。但是，微课的使用需要辅助课上的探究活动，只有这样，才能最大地发挥出翻转课堂教学模式的作用。

开展学习活动是为了达到预期的学习目标。在学习活动中，学生会和学习环境产生交互作用。学习环境包含很多内容，如学习资源、学习工具、学习策略及其他支持学习行为的服务。学习目标的实现需要依赖于学习活动的内容、学习活动的设计及学习活动的具体操作步骤。传统课堂中，学习活动的开展主要包括学习目标任务、学习交互形式、学习角色、学习职责、规划、学习成果、评价规则及监管规则等。翻转课堂加入学习活动之后也要涉及学习要素，如学习资源、学习环境、学习主体与评价规则等，这些要素会直接影响翻转课堂学习活动的开展，也会影响学习活动能够获得的学习效果。

1. 翻转课堂教学活动设计的要素

翻转课堂学习活动对学生的自我管理能力提出了较高的要求，对教师的工作能力也提出了较高要求。教师要为学生创造出良好的环境，为学生提供他们需要的信息和资源，促进学生的个性化学习及合作学习。为了让学生保持学习积极性可以设置积分奖励，通过量化的数据来反映学生的学习成果，还可以使用量化的形式评价学生的学习过程。除此之外，也可以设置精神方面的奖励，如颁发荣誉奖章、评选光荣称号等，如果有特别出色的学生可以同时奖励积分和荣誉称号，这些奖励形式能够激发学生的学习主动性，让学生更愿意参与学习活动。任务指导能够帮助学生形成清晰的学习步骤，让学生明确学习目标。举例来说，在网络学习平台上，平台可以按照学生的学习足迹给学生推送相关学习资源，这有利于学生更好地开展自主学习。教师也可以为学生的练习设置答案反馈，为学生展示详细的解题过程，让学生理清自己的思路。教师还可以利用知识地图直观地展示知识层次、学习路径，可以有效地指导学生的学习，帮助学生建立整体的、结构化的知识系统，避免知识的过度分化和孤立。

(1) 学习主体

在翻转课堂学习活动中，学生是执行者，学生在活动中扮演的角色、展开活动的方式、活动中的互动等都会影响翻转课堂的学习效果。在设计翻转课堂学习活动的过程时，必须尊重学生之间的差异性，也要注重学生个性的发展，为学生的发展创造合适的情境，保证学生能够有完整的认知结构，能够建构自我知识系统。在上课之前教师需要了解学生的兴趣、学习能力、学习活动的经验及对学习的需求，在此基础上设计学习内容，选择符合学生要求的学习视频，设置学生需要的学习任务，布置适合学生能力的学习作业；在课堂中，教师要兼顾不同学生的认知差异，也要在课堂中设置讨论、合作研究的环节，充分尊重学生的学习主体性，让学生作为学习的中心；在课下，教师要对学生的学习过程做出总结和反思，对学生进行多方面、多角度的评价，让学生认识到自己的不足，实现学生的持续发展。在教学过程中使用的方法和手段需要为学生的个性化发展服务。

(2) 学习资源

学生学习活动的实现需要学习资源作为支持，学习资源包括各种各样的资源，如文本资源、音频资源、视频资源、动画和图表资源等。翻转课堂学习活动为学生学习提供了多种多样的资源，而且资源是开放的，教师可以根据教学内容选择合适的学习资源，也可以对学习资源进行二次加工和设计，让资源更加符合教学要求。例如，教师在处理陈述性的知识时可以设置热区导航，在其中加入具有说明性的内容，如文本知识、图表知识；教师处理程序性的知识时，可以分层次地将知识陈列出来，帮助学生建立清晰的概念认知，帮助学生构建完善的知识结构，如认知策略的学习、动作技能的学习等；教师在处理学习资源的过程中，需要注意体现学生的个性自由，让学生的思维在活动中得到发散，让学生有自主的思考、深刻的认知。特别是微视频，学生会依靠微视频进行大量的自主学习，所以微视频的设计一定要注重学习自主性的体现。要让微视频发挥出互动功能，帮助学生了解新知识，建构新知识。在微视频中应该体现出本视频要学习的内容和要解决的学习问题，帮助学生了解和明确视频学习的具体目标。

（3）教学方式

翻转课堂和传统的课堂有所不同，教师的角色、学生的角色都发生了转变，翻转课堂使面对面学习和网络学习产生了紧密的连接。除此之外，它还实现了知识和技能、应用和迁移的结合。在翻转课堂中，教师既是学习资源的开发者、设计者，又是学习目标的制定者、学习活动的组织者，教师要陪伴学生学习，要管理、设计、考评学生的活动；学生需要积极发挥自己的学习主动性，建构自己的知识体系。

（4）学习环境

学习环境主要指支持学习过程、促进学生发展的各要素的有机组合，对学生学习过程中的认知、情感和行为，以及学习活动效果有着重要的影响。

翻转课堂学习环境具有的特点：①融合新的学习策略，即讨论交流、合作研究、主动的学习、探究协作的学习等；②能够把传统的教学方式与翻转课堂模式结合起来，满足学生的个性化学习需求，实现课堂学习的真正高效化；③能促进学生发展的所有支持性力量的有机组合，包括学习资源的呈现、学习活动策略、评价反馈等。

翻转课堂的学习环境有四个：一是家庭学习环境，家庭学习环境是学生自主学习的保障，家庭需要为学生的学习提供物质条件，如安静的学习氛围，能够指导学生学习、督促学生学习的家庭成员等，家庭学习要求学生自我约束力较强，需要家长和学校配合，形成教育合力；二是课堂教学环境，课堂教学的中心是学生学习内容，主要是思维练习，注重培养学生的选择能力、决策能力，让学生能够全面发展，课堂环境能够为学生提供真实的学习情境，课堂教学环境传递信息的渠道也非常多、非常丰富；三是网络学习平台，网络学习平台提供的课程活动蕴含建构主义教学理念，能够帮助教师更好地设计教学活动；四是学习支持服务，该服务目的是全方位地为学生学习提供支持，帮助学生克服学习困难，具体而言，主要涉及动机激励、任务指导等内容。

设计学习环境主要是为了更好地帮助学生建构知识，让学生的学习更有意义，翻转课堂学习活动的环境应该是有利于交流沟通的、有利于激发学生学习积极性的、能够为知识学习提供足量信息的、让学生全面发展的环境。

（5）评价规则

翻转课堂学习活动必须要注重学习过程。活动是动态的、整体的、复杂的，并不是线性的。活动过程需要教师监督和掌控，并且对某些环节做出适当的引导，还要对学习过程做出有效的评价和反馈，确保学生的发展符合预期目标的设定轨迹。举例来说，如果学习过程中出现了意外因素，那么教师必须认真对待和处理，保证学生的学习能重新回归稳定状态。除此之外，还可以通过学生和环境之间的交互建立反馈机制，保证学生的知识建构始终处于稳定状态。教学评价方式需要做出改变与创新，教学评价方式应该既适合于翻转课堂学习活动，又能够促进学习过程的推进和学习效果的提升，教师要充分利用评价对学生的反思作用和学习督促作用。对学生活动过程的评价、自主管理能力的评价、合作组织能力的评价、语言表达能力的评价应该从问题出发，关注过程，力求形成真实有效的评价，发挥评价的作用。评价需要从多个角度展开，整体评价学生的学习过程、学习态度、学习结果。举例来说，在课程开始之前，教师应该自主评价并总结学生在网络学习平台上的视频观看记录，查看学生的学习进度及学习安排，清楚地了解学生的准备状况；在课程中，教师要关注学生知识的构建情况，要指导和督促学生的学习行为，督促学生参与讨论、参与合作，解决课前存在的疑难问题；在课程结束之后，教师应该为学生布置学习任务，并且要求学生在规定的时间内递交反思报告、评价报告。

2. 翻转课堂教学活动设计的模式

学生的学习本质上是学生的认知心理活动过程，是有一定的心理学规律的，只有按照规律设计学的活动，才能实现学的过程，达到学的结果。因此，活动设计应避免简单的知识复述和空泛的语言讨论，注重直观感受，让学生亲手操作、亲身体验、形象感知，经历知识的发现、概念的形成、规则的应用等学习过程。因此，教师在教学设计中，应当充分考虑学生的认知过程及需要，设计相对完整、连续的学习活动。

（1）操作感知学习活动

让学生借助动手操作活动感知事物、形成概念、学习规则。由此引发的感知、思维活动过程，是语言表述所无法取代的。

（2）事例感知学习活动

在教学中为了让学生理解较为抽象的概念和规则，可以设计活动让学生感知具体的事例，需要学习的概念和规则就蕴含在事例中，学生通过对多个事例的归纳掌握概念、理解规则①。

（3）体验感悟学习活动

在教学中通过活动让学生自己去体验、感受，并把自己已有的经验和当

---

① 石端银，张晓鹏，李文宇．“翻转课堂”在数学实验课教学中的应用［J］．实验室研究与探索，2016，35（1）：176－178＋233.

前学习活动结合起来，从而更深刻地理解知识，更切实地掌握技能。

（4）能力训练学习活动

在教学中，学生的朗读、识记、计算等能力发展任务是要通过扎扎实实的训练活动来实现的。能力训练活动设计要求教师依据学生的年龄、认知特点创设生动有趣的课堂情境，吸引学生积极参与训练活动，让学生在积极、愉快的情感体验中达成学习目标。

学习活动还有许多，根据不同学科、不同课型、不同年级的教学目标、重难点的异同，我们还可以根据自己所选择的授课内容及教学经验，恰当设计其他学习活动。但在设计学习活动的过程中，也要注意到学习活动的设计关键在于活动能引起学生对学习材料的深入加工。例如，朗读、背诵、读出公式规则和定理属于学习材料的原样呈现，应该是较低水平的加工，而解释、举例、运用公式解题、运用规则动手操作，是较高水平的深入加工。研究表明，那些经过比较精细复杂的或较深层次的分析加工的材料，才容易得到储存，学习效果也更为理想。

3. 翻转课堂教学活动设计的要求

第一，正视不同学生之间的差异。翻转课堂学习活动需要有针对性地为学生提供服务，针对性服务的提供需要教师提前掌握学生的个人情况，并且做出针对性的指导。在课程中教师要对个别学生进行专门辅导，为学生提供个性化学习服务；在课程结束之后，教师也要及时更新学生的能力发展状况，为学生知识的学习提供相应的巩固和强化措施。

第二，让活动设计得具体细致。教师需要在学习活动前、活动中、活动后的各个阶段为学生设立明确的目标，做出详细的活动安排，让学生按照活动安排展开活动，发挥自己的主体性来完成活动目标。

第三，为学生学习提供有效的支持服务。教师要保证学生学习环境的合理、科学建设，要探究不同的学习方式，培养学生的自主性合作能力、探究能力、自我管理能力，为学生知识的建构提供服务支持。

第四，要在活动中始终进行监督和管理。教学活动开始前、过程中、过程结束之后，教师都要进行有效的监管，检验学生的学习效果、学习任务的完成情况，评价学生的协作能力、交流能力、学生的学习成果、参与意识等，以及督促学生进行自我反思与评价。

4. 翻转课堂教学活动设计的展望

在微课的辅助下，翻转课堂的课上学习活动设计是人们追求课程学习活动设计臻于至善的必然产物。为此，我们以对翻转课堂课上学习活动的重新审视为基础，以活动理论为考虑工具，认为理想翻转课堂模式下的核心学习活动应是交互过程中对社会历史文化经验的掌握，是对人们与环境交互过程的完全关注，而不是仅仅关注“为了完成特定学习目标而进行的操作总和”。换言之，学习活动设计应以促进学习者发展为主要目的，以活动为表现形式，活动成为研究人类实践的基本单位，学习者通过活动参与，借助工具中介，改进“原态”（参与活动前学习者的知识、技能和态度状态），生成“新态”（参与活动后学习者的知识、技能和态度状态）。翻转课堂下的课上升级学习活动作为学习活动的子集，也应以活动为表现形式。因此，理想状态的翻转课堂的学习活动应当具备以下特征。

第一，活动必须凸显主体地位。与此同时，也要注重课堂上声音的多元化，最重要的是人的参与，人才是活动的主体。所以，必须明确翻转课堂学习活动的主体是学生，必须给予学生主体地位，让学生发挥出学习主体性。学生掌握学习主体性之后，会在学习中表达积极的学习态度，能够和他人展开频繁的交流。学生掌握了翻转课堂学习活动的话语权就能发出更多属于自己的声音，能够进行更多自己主观层面的互动。也就是说，翻转课堂学习活动的声音从以往的教师独白转变成师生的共同对话。

第二，活动中介要多元化发展。翻转课堂学习活动的开展需要依赖于工具中介，只有通过工具中介学生才能和环境产生交互。可以说，工具中介为学生提供了感知世界、理解世界、解构世界的渠道。工具中介能够让学生直观地感受到工具中介的可视化形式，所以如果学生想要了解世界本身的状态，就需要利用更多形式的工具中介，对世界进行多角度的感知、理解和解构。也就是说，工具中介不能过于单一，要向着多元化的方向发展，具体在翻转课堂学习活动中就表现为要建设多元化的工具中介，促进学生对世界的更好感知、更好理解。从这个角度来讲，微课的存在有不可忽视的作用。在翻转课堂学习活动中必须避免活动途径的单一，可以在活动中使用口头语言、书面语言或技术等各种各样的中介工具，让学生借助工具更好地理解世界的本质状态。

第三，翻转课堂学习活动应该有明确的任务，应该将任务作为发展导向。活动任务是学生活动的核心，也就是说要将建构性知识、解决实际问题作为活动核心，让学生把学习当作一项任务不断地去探究，解决一个又一个的任务，学生的探究精神能够让学生更加积极、更加热情地参与活动，能够有效地激发学生的活动主体性，也有利于多元中介发挥作用，让学生通过工具中介了解世界的更多可能。与此同时，设置活动任务能够让学生明确活动的目标，能够让学生的行为有目的性，能够让行为朝着任务完成的方向发展，学生探究的行为就是任务活动完成的一部分。

第四，翻转课堂学习活动是动态的，并不是线性的，也不是预定性的。固定的学习活动指的是教师为了完成某些学习目标而为学生设计的固定操作。固定的学习活动有非常强烈的独立性，它将活动和行为进行了微化分解，完全忽视了学习过程的动态特征和复杂特征。所以，固定的学习活动很难实现学生的全面整体发展。学习活动不应该是固定的，应该处于动态之中，在进行活动设计时可以明确活动任务，但是要注重活动过程的动态特征、非线性特征、非预设特征的体现，而且要注重学习者之间的交流和沟通，注重学生在动态复杂环境下产生的非线性的、非预定性的活动和行为，注重活动过程的动态性能够让知识更好、更快地传递，也能够有效应对活动中出现的不同观点，有利于创新。

第五，活动个体与共同体之间要和谐发展，学习并不是学习者一个人的知识构建，还涉及和其他人的交流互动。所以，学习活动过程不仅要关注学习者的个人学习状态、个人知识情况，还要注意学习者的知识建构过程中可能出现的不同观点，让学习者和其他的活动共同体进行交流和沟通。交流和沟通能够提高课程的活力，也能够让学习者借鉴别人的优点，不断地完善自我、反思自我。

（三）翻转课堂教学评价的改进策略

教学评价就是根据教学目标对教学过程及结果进行价值判断，并为教学决策服务的活动，它是对教学活动现实或潜在价值做出判断的过程。教学评价不仅包括对学生学习情况的评价，还包括对教师教学质量的评价。数学教学评价的主要目的是全面了解学生的数学学习历程，激励学生的学习和改进教师的教学。为此，应该建立评价目标多元、评价方法多样的评价体系。

1. 翻转课堂对教师进行教学评价的改进

大学阶段的数学翻转课堂对教师进行教学评价的优势体现在以下三个方面。

第一，提升了教师的语言表达能力和准确性。微课和微视频需要准确精简的语言，教师反复录制这类课程，能够改掉口头禅多、表达不准确等问题，在提升语言功底的同时增强了板书的能力。

第二，改变了教师的评价习惯。在以往的评价中，教师往往喜欢关注学生错了几道题、丢了多少分，习惯性地给学生做“减法”。而在校园数字化教学平台的教师评价栏目中，因为使用文字语言，教师会在书面语言上下功夫，更多使用表扬性和鼓励性的词汇，使语言尽可能地有温度，达到积极正面评价学生的目的。

第三，纠正了部分教师的教学观念。以往，很多数学教师更加注重教会学生如何解题和考试，却忽视了学生在学习过程中知识的形成过程。微课和微视频主要讲解数学知识，教师在制作微课的过程中，可以意识到学生习得新知识和知识形成的过程是十分重要的，从而转变这部分教师的观念。

大学数学翻转课堂改变了教学评价体系，提高了课堂教学效率。教师能够及时发现学生在各个学习环节中存在的问题，并迅速做出有效应对，还可以做到有针对性地强化学生普遍存在的薄弱环节。因此，学校和教师应深刻认识到数字化教育的重要性，充分利用其带来的极大便利与优势，对学生的学习情况做出客观、多元的评价，从而有效提高学生的综合素养。

2. 翻转课堂对学生进行教学评价的改进

利用校园数字化教学平台开展数学翻转课堂教学可以弥补许多非数字化平台翻转课堂教学环节中出现的不足。例如，校园数字化教学平台中的“师生答疑”“教师公告”“在线即时检测”“自主学习问题反馈”“在线作业”“电子化资源链接”“动态课件”“微课、微视频”“模拟实验”等栏目，就有效补充了非数字化平台翻转课堂教学环节中的很多不足。数字化环境下，数学翻转课堂对学生进行教学评价的优势体现在以下三个方面。

（1）知识技能评价更及时、准确、高效

教师可以在校园数字平台的“在线即时检测”栏目中提前设置检测题。当学生完成题目后，系统能够进行自动检测，并且对学生的完成情况进行统计。对于选择、判断一类的题目，系统可以统计正确率、错答选项占有率等；对于填空题，教师也可以通过平台关注每个学生的答题情况；对于解答题，教师可以调阅所有学生的答案，并对其中典型的解答做出评判以方便教学。校园数字平台充分体现了大数据技术的统计优势，为教师节省了大量统计、整理、记录学生测验结果的时间，大大提升了课堂练习反馈的时效性。学生通过校园数字平台完成课后作业，便于教师随时随地进行批阅。同时，大数据技术所进行的科学统计还能够为教师反思和准备下一阶段教学提供重要的数据参考。此外，“在线即时检测”“阶段性练习”“课后作业”等栏目都可以分类整理学生出现的错题。

（2）学习状态评价更客观、公正

以往，想要了解学生学习数学的状态，主要的依据为学生上数学课的专心程度、对课程的喜爱程度、课后的时间分配和与同学交流数学的主动度。但是，这些观察指标相对主观，没有办法进行科学定量的分析与统计，缺乏客观性和严谨性。而有了信息技术的支持，在数字化的环境中，校园数字平台能够准确统计出学生观看微课、微视频、其他资源、模拟实验等栏目的次数，以及在师生答疑栏目中的互动次数；“自主学习问题反馈”栏目还可以体现出学生在自主学习方面的状况。由此可见，通过校园平台了解到的学生学习状况更加客观公正。

（3）学习心理评价更规范、系统、及时

学生对数学的态度和遇到问题后的反应都能够体现出学生在学习数学时的心理状态。以往，学生的学习状态需要由教师与学生及学生家长面对面进行交流或采用问卷形式得出，这样做的弊端在于教师无法及时了解学生阶段性的心理异常状况，也就更谈不上快速应对，最终导致错过了最佳的解决问题的时机，对学生十分不利。

这时候就看出了数字化教学平台的优势。在平台上，教师可以通过“在线即时检测”“课后作业”“定期学科心理测试系统”等栏目关注学生在知识方面的掌握情况，以及近期的心理状态。

（四）翻转课堂教学模式对学生深度学习的创新

传统的教学方式以教师为中心，教师通过讲授将知识灌输给学生，这种方式受到时间和空间的限制，学生不但始终处于被动接受的状态，而且一旦课程结束就没办法重复教学内容。当今的网络数字化学习方式虽然打破了时空的限制，但又存在缺少互动和监督的问题，容易使学生停留在浅层学习层面。因此，在网络化发展极为迅速的大背景下，如何利用好网络帮助学习者进行深度学习，深入理解和掌握复杂概念的含义，构建出完整的个人知识体系，是目前数学教学需要探索的问题。

以信息技术为支持的深度学习，指的是学生在教师的指导下，积极主动地参与到各种学习主题中去，并通过多种学习策略应对挑战，从而形成有意义的高阶思维能力的学习过程。在深度学习的过程中，学生以主动热情的态度投入学习中，充分学习、吸收学科知识，掌握学科的本质思想与方法，使良好的学习动机和正确的学习观深深扎根于学生内心，使学生既能够独立自主地进行质疑、判断与创新，又能够与人合作、交流和探讨，成为具有自主精神与批判精神的优秀学习者。总之，深度学习是一种主动的、建构式的学习，学生可以充分利用多种学习策略对学习资料进行深度加工，最终形成批判性的高阶思维，做到将知识应用到实际问题的解决过程中。

深度学习较浅层学习具有四个优势。①学习目标。深度学习能够使学习者更加透彻、全面、灵活地理解学科知识，并可以将所学知识应用于实践中，促使学习者形成高阶认知能力，尤其是批判性思维能力，从而能够做到终身主动学习。②学习态度。深度学习是主动性学习的过程。③学习方式。深度学习以已有的知识结构为基础进行新、旧知识点的架构，运用高阶思维能力整合、加工复杂的信息和知识点，加强对旧知识的巩固，促进对新知识的深入理解。④学习策略。深度学习要求学习者要运用多样化的学习策略，如交流互动、团队合作等。同伴之间的交流互助是深度学习的关键，通过交流以及相互之间的合作竞争关系，能够激发学生的原动力，大大提升解决问题的能力，还可以在思想的碰撞中形成批判性思维。

基于翻转课堂的深度学习模型具体如下。

第一，教学准备工作。教学准备是深度学习的基础和必要前提，它主要包括两个部分，即学情分析和教学内容设计。学情分析又包括对学生的专业背景、学习需求、计算机能力等方面的调查。在进行完学情分析后，结合分析结果与教学大纲进行教学内容设计，所设计的内容必须符合数学学科的基本特点，其中最重要的是问题和训练项目的设计，在整个学习过程中，主要是基于问题启发来完成整个学习过程的[①]。

第二，知识体系构建。深度学习是具有主动构建性的学习过程。知识体系构建可以分为初级知识构建和深度知识构建，初级知识构建发生在课前的自主学习阶段，学生在信息技术的支持下，通过观看教学视频或学习资料进行前期自主性学习。在这一阶段，为了让学生能够更好地完成知识的初步构建，应在视频或课前导学中插入适当的测试或问题，引导学生带着问题看视频，在此过程中解决问题并且产生新的问题。深度知识构建发生在课堂中，学生通过解决逐层深化的问题更加深入地理解新的知识，从而完成深度知识构建。

第三，知识迁移应用和创造。迁移应用和创造需要从解决复杂问题和完成项目中出发，通过课堂研讨来完成。随着学生之间、师生之间的不断交流与碰撞，学生在逐步解决问题中对知识的理解也更加深入，从而实现知识的迁移应用和创造。教师应鼓励学生勇于表达自己的观点，并学会通过科学的证据来推理、论证自己的观点。要引导学生打破固有的思维，摆脱以往解决问题的模式，培养学生的创新思维、批判思维与合作精神。

第四，过程评价与批判。反思是整个学习过程中的重要一环，主要的手段就是评价和批判。学生和教师可以通过评价和批判对学生的学习过程与结

---

① 胡晓晓．基于翻转课堂的深度学习模式研究［J］．教育现代化，2019，6（16）：158－160.

果进行反思，这样做一方面可以培养学生的批判性思维，大大提升学生的思考能力，另一方面能够帮助教师评估和改进教学设计，从而更好地指导学生。评价可以分为面对面和线上两种方式，还可以分为自我评价和他人评价两部分。教师应建立评价考核机制，以此来鼓励学生进行自我剖析与评价，同时还应引导学生评价他人作品，学会对他人的观点进行真实评价，大胆质疑，科学论证。教师还应努力营造良好的评价氛围，鼓励学生之间、学生对教师进行科学合理的评价与反馈。

换一个角度来看，基于翻转课堂的深度学习模式其实是一种混合式学习法。这种模式以学生为主体，结合信息化教学与传统教学、实体空间学习和虚拟空间学习，为学生从浅层学习向深度学习的转换提供重要的环境和有利的条件，从而培养学生的批判性思维能力，提升学生解决问题的能力，发展学生的创新能力，进而全面提高数学学科的教学质量。

第三节 大学数学的教学方法创新

当代大学生的培养目标是以发展他们全方位的素质能力为主，使其自身的潜能得以有效地发挥。这就要求教师应该注重学生的个性化需求，不应该采取灌输式的方式强制他们学习，否则既会引起学生内心的反感，又不能提高他们的学习效率。

一、生本教育方法

“生本教育是一种以学生为本的新型教学模式，它改变了以往的师生关系，由教师课堂授课转向了学生自主学习”[①]。教师不再具有主导性的功能，而是仅仅起辅助性的作用。

第一，教师在课前通过创设情境引导学生进行积极的思考。创设情境是指教师通过设置具体的生活、工作、学习等场景，使学生投入其中，以此来引发他们的情感共鸣，从而使其潜移默化地接受所学的知识内容。例如，在学习“空间解析几何”时，教师可以结合学生的具体生活向他们提出以下问题：大家观察一下墙角，它是不是由三条直线相交于一点构成？那可不可以建立一个直角坐标系用来表示你的座位方向呢？生活中与墙角

① 陈勋．大学数学创新教学方法初探［J］．中国校外教育，2018（8）：134.

构成特点相似的事物还有哪些呢？然后让学生针对上述层次化问题展开自己的思考。

第二，教师让学生以小组探究的方式来讨论并解决问题。以往，教师是课堂上最主要的发言者，拥有绝对的话语权，学生只能听从与服从，这样既不利于促进他们的个性化发展，又不能有效地焕发其学习的热情。例如，在学习“函数与极限”时，教师可以让学生以6～8人为一个小组，通过引入他们以前所学的函数内容提出问题：函数中具有常量与变量，那么是否存在极限的关系呢？如果有，那么函数有什么极限规律呢？除此之外，函数是否存在其他的特点呢？然后让各小组依据之前所学的理论知识进行互相讨论、探究，并得出最终的结论，教师则在各小组之间走动，以便帮助他们及时地解决问题。

二、范例教学方法

范例教学是教师在讲解理论知识时引用典型的例子作为内容而展开的教学活动。这种教学方式是以学生主体性学习为主，教师采取开放式的教学模式，积极发展学生的创造力。范例教学可以采取三个步骤：第一步，通过具体的个案进行研究；第二步，观察与此相似的其他例子，并从中发现这类事物的特征；第三步，在前两个步骤的基础上，总结出这类事物的本质规律，然后进行验证。大学数学属于较为高等的学科研究，它以不均变量为研究对象，涉及的范围主要包括极限、立体几何、微积分、级数等，需要学生具备较高水平的逻辑思维能力。这就要求教师不能按照中学的培养方式与教学准则来指导学生进行学习，而是应该以高阶思维水平为基本准则来提高他们思考问题的能力。

例如，在学习积分学时，教师可以先引入一元函数微积分的例子，让学生通过学习掌握一元函数微积分的特点。其次，引导学生进行思考：我们在以前学过一元函数、二元函数、反比例函数等多种函数形式的对应法则，那么除了一元函数的微积分以外，是否有其他函数形式的微积分呢？如果有，这种函数的微积分又有什么样的特点呢？最后，让学生通过上述两个步骤来发现微积分的特点、规律。

三、双向互动方法

大学的授课时间较为自由，部分教师在课后缺少与学生的沟通、交流，这样既不利于师生之间形成密切的关系，又不能有效地提升学生的学习水平。如果教师在课后对学生遇到的问题置之不理，那么不仅是对学生不负责任的表现，同时也是缺少担当的表现。

第一，教师在课上要与学生多沟通。部分教师将自己当成课堂的主体，往往采取只顾自己说、忽略学生讲的方式来开展自己的教学活动。于是，课堂上便时有学生睡觉、玩手机等，教师应该多与他们实时互动，倾听其内心的想法。例如，在讲授“微分中值定理”时，教师应一边讲解，一边询问学生是否明白其中的原理，并抽出一定的时间来让他们总结这堂课所学的知识。

第二，教师在课下要与学生多交流。教师不仅是学生的良师，还应该是他们的益友。教师不但就具体的数学问题与学生进行讨论，而且还与他们一起参加课外数学活动，并对其在生活中遇到的困难给予一定的帮助。这样教师不仅赢得了学生的尊重，还提高了学生学习数学的积极性。

第四章 大学数学教学的基本训练解读

大学数学作为高等院校的公共基础课程，在当前教育环境下存在着诸多问题。为解决这些问题，急需改进教学思想与方法，迎合新的教学环境与特点。基于此，本章主要围绕大学数学知识与思想方法、大学数学的解题思路与策略、大学数学思维与方法展开论述。

第一节 大学数学知识与思想方法

一、数学知识分析

部分学生认为数学课只是教师讲授数学专业知识，学生接受确定的、一成不变的数学内容的过程。在课堂上，教师不介绍相应的数学史知识，学生就难以了解该数学知识的背景及产生的原因，就会忽视那些有用的数学精神、思想和方法①。

在数学各门基础课的课堂教学中有机地融入数学史知识，渗透数学文化，是激发学生数学学习兴趣的好办法。在数学教学中讲授数学史知识时，不能简单地介绍史实，而应该着重揭示蕴含于历史进程中的数学文化价值，营造数学的文化意境，提高学生的数学文化品位。

进入 21 世纪以来，运用数学史进行数学教育的理论和实践都获得了长足的进步。数学史研究既在学术上取得了进展，又在服务社会、承担社会责任方面迈出了重要的步伐。数学史知识在我国数学课程标准和各种教材中系统地出现，数学课堂上常常见到运用数学史料进行爱国主义教育的情景。但是，运用数学史进行数学教学时，有的教师只是直接介绍数学史料，如列举“函数”定义的发展历程，却没有展开。一般而言，在数学教育中运用数学史知

---

① 鲍红梅，徐新丽．数学文化研究与大学数学教学［M］．苏州：苏州大学出版社，2015.

识，需要有更高的社会文化意识，教师应努力挖掘数学史料的文化内涵，以提高数学教育的文化品位。

二、数学思想方法分析

数学思想是指人们对数学理论和内容的本质的认识，数学方法是数学思想的具体化形式，两者本质相同，通常混称为数学思想方法。数学思想方法在人类文明中的作用表现在数学与自然科学、社会科学的结合上。

在天文学领域，开普勒提出了天体运动三大定律。开普勒是世界上第一个用数学公式描述天体运动的人，他使天文学从古希腊的静态几何学转化为动力学。这一定律出色地证明了毕达哥拉斯主义核心的数学原理：现象的数学结构提供了理解现象的钥匙。

爱因斯坦的相对论是物理学中，乃至整个宇宙的一次伟大革命，其核心内容是时空观的改变。牛顿力学的时空观认为时间与空间不相干。爱因斯坦的时空观却认为时间和空间是相互联系的。促使爱因斯坦做出这一伟大贡献的仍是数学的思维方式。

在生物学中，数学使生物学从经验科学上升为理论科学，由定性科学转变为定量科学。它们的结合与相互促进已经产生并将继续产生许多奇妙的结果。生物学的问题促成了数学的一大分支——生物数学的诞生与发展，目前生物数学已经成为一门完整的学科。

在社会科学的领域，更能体现出数学思想的作用。要借助数学的思想，首先必须发明一些基本公理，然后通过严密的数学推导与证明，从这些公理中得出人类行为的定理。在社会学的领域，公理自身应该有足够的证据说明它们合乎人性，这样人们才会接受。

在经济学中，数学广泛而深入的应用是当前经济学深刻的变革之一。现代经济学的发展对其自身的逻辑和严密性提出了更高的要求，这就使得经济学与数学的结合成为必然。首先，严密的数学方法可以保证经济学中推理的可靠性，提高讨论问题的效率；其次，具有客观性与严密性的数学方法可以抵制经济学研究中的偏见。最后，经济学中的数据分析需要数学工具，数学方法可以解决经济生活中的定量分析，在人口学、伦理学、哲学等其他社会科学中也渗透着数学思想。

数学思想方法是大学数学课程中重要的文化点。数学思想方法是数学教学的灵魂和指南，主要包括函数与方程、数形结合、分类与整合、化归与转化、特殊与一般、有限与无限、必然与或然七种思想。

在课堂教学实践中，要注意提炼这些数学思想方法。根据知识的历史发展顺序与教学内容的安排顺序，引领学生从文化思想的视角审视有关内容，以使学生体会到知识的思想和精神实质。进行文化性的教学离不开好教材，而融入文化性的大学数学教材比较少。如果教材能够将数学事实的背景和相关联的数学家、数学故事介绍给学生，那么将使学生在掌握数学知识、学到数学技能的同时经历数学思想历程，从而促进他们学好数学。

（一）函数与方程

函数思想是指用函数的概念和性质去分析问题、转化问题和解决问题。方程思想是从问题的数量关系着手，运用数学语言先将问题中的条件转化为数学模型（方程、不等式或方程与不等式的混合组），然后通过解方程（组）或不等式（组）来使问题获解。有时，还可以将函数与方程互相转化、接轨，达到解决问题的目的。

函数描述了自然界中数量之间的关系，函数思想根据问题的数学特征建立函数关系的数学模型，体现了“联系和变化”的辩证唯物主义观点。

在解决问题时，善于挖掘题目中的隐含条件，构造出函数解析式，是应用函数思想的关键，对所给的问题观察、分析、判断得比较深入、充分、全面时，才能产生由此及彼的联系，构造出函数原型。另外，方程问题、不等式问题和某些代数问题也可以转化为与其相关的函数问题，即用函数思想解答非函数问题。

（二）数形结合

数形结合是一种重要的数学思想方法，包含“以形助数”和“以数辅形”两个方面，其应用大致可以分为两种情形：一是借助形的生动性和直观性来阐明数之间的联系，即以形作为手段，数作为目的，如应用函数的图像来直观地说明函数的性质；二是借助数的精确性和规范严密性来阐明形的某些属性，即以数作为手段，形作为目的，如应用曲线的方程来精确阐明曲线的几何性质。

数形结合就是根据数学问题的条件和结论之间的内在联系，既分析其代数意义，又揭示其几何直观，使数量关系的精确刻画与空间形式的直观形象巧妙、和谐地结合在一起，充分利用这种结合，寻找解题思路，使问题化难为易、化繁为简，从而得到解决。“数”与“形”是一对矛盾，宇宙间万物无不是“数”和“形”的矛盾统一。

数形结合的思想，其实质是将抽象的数学语言与直观的图像结合起来，关键是代数问题与图形之间的相互转化，它可以使代数问题几何化，几何问题代数化。在运用数形结合思想分析和解决问题时，要注意三点：第一，要彻底理解一些概念和运算的几何意义及曲线的代数特征，对数学题目中的条件和结论既分析其几何意义又分析其代数意义；第二，恰当设参，合理用参，建立关系，由数思形，以形想数，做好数形转化；第三，正确确定参数的取值范围。

数学中的知识，有的本身就可以看作数形的结合。例如，锐角三角函数是借助于直角三角形来定义的，任意角的三角函数是借助于直角坐标系或单位圆来定义的。

（三）分类与整合

分类是一种逻辑方法，是一种重要的数学思想，同时也是一种重要的解题策略，它体现了化整为零、积零为整的思想与归类整理的方法。有关分类讨论思想的数学问题具有明显的逻辑性、综合性、探索性，能训练人思维的条理性和概括性。引起分类讨论的原因主要是以下几个方面：①问题所涉及的数学概念是分类进行定义的；②问题中涉及的数学定理、公式和运算性质、法则有范围或条件限制，或者是分类给出的；③解含有参数的题目时，必须根据参数的不同取值范围进行讨论。

另外，某些不确定的数量、图形的形状或位置、结论等，主要通过分类讨论保证其完整性，使之具有确定性。

进行分类时，要遵循的原则是：分类的对象是确定的，标准是统一的，不遗漏、不重复，科学地划分，分清主次，不越级讨论。其中最重要的一条原则是“不遗漏、不重复”。

解答分类讨论问题的基本方法和步骤是：首先要确定讨论对象及所讨论对象的全体的范围；其次是确定分类标准，正确进行分类，即标准统一、不漏不重、分类互斥（没有重复）；再次对所分的类逐步进行讨论，分级进行，获取阶段性结果；最后进行归纳小结，综合得出结论。

（四）化归与转化

所谓化归，是把未知的、待解决的问题转化为已知的、已解决的问题，从而解决问题的过程。这是数学工作者解决问题常用的思路。在数学教学中解决数学问题时，常会用到化归与转化的思想。要让学生理解、掌握化归的思想，并且使之转化为自身的数学素养，自觉地运用化归的思想。

转化多指等价转化。等价转化是把未知解的问题转化为在已有知识范围内可解的问题的一种重要的思想方法。通过不断地转化，把不熟悉、不规范、复杂的问题转化为熟悉、规范甚至模式化、简单的问题。等价转化思想无处不在，我们要不断培养和训练学生自觉的转化意识，这将有利于强化学生解决数学问题时的应变能力，提高其思维能力和技能、技巧。转化有等价转化与非等价转化。等价转化要求转化过程中前因后果互为充分必要条件，这样才能保证转化后的结果仍为原问题的结果。非等价转化的过程是充分的或必要的，要对结论进行必要的修正（如无理方程化有理方程要求验根），它能给人带来思维的闪光点，找到解决问题的突破口。我们在应用时一定要注意转化的等价性与非等价性的不同要求，实施等价转化时确保其等价性，保证逻辑上的正确性。

等价转化思想方法的特点是具有灵活性和多样性。在应用等价转化思想方法去解决数学问题时，没有一个统一的模式，它可以在数与数、形与形、数与形之间进行转换；可以在宏观上进行等价转化，如在分析和解决实际问题的过程中，普通语言向数学语言的翻译；可以在符号系统内部实施转换，即所说的恒等变形。消去法、换元法、数形结合法、求值、求范围问题等，都体现了等价转化的思想，我们更是经常在函数、方程、不等式之间进行等价转化。可见，等价转化是将恒等变形在代数式方面的形变上升到保持命题的真假不变。由于其多样性和灵活性，我们要合理地设计好转化的途径和方法，避免生搬硬套题型。

在数学问题中实施等价转化时，我们要遵循熟悉化、简单化、直观化、标准化的原则，即把遇到的问题，通过转化变成我们比较熟悉的问题来处理；或者将较为烦琐、复杂的问题，变成比较简单的问题，如从超越式到代数式、从无理式到有理式、从分式到整式等；或者将比较难以解决、比较抽象的问题，转化为比较直观的问题，以便准确把握问题的求解过程，如数形结合法；或者从非标准型向标准型进行转化。按照这些原则进行转化，省时省力。经常渗透等价转化思想，可以提高解题的水平和能力。

（五）特殊与一般

一般与特殊是重要的数学思想方法。数学作为对客观事物的一种认识，与其他科学认识一样，其认识的发生和发展过程遵循实践—认识再实践的认识路线。但是，数学对象（量）的特殊性和抽象性又产生了与其他科学不同的、特有的认识方法和理论形式，由此产生了数学认识论的特有问题。

“一般”是指数学认识的一般性。数学作为一种认识，与其他科学认识一样，遵循着感性具体—理性抽象—理性具体的辩证认识过程。

事实上，数学史上的许多新学科都是在解决现实问题的实践中产生的。最古老的算术和几何学产生于日常生活、生产中的计数和测量，这已是不争的历史事实。数学家应用已有的数学知识在解决生产和科学技术提出的新的数学问题的过程中，通过试探或试验，发现或创造出解决新问题的具体方法，归纳或概括出新的公式、概念和原理。当新的数学问题积累到一定程度后，便形成数学研究的新问题（对象）类或新领域，产生解决这类新问题的一般方法、公式、概念、原理和思想，形成一套经验知识。这样，有了新的问题类及其解决问题的新概念、新方法等经验知识后，就标志着一门新的数学分支学科的产生，如17世纪的微积分。由此可见，数学知识是通过实践而获得的，表现为一种经验知识的积累。这时的数学经验知识是零散的感性认识，概念尚不精确，有时甚至导致推理上的矛盾。因此，它需要经过去伪存真、去粗取精的加工制作，以便上升为有条理的、系统的理论知识。

数学知识由经验知识形态上升为理论形态后，数学家又把它应用于实践，解决实践中的问题，在应用中检验理论自身的真理性，并且加以完善和发展。同时，社会实践的发展又会提出新的数学问题，迫使数学家创造新的方法和思想，产生新的数学经验知识，即新的数学分支学科。

“特殊”是指数学认识的特殊性。数学研究事物的量的规定性，而不研究事物的质的规定性。而量是抽象地存在于事物之中的，是看不见的，只能用思维来把握，而思维有其自身的逻辑规律。所以，数学对象的特殊性决定了数学认识方法的特殊性。这种特殊性表现在数学知识由经验形态上升为理论形态的特有的认识方法——公理法或演绎法，以及由此产生的特有的理论形态——公理系统和形式系统。因此，它不能像其他自然科学那样仅仅使用观察、归纳和实验的方法，还必须应用演绎法。同时，作为对数学经验知识概括的公理系统，是否能正确地反映经验知识？面对这一问题，数学家解决的方法与其他科学家不尽相同。特别之处是，他们不是被动地等待实践的裁决，而是主动地应用形式化方法研究公理系统应该满足的性质：无矛盾性、完全性和公理的独立性。为此，数学家进一步把公理系统抽象为形式系统。因此，演绎法是数学认识特殊性的表现。

（六）有限与无限

有限与无限是有本质区别的。初等数学主要研究常量，较多地用到有限；高等数学主要研究变量，较多地用到无限。所以，理清有限与无限的联系与区别，是重要的数学素养。

例如，古希腊的哲学家芝诺讲的四个悖论，借用其中一个从数学角度分析这一悖论。所谓悖论，就是有悖于常理的言论，是一种自相矛盾的言论。例如，“甲是乙”“甲不是乙”这两个命题中总有一个是错误的，但“本句话是七个字”“本句话不是七个字”这两个命题都是正确的。这就是一个悖论。

关于“无穷段路程的和可能是有限的”问题，可以让学生回忆无穷递缩等比数列的和。这样的数列有无穷多项，但这无穷多项的和是有限的。芝诺故意把有限的路程巧妙地分割成无穷段路程，让人产生一种错觉，以为是永远也追不上了。

还可以再举一些有限与无限的例子说明无限的本质，如真子集与全集可以一一对应。例如，全体自然数的一个真子集是全体正偶数，但是这两个集合间的元素一一对应。所以，“部分量小于全量”的命题只对有限集是正确的。

（七）必然与或然

“必然”是合乎一般规律，因而事件的结果具有较大确定性的情况；“或然”是规律发生作用的条件具有复杂性，因而事件结果的表现形式具有相对不确定性的情况。

世间万物是千姿百态、千变万化的，人们对世界的了解、对事物的认识是从不同侧面进行的，人们发现事物或现象可以是确定的，也可以是模糊的或随机的。为了了解随机现象的规律性，便产生了概率论这一数学分支。概率是研究随机现象的学科，随机现象有两个基本的特征：一是结果的随机性，即重复同样的试验，所得到的结果未必相同，所以在试验之前不能预料试验的结果；二是频率的稳定性，即在大量重复试验中，每个试验结果发生的频率“稳定”在一个常数附近。了解一个随机现象就是知道这个随机现象中所有可能出现的结果，知道每个结果出现的概率。知道这两点就说明对这个随机现象研究清楚了。概率研究的是随机现象，研究的过程是在“偶然”中寻找“必然”，然后再用“必然”的规律去解决“偶然”的问题，其中所体现的数学思想就是必然与或然的思想。

第二节　大学数学的解题思路与策略

一、大学数学的解题思路

思路是指思维活动的线索。思考所产生的有效途径就是思路，思路是思考的结果，是思想方法的某种选择和组织。思路有明显的程序性，反映了学习者能力的外显。解题能力较强的人，其主要标志就表现在思路开阔、思维灵活，能考虑到更多的知识和方法。

（一）数学开放性问题的解题思路

所谓数学开放性问题是从数学思维程度来看，相对于数学问题的四要素的不完备程度而言的。数学开放性问题一般具有以下特征。

第一，所提的问题常常是不确定和一般性的，其背景情况也是用一般词语描述的，主体必须收集其他必要的信息，才有可能着手解题。

第二，没有现成的解题模式，有些答案可能易于直觉地被发现，但是求解过程往往需要从多个角度进行思考和探索。

第三，有些问题的答案是不确定的，存在着多样的解答，但重要的还不是答案本身的多样性，而在于寻求解答过程中主体的认知结构的重建。

第四，有时通过实际问题提出，主体必须用数学语言将其转化，即要建立恰当的数学模型。

第五，在求解过程中往往可以引出新的问题，或将问题加以推广，找出更一般、更有概括性的结论。

第六，能激起学习者的好奇心，有时不依赖学习者的学习程度和水平。

数学开放性问题可依据数学问题的四信息（条件、目标、运算、依据）分为条件开放型、结论开放型、求解开放型、策略开放型及综合开放型问题。

为讨论问题的方便，在这里，仅从综合的角度讨论几类特殊类型的开放题。

1. 数学开放性问题的类型及形式

（1）探索找关系类型

该类型其一是给出条件，没有给出明确的结论，或结论不确定的问题，需要解题者探索出结论并加以证明；其二是给出结论或目标，没有给出条件的问题，需要解题者分析出应具备的条件，并加以证明；其三是改变已知问题的条件，探讨结论相应地发生什么变化，或者改变已知问题的结论，探讨条件相应地需发生什么变化。

（2）建模设计类型

这是一类要求解题者从实际问题出发，综合运用所学数学知识，对给出的一些数据，通过数据分析建立数学模型或完成某些规定的设计问题，包括设计某一问题的“算法”（包括测量方法、作图方法、统计方法等），或在给定的情境中设计（编制）一些数学问题和几何图案等。这类问题与数学应用问题紧密相关，所以数学应用性问题是一类特殊开放性问题。

（3）分类与评价类型

为某些数学对象寻找分类的方法，并正确地分类，这也是一种开放性问题；要求对数学结论、结果进行评价也是开放性问题的一种形式。

2. 数学开放性问题的解题思路

开放性问题的核心就是要求解题者独立地去探究。因此，解答开放性问题，一般需要解题者去观察、试验、类比、归纳、猜测出结论或条件，然后严格证明。这就要求解题者不仅会演绎法，还必须会归纳法；不仅要掌握严密的逻辑推理，还必须善于推理。以下从思维的角度探讨关于探索开放性问题并找关系的常见的解题思路。

（1）探究规律

这类问题常给出几个具体的关系或某些操作要求，需要解题者对所给的关系或操作要求进行观察、分析、试探、比较，概括出一般规律，或给出一个猜想，然后加以严格证明。

（2）存在性探讨

对于结论不确定的问题，称为存在性问题。一般有肯定性、否定性和讨论性三种。即在数学命题中，常以适合某种性质的结论“存在”“不存在”“是否存在”等形式出现。“存在”就是有适合某种条件或符合某种性质的对象，对于这类问题无论用什么方法，只要找出一个就说明存在。“不存在”就是无论用什么方法都找不出一个适合某种已知条件或性质的对象，这类问题一般需要推理论证。“是否存在”结论有两种可能，若存在，需要找出来；若不存在，则需说明理由。对于这类问题常采用类比联想，进行分析推理，先假设结论是存在的，若推理无矛盾，即成立；若推证出矛盾，即可否定结论；也可进行直觉估计判断，构造反例予以否定。

（3）寻找条件（方案）

对于给出结论，需探求其结论成立的条件（或方案）的问题，人们称之为寻找条件（方案）型开放性问题。求解此类问题需进行深入的分析、恰当的转换或特殊化试探，找出一点眉目再进行推导。

3. 数学开放性问题的求解策略

（1）尝试、验证——求解开放性问题之“定向”策略

开放性问题由于方向不明，往往需要先尝试，即“试一试”，往往是进行一些特殊化处理，以获得解题方向，了解某些思路的可行性，之后进行猜想、验证。

（2）联想、转换——求解开放性问题之“控制”策略

解决某些开放性问题，如果经过若干次尝试，思维依然受阻，那么就需要分析原因，调整思路，根据题设进行联想、转换，进行新的尝试。

(3) 对比、选择——求解开放性问题之“调节”策略

解决开放性问题，在尝试、猜想、联想、转换之后，可能有几种方案需要对比、优化，可能需要提升和拓展，这就需要人们凭借一双慧眼发现联系，及时判断，做出选择，以获得成功。

(二) 数学选择题的解题思路

数学客观题常见的有填空题、判断题和选择题三种类型。对于这三种类型来说，选择题是最基本的。从某种意义上说，掌握了解选择题的方法，也就掌握了解填空题和判断题的基本要领。因为无论是解填空题，还是解判断题，其实质都是在解选择题。

解填空题的过程，就是在与已知条件相关联的若干数学对象中，挑选出适当的数学对象，并把它填在指定位置上的过程。因此，填空题可视为一种呈“模型状态”(指备选答案不明确列出) 的选择题。

判断题与选择题的关系更为密切，它是一种极简单的选择题，只有正确与错误两种选择。因此，解判断题的实质是解一元二支选择题。

另外，连缀题则是按计算过程或推理步骤做顺序上的某种选择，匹配题是一种配对性的选择等。

1. 数学选择题的结构

数学选择题的结构由四部分组成。

(1) 指令性语言

通常写在总题号后面，所有小题的前面。一般包括两个内容：一是指明每个题目的备选答案中正确答案的数量；二是说明计分方法。

(2) 题干

题干是指表明考查得完整或不完整的句子或问句。

(3) 选择支

选择支即题干后面的备选答案。选择支至少要有三个，一般是四到五个，其中有一个或者几个是正确的，不正确的选择支称为迷惑支，或称干扰支。

(4) 答。填上正确选择支的代号的空位。空位一般在题干中出现。

2. 数学选择题的分类

关于数学选择题的分类，由于标准的不同，存在多种分类法。

(1) 按确定正确选择支的要求和方式分类

第一，单一型：选择支中有且仅有一项是正确答案。第二，多选型：选择支中可以有多项是正确答案。第三，组合型：由几个选择支才能组成正确答案。第四，配伍型：题干中包含若干对象，要求这些对象与选择支配伍，

其题干中所包含的对象个数可以与选择支的个数相等，也可以不等，在搭配过程中，每个选择支可以重复使用。以上四种类型中的后三种均可以适当改编转化为单一型选择题。

（2）按选择题的思维构成形式分类

第一，发散型：由少量条件可导出多个结论的形式。第二，收敛型：由多个条件得出少量结论的形式。第三，平行型：由多个前提条件与多个结论构成的形式。

（3）按选择题的内容性质分类

第一，定性型：从命题的条件可判定所述数学对象具有某性质或关系。第二，定量型：从命题的条件可推理或计算所述数学对象的数量关系。第三，定性定量混合型：定性定量兼而有之。

3. 数学选择题的解答思路

数学选择题的解答方法灵活多样，一般思路如下。第一，首先应考虑间接解法，不要一味地按常规题处理而单纯采用直接解法。第二，在间接解法中，应首先考虑排除法，即使不能一次验核而将干扰支全部排除，至少也可排除一部分（有时题干中的部分条件即可排除某些选择支），从而简化了部分的选择程度。第三，题干或选择支中若有式子轮换对称，则应考虑（或经变形后观察）是否存在等效命题，进而予以排除。第四，排除法通常与代入法（直接代入，尤其是特例代入，特征检验等）联合应用，兼顾数形结合法。

4. 单一型选择题的常用解法

第一，定量分析法。这是一种直接解法，偏重计算，以确定某些数学对象之间的数量关系。

第二，定性分析法。这也是一种直接解法，侧重于概念辨析、推理论证及空间想象，以判断所考查的数学对象是否具有某种性质或关系。

第三，图示法。借助函数图像、几何图形及有关集合问题的韦恩图，以利于分析题意，求得答案或直观地做出正确判断。

第四，排除法（亦称筛选法、淘汰法）。这是一种很重要、很优越的间接解法，这种解法可采用各种手段对各个备选结论进行筛选，将其中与题干相矛盾的干扰支逐个予以排除，最后剩余的一个选择支即为正确答案。

第五，代入法。这是一种将题干代入选择支或将选择支代入题干以验证、判断正确结论的间接解答方法。

第六，特征分析法。特征分析法是一种挖掘题干和选择支中的各类特征（结构、数字、图形、范围等），从而简缩推理、计算、判断而获得答案的综合解答方法。

5. 数学选择题的编制及其编制原则

(1) 数学选择题的编制原则

编制数学选择题一般要遵循下列原则。第一，科学性。题目的题设条件必须足够，语言要准确，语法上必须协调、严谨；文字上力求精练、明白；表达必须流畅；立论必须准确无误；正确的选择支的个数应符合指令性语言的要求。第二，有效性。每个选择支都应该是有效的，都应当有被选的可能。换言之，只有进一步理解、分析题意，有的还要通过设值、演算、推理等步骤之后，它们之中的迷惑支才能被排除。因此，不要设置即使不结合题意也能运用逻辑判断予以排除的选择支，更不要设置与题设条件明显矛盾的选择支。第三，似真性。每个迷惑支都能反映受试者的知识中存在某种缺陷，一般用易混易错的概念或性质制造迷惑性，用相似的图形制造迷惑性，用隐蔽的条件制造迷惑性或用解题的疏漏制造迷惑性，真真假假，是是非非，给应试者以心理障碍，这是编题者所设置的一个个陷阱。第四，灵活性。应体现解法灵活，除了能用直接解法之外，还可用间接解法。第五，适中性。难度适中也是遵循的重要原则之一。一般而言，难度系数要控制在 0.3 以下，知识点不应超过 4 个，中等水平的应试者完成一道选择题不应超过 3 分钟。选择题应主要用于检查基本概念、基本运算、公式及定理的情况，而运算量大、逻辑推理能力强的题不宜作选择题。第六，优美性。题目的形式力求和谐、对称、简明优美。

(2) 数学选择题的编制方法

数学选择题的编制方法常用以下方法。第一，直接法。根据教学目的要求进行构想，直接设计迷惑支的一种方法。第二，改造法。改造常规的计算题、证明题，除了正确答案之外，再设置几个迷惑支即可。第三，深化法。研究某些问题的结论，加以挖掘、深化，区分哪些是可以引出的正确结论，哪些是不能引出的，然后将这些结论编成选择支。第四，辨析法。搜集平时常见的错误，如概念的混淆，不考虑隐含条件，忽视特例，推理不周等，加以辨析，然后编制成题目。

二、大学数学的解题策略

数学解题策略就是为实现解题目标而确定的采取行动的方针、方式和方法，同时也是增强解题效果，提高解题效率，体现了选择的机智和组合的艺术。解题策略的选择与组合是一种有目的的思维活动，这种活动并不遵循严格的逻辑规则，往往有许多中间性的跳跃，它通常是依据知识经验和审美判断，对解决数学问题的途径和方法做出总体性的决策，带有一定程度的猜测性和预见性。但是，又与其他事物一样，数学解题策略有其内在规律，包括应遵循的原则、选择与制定的规律及技术摘要等。掌握这些原则及规律，制定恰当的解题策略，就能顺利、简捷地解题。

（一）数学解题策略的原则

数学解题是一种高级心理活动的思维过程。系统科学理论中的三条基本原理联系着思维科学监控结构的三个主要构件。通过研究发现在解题思维过程中，人们思维活动中的监控结构的要素主要表现为三个：定向、控制和调节。定向，是确定思维的意向，即确定思考过程的方向；控制，是控制思维活动内外的信息量，排除思维课题外的干扰和暗示，删除思维过程中多余和错误的因素；调节，是及时调节思维活动的进程，修改行动的方针、方式和方法，提高思维活动的效率和速度。人们在解题思维决策过程中，是以数学解题策略应遵循的原则为依据来进行数学解题策略的定向、控制和调节的。数学解题策略应遵循的原则主要有明确的目的性原则、熟悉化原则（定向）、简单化原则、具体化原则（控制）、和谐化原则、分析问题的全面性原则（包括逆向思维原则）（调节）。下面分述这些原则。

1. 明确的目的性原则

没有明确的目的或无目标地去寻求方法，必然是徒劳无益的。解题必须有明确的目的，解题的目的不明，就无法确定解题策略。如何实现题目的要求是解题策略思想的核心，有此核心，就能有的放矢地在定向分析中探索和研究处理问题的策略。离此核心，解题只能漫无目的地瞎碰乱撞，其策略必然错误，其结果必然失败。明确的目的性原则，是解题策略应遵循的首要原则。

2. 熟悉化原则

熟悉化原则要求解题策略应有利于把陌生的问题定向转化为与之有关的熟悉的问题，便于利用人们所熟悉的知识与方法来解决问题。

3. 简单化原则

简单化原则是指解题策略应有利于把较复杂的问题转化为较简单的问题，把较复杂的形式转化为较简单的形式，控制策略的选择，使问题易于解决。

4. 具体化原则

具体化原则要求解题策略能使问题中的各种概念及概念之间的相互关系

具体明确，有利于把一般原则、一般规律应用到问题中去，尽可能地对抽象的式用具体的形，或对抽象的形用具体的式表示，以用于揭示问题的本质来控制策略的选择。

5. 和谐化原则

和谐化原则强调解题策略能利用数学问题的特有性质，如正与反、内与外、分与合等和谐统一的特点，进行恰当地调节，建立必要的联系，以利于问题的转化和解决。

6. 分析问题的全面性原则

分析问题的全面性原则是指制定解题策略时要针对复杂多变的数学题多侧面、多角度地分析、思考（包括逆向思维），运用多方面的知识，从得出的各种方案中选取最佳策略。

数学题的构造变化复杂多样，特别是某些综合题，解决问题的思路主线不易一下子被抓住，需要解题者对扑朔迷离的表象进行由表及里、去伪存真地全面审查分析、加工改造，从不同的方向探索，往往才能顺利地解决问题。

综上所述，明确的目的性原则、熟悉化原则、简单化原则、具体化原则、和谐化原则、分析问题的全面性原则都是制定解题策略应遵循的基本原则。它们之间既有区别，又有联系，是相辅相成的。对一道数学题，特别是较复杂的数学题，学生应该有目的地、全面地按熟悉、具体、和谐、简单的原则选择较佳的解题策略，从而实现解题的目的。

（二）数学解题策略的选择与制定

1. 数学解题策略选择、制定中的关注要点

策略原则对于解题策略的选择、制定具有指导作用，掌握这些原则，将有利于解题策略的选择和制定。另外，解题策略的选择、制定还与多方面的因素有关。下面将讨论这一问题，进一步明确解题策略选择、制定中应关注的要点。

（1）选择、制定解题策略的重要因素

第一，观察是选择、制定解题策略的出发点。观察是认识世界的主要途径之一，是科学研究常用的重要手段。观察是思维的起点，是选择、制定解题策略的出发点，是解题的基础。

通过对题设和结论的数学特征、图形特征、结构特征进行全方位的认真观察和分析，明确解题目的，挖掘出隐含条件，找出条件之间的联系，探求出解题方向，从而制定相应的策略，这对解题来说是十分重要的。

观察不应该是消极的、被动的，而应该是积极地通过观察寻找各种特征、联系。不仅在审题时要注意观察，在解题的转化、探求过程中也要不断地观察，采取相应的策略。总之，观察是为了发现和理解，发现和理解则是为了行动。

第二，逻辑是选择、制定策略的有力工具。逻辑学是研究人类正确思维初步规律和形式的科学，数学的思维方法是逻辑的具体运用。在解答数学题时，不但要善于观察，了解有关的数学知识，而且需要运用逻辑来进行判断和推理，进行分析和归纳。逻辑是思维的工具，是制定解题策略的工具。要制定正确的解题策略，必须掌握正确的逻辑思维方法，否则便会出现逻辑错误。

有些逻辑思维形式和逻辑思维方法（如类比、归纳、综合、分析、论证等）在解题中起的作用就像策略一样。如分析法，从结论出发，执果寻因，一直追溯到已知为止，体现了从后向前推的解题策略。

要提高解题策略的选择、制定水平，不仅要使逻辑思维外在形式正确，还要使形式与内容达到一致，这种有内容的逻辑就是辩证逻辑。

辩证逻辑要求从整体、联系、转化和矛盾发展中把握思维过程和思维对象。只有这样，才谈得上使思维形式和内容一致。

总而言之，不按照普通逻辑的思维定是错误的，不遵照辩证逻辑，对事物的认识就较为肤浅。普通逻辑和辩证逻辑均为制订方案的工具，但二者相比普通逻辑的作用更大。

第三，制定策略必须依靠数学知识储备。数学解题需要调动现有的知识储备来解决问题，从而获取新的知识。如果对数学知识不了解，就无法解题。此外，策略的制定必须依靠数学知识，如果不懂数学知识，那么是无法制定解题策略的。

一个人的数学知识越丰富，见识越广，经验就越丰富，就越善于制定解题策略。学习了数学知识后，除介绍方法外，还可用解析法、三角法、向量法、复数法等制定各种解题策略，从中选取最佳方案。如函数极值问题，按初等数学的方法计算较为繁杂，而按高等数学的方法计算便简单得多。

可见，拥有丰富的数学知识，对知识的联想能力就会越强，也就更容易想到解题方法。如果数学知识匮乏，就会增加对解题策略研究的难度。

第四，实践经验及其他学科的知识是制定策略的丰富源泉。实践是认识的基础，认识产生于实践的需要。数学是在实践中产生的，实践的发展也是数学发展的直接动力。

远古时代，人们在实践中学会用累计的石块来表示收藏的猎物，在实践中产生了数，并总结出了计算的方法。在古埃及，由于尼罗河水泛滥，两岸田亩地界被淹没，每年雨季以后都要重新划分土地并修复土地界限，在实践中积累了大量几何学的知识，并总结出将多边形分成若干三角形来计算面积的解题策略，也总结出把较复杂问题分成几个小问题来计算的解题策略。

科学技术的发展，推动了数学的发展，而数学的发展、进步又促进了各门科学的进步。随着数学的发展，数学知识的增加，数学解题策略也不断完善。其他学科的知识为数学解题策略提供了有效的方法，如在运筹学中利用力学模拟的方法解决场地选择问题，利用模拟物质运动来解决高等数学问题等。随着电子计算机的发展、普及和广泛的应用，一方面解决了许多数学难题，提供了一些新的数学解题策略，另一方面又对解题策略提出了新的、更高水平的要求。

所以，人们在长期的实践活动中积累的经验以及其他学科的知识是制定数学解题策略的丰富源泉。

综上所述，认真、全面的观察分析，丰富的数学知识和实践经验，正确的逻辑方法是制定解题策略的重要因素。

(2) 选择、制定解题策略的途径

唯物辩证法认为，质量互变规律、对立统一规律和否定之否定规律是支配自然、社会和人类思维的一般规律。数学的思维方法当然也遵循这些规律。对数学对象矛盾双方的相互联系和相互制约关系进行辩证认知，是选择、制定解题策略的根本途径。

第一，根据问题特殊性和一般性的对立统一关系制定解题策略。数学推理中常用的演绎是由一般到特殊的推理，而归纳是特殊到一般的推理。归纳和演绎都是制定解题策略的重要途径，而根据数学本身的特点产生的数学归纳法原理更是制定解题策略的重要方法。

根据一般和特殊的辩证法，常采用一种“极端性原则”的解题策略，把复杂的问题推到保持规律的特殊情况和极端情况，通过在这种情况下对问题的分析，由共性和个性联系发现解题的规律和方法。

第二，解题策略要根据问题因果关系的对立统一进行制定。原因和结果反映事物之间的相互关系，因果关系和规律是普遍存在于事物之中的，认识世界和改造世界首先必须对因果关系有正确的认知。

通过认识，分析数学问题的原因和结果的辩证性，找出其联系和规律，研究因果互相转化的条件，找出它们过渡的“桥梁”，把题设和结论联系起来，从而制定解题策略。

联系数学问题的因果关系常用综合法和分析法。综合法是从命题的假设入手，由因导果，通过一系列的正确推理，逐步靠近目标，最终证出结论。分析法则由命题的结论入手，执果索因，寻求在什么情况下结论才是正确的，一步步逆而推之，直到与假设会合。

在实际解题中会遇到无论用综合法还是用分析法都难以找出因果关系的情况，此时需要在两者之间架桥，通过因果之间的辩证关系制定解题策略。

第三，制定解题策略要依据现象和本质之间的辩证关系。现象是事物的外在表现，可直接观察到；本质是事物的内在特征，是事物内部的联系。现象和本质是对立统一的。透过现象认识事物的本质是认识的直接任务。

通过对数学问题进行深入考察分析，分清现象和本质，经过“去粗取精，去伪存真，由此及彼，由表及里”的认识深化，将显示问题表面特征的条件转化为一系列能体现问题本质属性的相互独立的基本要素或关系，找到了基本的量的关系，以这些本质属性来制定解题策略。

第四，根据问题的抽象和具体的辩证性制定解题策略。把抽象的数学问题同相应的感性经验材料联系起来，建立具体的数学模型，通过对数学模型的分析、研究制定出相应的解题策略。

第五，认识数学问题之间普遍联系的特点，用可变的观点选择、制定解题策略。认识数学问题之间普遍联系的特点，用可变的观点选择和制定解题策略，以便充分地利用已有的知识和经验达到解题目的，这也是利用遵循和谐化原则的结果。

综上所述，根据唯物辩证法的基本原理，根据问题的特殊性和一般性、原因和结果、现象和本质、抽象和具体的对立统一关系及问题之间联系的广泛性和可变性来选择、制定解题策略，是制定解题策略的重要途径。

2. 数学解题策略选择、制定的技术摘要

一道标准的数学问题或常见的数学问题，求解策略是较容易选择或制定的。一道综合数学问题或一道非标准的数学问题，要求独立思考、见解独到地来解答，就要选择或制定完善的解题策略。对于这样的问题的解题策略的选择、制定如同创造发明一样，也有其技术摘要。

在数学解题思路探索的试悟式与顿悟式的两种程式中，这些技术摘要发挥着极为重要的作用。下面从三个时刻简述十点技术摘要。

(1) 界定问题、聚焦酝酿的定向时刻

界定问题就是弄清问题。在这个时刻，注意抓住三“点”。

第一，集中焦点：集中注意力审题，分析题意，挖掘隐含条件，甚至把问题细分，获得对问题的深入了解。这样就如利用放大镜的聚焦作用一样，把均匀分散洒落在地球表面的阳光汇聚起来，其能量会燃起解决问题之火。

第二，把握要点：采用多种不同的形式对解题目标进行描述，把用于描述的词语进行整合，然后进行筛选，将最有代表性的词语挑选出来。在此基础上，重新写一个新的、更加准确的描述，突出重点，就能对问题做清晰而简短的把握问题中心的陈述。

第三，扩展重点：列出问题解决的各项标准（或规则、依据）和目标（试想一些必须克服的困难以后，列出的标准和目标）并加以扩展，然后把联想到的新想法和构思写下来。在对重点进行扩展时，可以帮助学生克服自身的局限性、跨越限制、发散思维进行更加广泛的思考。思维开阔后，反而可以解决内心的困惑，产生新见解。

（2）开放思考的控制时刻

开放思考是解决问题的第一步。在开放思考中要重点关注四“想”。

第一，提示思想：联想类似问题的解题策略，并且刻意地从处于不同环境、不同形式、不同内容的题型中发掘相似因素，吸收其中有益的成分以激发自己的构想。

第二，列举奇想：如果有比较奇特的想法，也可以列举出来，用它来“抛砖引玉”，得出更合理的解决办法。

第三，自由幻想：利用自由幻想激发学生对解决问题的新构想。利用这种强制的方法，人们有利于打破常规思维，从而发现事物之间新的联系。在制定策略时，若随意选择对象，将它与某事物强制性地联系在一起，是不会成功的。此时要把条件和结果强制性地相结合，或通过某种不明显的迹象把它们结合在一起，就有可能有新发现，最后把它们融合在一起，转换思维方式，可能会有不同结果。

第四，综合妙想：思考问题要全面，将所有的构想都结合起来，进行逻辑组合，融合得到新想法或构想。

（3）辨认最佳策略、激励验证的执行调节时刻

这个时刻指的是制定策略的最佳时间，此时要决定“三重构想”。

第一，统整构想：对既定目标或准则再次进行检查，根据自己的感觉选择最合理的构想。

第二，强化构想：对自己的构想进行反思，对于其中的缺点，将其列举，想办法解决这些缺点，然后根据结果进行修改，把缺点降到最低。强化构想的过程可以避免学生的一些不成熟想法，让学生自己意识到构想的优劣，对自己的构想有更加清晰的认识，及时进行修正，使构想更完善。

第三，激励构想：试着夸大策略可能产生的最好和最坏的后果，修改构

想，以减轻最坏结果及增加最好结果。这时是一个策略制定的最后时刻，是付出最大的努力去实现构想，或做放弃的决定的时刻。

上面简略地论述了一个解题策略选择或制定中的技术摘要。在选择或制定一道非标准的问题的解题策略时，有时需反复运用上述技术摘要，才会获得一个完善的策略。当然，对于不同的解题者或不同的题，其解题策略选择或制定的技术摘要也是变化的。

（三）数学解题策略系统

数学解题策略系统是数学解题系统工程的轴心系统。人们的解题实践和丰富多彩的解题策略也给教师提出了建立并完善解题策略系统的任务。

根据数学解题思维活动过程中的监控结构，可以把数学解题策略系统的子系统分为三大支柱子系统：侧重于定向的归结为模式运作，化生为熟子系统；侧重于控制的归结为聚焦切入，活化中介子系统；侧重于调节的归结为差异分析，适时转化子系统。三个子系统中的“化”，一个在其前，一个在其中，一个在其后，也体现了监控结构的特点。

1. 模式运作的解题策略

从数学哲学的角度出发，数学属于模式的科学。模式是在学习数学期间，将储存在大脑中的各种知识经验进一步加工，从而得到具有长时间保存价值或基本重要性的典型结构、类型。从具体需要出发选择合适的模式，对它进行简单编码，若突然产生新问题，要及时判断此问题属于哪种基本模式，并联系已解决的问题，借助旧问题的解决办法破解新问题，这就是模式运作的解题策略。

从思维的角度出发，模式运作的解题策略反映了“思维定式正迁移”所带来的好处。“遇新思陈、推陈出新”，即遇到新问题时，要反思曾经遇到过的相关事件，从旧问题中找到新问题的解决办法，而且对旧问题要进行批判继承，剔除其糟粕，吸取其精华，才能提高问题的解决效率。由此可见，旧问题对于新问题的解决是极其重要的，从它身上能够获取解决问题的依据和方法。

典型模式可类比于建筑中的“预制构件”，它是思维的重要组成部分，属于一种标准化设计。简单来说，就是一种把新鲜问题转化为标准问题，再借助标准化程序实现问题解决的一种模型。

“基本问题”的思想是模式运作解题策略的重要表现，积累基本问题是提高模式运作解题策略效率的捷径。例如，在数学的几何模块中，基本图形法常被用于解决几何问题，这种方法可以对其中的典型图形进行完全分解，当出现新图形时，再融入新图形重新组合为一个全新的基本图形，也可以把典型图形分拆成多个基本图形，再在这些图形中深入解决。

正方体是立体几何中的一个基本图形，在对正方体全面认识的基础上，当出现新问题的时候，可以灵活地把它构建成一个正方体，也可以再将它分拆为多个正方体。这种思想就属于基本图形的思想，也可以看作模式运作的策略。

模式运作策略的子系统反映出定向的思维，它始终恪守化生为熟的熟悉化原则和明确的目的性原则。人们认识事物的过程通常是由浅到深的，具有相对的阶段性特征。所以，数学的每一个研究对象存在熟悉和陌生之分，也就造成了人们在认识一个新事物或解决一个新问题过程中，通常按照对熟悉事物的理解方式去看待新事物，并尽量让新问题的解决思路遵循之前的认知结构和模式。简单来说就是，运用“化生为熟”的思想，指导新问题发展方向，提供新问题的解决策略。综上所述，遇到新问题时，要将新问题和熟悉问题联系，借助熟悉问题寻求新问题的解决办法。“化生为熟”有利于实现新问题和熟悉问题的结合，起到求同存异、化难为易的作用。

这里重点介绍模式运作中的模式运用、模式变换、模式突破等方面的策略：论题变换、同构变换、数式变换（替换）、图形变换及数形互动、模式寻美、构造与模拟、模式迁移等。

(1) 论题变换

每当碰到一个问题，感到提法有些生疏，概念有些模糊时，最好先用自己熟悉的语言重新叙述一下，一次不好，再换一次，直到透彻为止。这看起来只是语言上的说法不同，实质上是自身对问题认识和理解程度的深化过程。任何定理、命题，如果不能用自己的语言去描述，就不可能对它真正掌握，灵活运用。对于任何问题，如果对其含义没有清晰而准确的概念，就难以解决它。

变换说法之后，一些神秘莫测、无从下手的问题会变得比较清楚、容易，甚至一目了然。问题清晰、准确是解题的第一步。变换说法有等价变换与非等价变换。

第一，等价变换。如果由 A 经过逻辑推理或演算可以推出 B，反过来由 B 又可经逻辑推理或演算推出 A，则由 A 到 B（或由 B 到 A）的逻辑推理或演算就称为可逆的逻辑改变。

在保持同一个数学系统的条件下，把所讨论的数学问题中有关的命题或对象的表现形式作可逆的逻辑改变，以使所讨论的数学问题转化成熟悉的或容易处理的问题，叫作等价变换。将命题结论的形式加以适当改变，是等价变换中的常用手段。

常用的反证法与同一法也都是这样：反证法把证明蕴含命题 $p \Rightarrow q$ 等价地变换为证明合取命题 $p \wedge \overline{q}$ 不真（即 $p \wedge \overline{q}=0$）；同一法则是利用在所述数学对象唯一的情况下原命题与逆命题的等价性，把证明原命题等价地变换成证明逆命题。等价变换中，有时原命题有若干等价的命题，则应在其中找一个更简单、更容易地着手处理。

第二，非等价变换。解答数学问题，等价变换并不是永远可行的，在某些情况下，如解分式方程时进行去分母，解无理方程时进行有理化，解超越方程时进行变量替换等，都不得不施行某些非等价变换来促使问题化简。

所谓不等价变换主要包含两方面含义：一方面是变换到在更大范围内求解原问题，另一方面是变换到更强意义下求解原问题。在处理有关不等式问题时经常使用的“放缩”也是一种非等价变换手法。不等式与不等式相乘也是一种非等价变换手法。因而在证明有关不等式时，常需要采用这种手法。解答数学问题的非等价变换，又可能引起解答失真，这是要特别注意的。

（2）同构变换

对所讨论的数学问题做可逆的逻辑改变，同时使有关的数学对象发生变化，由原来的数学系统进入另一个数学系统，但仍保持原来的数学结构，这就是变换数学问题中对象的形式的策略，并称这种变换为同构变换。

所谓“同构”，在数学上的含义是$\otimes$与$^\circ$分别是 A 与 B 两个代数系统中的运算，如果 A 与 B 之间存在一个一一映射 φ，使得对任意的 a，$b \in A$ 及相应的 c，$d \in B$，只要 $a \overset{\varphi}{\leftrightarrow} c$，$b \overset{\varphi}{\leftrightarrow} d$ 就有 $a \otimes b \overset{\varphi}{\leftrightarrow} c^\circ d$，则称 A 与 B 在映射 φ 下对于运算$\otimes$与$^\circ$同构。粗浅地说，从抽象的角度来看，代数系统 A 与 B 没有什么不同，仅仅是形式上相异罢了，本质的结构还是一样的。在方法论中，可以把“同构”理解为形式相异而本质相同的事物。“同构变换”的要点，就是在不改变事物的本质结构的条件下找出事物恰当的表现形式，以使学生处理起来更得心应手。同一个数学对象在各种不同的数学分支中，可能有各种不同的形式。无论其形式如何，数学结构是一样的。

从同构的观点看，结构上相同的数学对象可以互相变换，这种变换丝毫不改变这些数学对象的本质，却对研究数学问题的难易程度有很大影响。一个比较复杂而难以求解的数学问题，经过同构变换可能会变得十分熟悉明了，非常便于处理。

采用同构变换的策略，不仅产生了图论方法，还产生了变量替换法、反函数法、解析法（直角坐标法、极坐标法）、复数法、向量法、对数法、母函数法等许多方法。实际上，解各类科学问题的关系映射反演原理就是一种同构变换。这个原则是说：在一个问题中，常有一些已知元素与未知元素（都称“原象”），它们之间有一定的关系，学生希望由此求得未知元素。如果直接求解比较难，可寻找一个映射，把“原象关系”映射成“映象关系”，通过映象关系求得未知元素的映象。最后从未知元素的映象通过逆对应（称为“反演”）求得未知元素。

（3）数式变换（替换）

在解数学题时，常常要将题设结构式进行恰当的凑配、消合、替换等来整形，即所谓的整形变换，以达到目的。

第一，凑配。凑是按照学生预定的目标，对题设构式进行分拆拼凑、凑合，凑成可套用某个公式，能用上题设条件，或出现结论的形式等，以达到某种预期的目的。配是根据题设条件，找到或发掘出题目中构式的特点进行搭配、配对、配方，配置出为达到预期目的所需要的形式。

第二，消合。消是根据题设条件，使学生尽可能地缩小考虑范围，使信息高度集中，以利于重点突破的变换策略。消可以是分拆相消、代入相消、加减相消、乘除相消、引参消参等。合是合并、统一的变换策略。统一几个分式的分母（通分），统一几个根式的次数（化同次根式），统一对数式或指数式的底（换底），统一用题目的某个量或式表示其余的量或式（代入、代换等）等，都是做合的工作，用合的策略。

第三，替换。将一个稍微复杂的式子视为一个单元，用一个变元或另外一个熟悉的式子来替代；或为了某种需求，将题设中的几个变元替代成另外的表达形式，从而将复杂问题变为简单的问题，陌生问题熟悉化称为替换。替换的形式多种多样，但替换后要特别关注新变元的取值范围及特性。

（4）图形变换

一个平面点集到其自身的一一映射，将平面图形 F 变到图形 F' 的运动，称为 F 到 F' 的一个图形变换，也称几何变换。

实际上，从 F 到 F' 的一个图形变换是 F 的点到 F' 的点的一个一一对应。若 A 是 F 的任一点，通过如上建立的变换对应着 F' 的点 A'，则 A 称为原象，A' 称为象。在解答几何问题时常用的图形变换有合同变换、相似变换等几何变换以及等积变换。运用这些变换及其复合的变换策略，可以启发证题思路，获得简捷解法。

第一，合同变换（平移、旋转、对称）。一般地，题设条件中有彼此平行的线段，或有造成平行的某些因素，又需要将有关线段与角相对集中，可考虑采用平移变换。

第二，相似变换。位似变换是一种特殊的相似变换。在解答较复杂的几何题时，常用位似变换。

第三，等积变换。保持图形面积（体积）大小不变的变换叫作等积变换，又叫等积变形。在保持面积（体积）不变的情况下，可以进行图形的拼补。利用等底等高的三角形、平行四边形面积（锥体体积）相等，进行等积变形是常采用的方法。

（5）数形互动

数与形是事物数学特征的两个相互联系的侧面，通常是指数量关系和空间形式之间的辩证统一。在解决数学问题时，把一个命题或结论给出的数量关系式称为式结构，而把它在几何形态上的表现（图像或图形等）称为形结构，或者反过来称谓。利用图与式的辩证统一，相互依托就能在解题的指导思想观念上，更加深刻地认识问题，在方法论意义上，使其应用更为广泛。

数（式）和形两者相互依托，主要表现在以下几点：①由形结构转化为式结构，如解析法；②由式结构转化为形结构，如数形联想法、几何法，这种方法能够让求解更方便、简单、直观。

这里需要注意两点。第一，式结构或个别式结构之间的转化是等价的，它属于一种数式变换，体现了隐含条件和各种变式的本质联系（统一性）。在这个过程中，它通过局部类比、相似联想等方法找到解题思路从而解决问题。第二，形结构或部分形结构之间的转化，主要通过某种“不变性”让形与形之间进行沟通从而解决问题。

上述意义下的数（或式）形互助包括数（式）或形结构本身的变式、变形间的转换及相互间的整体或局部转换。数形转换互助是探求思路的“慧眼”，也是深化思维的有力“杠杆”；由形思数，从表及里，可锤炼思维的深刻性；数形渗透，多方联想，可增强思维的广阔性；数形对照，比较鉴别，可增强思维的批判性；数形交融，摆脱定式，可发展思维的创造性。

（6）模式寻美

寻美的策略，就是利用美的启示来认识美的结构、发掘美的因素、追求美的形式、发挥美的潜意识作用而解决问题的一种策略。数学美是一种科学美，体现在具有数学倾向的美的因素、美的形式、美的内容、美的方法等方面。美的因素丰富多彩，美的内容含义深刻，如统一、简单、对称、相似、和谐、奇异。而且美的内容是存在于相互渗透的辩证关系之中的。简单、对称、相似都是和谐的特殊表现，和谐与统一寓于简单、对称、相似与奇异之中。数学就是和谐与奇异的统一体，数学美就是客观世界的统一性与多样性的真实、概括和抽象的反映。数学美的客观内容及对美的追求促进了数学的发展，美感为数学家提供了必要的工作动力，或者说对于美的追求事实上就是许多数学家致力于数学研究的一个重要原因。因而，在解决数学问题时，对美的追求是一种重要的策略，对于统一性、简单性、奇异性和抽象性的追求使学生对数学问题的认识不断深化和发展，冲破原来的认识框架，认识对象的内在联系而获得解题的思路。

(7) 构造与模拟

对于探索未知量、证明某命题等问题来说，一般会用到一些辅助问题，通过对辅助问题的构造和模拟，可以找到解决问题的捷径。

从人们的期待中可以看到他们之前接触过的某种模式、手段，他们用这些模式、手段去实现心中的想法，而这些已实现的想法下产生的新的模式、手段，又能够看到其他通向这个期待的更新手段、模式，如此反复循环，直到人们满意为止。这种“由后往前”的解决办法，就是解题的“构造”策略。

“构造”本身也是一种重要的解题方法。某些数学问题蕴含物理意义，在解决这类问题时，将“构造”迁移，给它披上物理外衣，或利用一个物理装置把一个数学问题化为一个物理问题，从而求得解答，这就是解数学题的“模拟”策略。模拟可以运用力学原理、质点理论、光学性质、组合模型等。实质上模拟是一种特殊的模型构造策略。

(8) 模式迁移

解题者在解答新问题时，总是受先前解题知识、技能、方法的影响，这就称为解题迁移。因此，一切解题策略都包括“迁移”。“迁移”策略可能是积极的，起促进作用；也可能是消极的，起干扰或抑制作用。前者称为正迁移，后者则称为负迁移。正迁移又分为垂直迁移和水平迁移。垂直迁移是纵向伸延，先前的策略为某一层次的，后来的策略是另一层次的。水平迁移是横向扩展，前后策略处于同一层次。垂直迁移和水平迁移都起正迁移作用，只是表现形式不同。显然，人们需要的是体现化归的正迁移策略。遇到困惑、难繁、陌生的数学问题时，运用正迁移化归为特殊、简单、熟悉、具体、低维的问题可使问题获解。

对形结构、式结构的深化认识的迁移可获得特殊数学模型（或特殊数学模式）的建立。例如，对轨迹作图的深化认识的迁移便有双轨迹模型的建立；解轨迹作图时，草图显得特别重要，用以找到细分条件或条款的分法，而画草图的理论根据是假设符合条件的图形已作。笛卡儿把这种做法迁移过来，提出了“万能代数模型”。

把代数中确定未知量的解方程的方法“迁移”到解其他问题便是一种“待定”的解题策略，即先用字母表示题中的未知数，作为待定的量，依题中已知数与未知数的关系列出方程，最后通过解这个方程求出待定的量，这个过程可以形象地表示为“以假当真，定假成真”。所谓“以假当真”，即用字母表示未知量，把它真正地当作一个实实在在的量对待，所谓“定假成真”，即在解方程时运用方程变形的理论，把方程变形，一旦解出方程，原先假定的未知量（待定量）就变成了真实的已知量。“以假当真，定假成真”，当求满足一定条件的一条线段或一个点，却不知线段的长度或位置，或不清楚点在哪里时，就先假定它已经确定了，将它“以假当真”，与其他已知条件一起参加推理，最终可以“定假成真”，确定该线段的长度或位置，或确定点的位置。

数学模式（模型）的运用与突破，是解题经验的总结，也是提高联想能力、猜想能力、“消化”和运用知识能力的重要体现。在解决一个自己感兴趣的问题之后，要善于去总结一个模式，并井然有序地储备起来，以后才可以随时支取它去解决类似的问题，进而提高自己的解题能力。

数学模式（模型）的运用突破还体现在“移植”与“杂交”方面。

近代科学技术不断进步，交叉学科得以产生，数学工具和数学思想逐步影响自然科学和社会科学。尤其是在控制论、信息论、系统论诞生之后，这种趋势更为明显。这些新学科的产生，主要表现在两个方面。一是借助旧学科工具去解决研究对象中的新问题，如生物学依赖于数学工具，便产生了“生物数学”。上述方法的思维方式叫作“移植”。二是不仅借助旧学科工具去解决面临的新问题，还在旧学科的思想方法、基本观点前提下建立属于新问题的概念、思想、方法。这种方法的思维方式叫作“杂交”。

“移植”和“杂交”是借用生物学中的术语的一种形象比喻。代数中的方程观点、映射观点与几何相结合，则产生了坐标系（一种特殊的映射）和曲线方程这样的新概念，从而诞生了解析几何，这就是“杂交”的实例。此后，数学分析与几何“杂交”又产生了微分几何。又如，最小数原理与反证法“杂交”产生了无限下降法等。平面几何问题的代数解法、三角解法，以代数理论为基础的尺规作图理论等都是“杂交”的例子。利用代数方程解三角的问题，利用函数图像解方程与不等式，向量工具步入几何，复数与三角的相互渗透等都是“移植”的实例。

2.“聚焦活化”解题策略

剖析众多的数学问题，尤其是综合性较强的数学问题，常因条件之间的联系比较隐蔽，关系松散或表现错综复杂而不易想通，此即“难”。这时，像放大镜的聚焦作用一般仔细分析比较题设条件或条件与结论之间的异同点或蛛丝马迹，以及潜存的数量关系或位置关系上的特殊联系，抓住其中的连接点，抓住其中的共性，作为承上启下、左右逢源的“中介”（即中间问题或辅助问题），围绕它来展开活化（转换）并推演和运算，常能方便地找到解题途径，恰当而又适时地将各条件代入解题过程，并运用各种有关条件、定理和性质，灵活地获得所需的结论，这就是“聚焦切入，活化中介”的解题策略，简称“聚焦活化”策略。

这一策略的子系统体现了控制的思维，遵循的是简单化、具体化的原则。简单而具体常是指演算过程短，推理步骤少，逻辑环节浅显而明确具体，表达准确而简明。许多数学问题，虽然其表现形式看上去较为复杂，但本质总会存在简单的一面。因此，如果能用简单的知识、简化的方法对问题进行整体处理或本质分类，则往往能找到解题的简单途径。

数学追求简捷美。一个定理的证明，一个数学问题的解决，途径多样，方法纷繁，其中有繁简之分、曲直之辨，但最优的解决方法往往是最简捷的那一种。

“聚焦活化”策略的核心是活化中介。这里的活化常与分（分布、分类等）、比（对比、类比等）、引（引参、引理等）、调（调整、协调等）、切换、推演息息相关。因而，可以从寻找中介、铺设中介、分清中介、联想中介、想象中介、调整中介、切换中介等方面分析一些具体的探求简化策略。

（1）寻媒与增设

当问题给出的已知量很少，并且看不出与未知量的直接联系，或条件关系松散难以利用时，要有意识地寻找选择并应用媒介量实现过渡。选择媒介量，首先要仔细分析题意、研究条件、考查图形、看准解题的过渡方向。即一方面由已知找到可知，另一方面由未知看须知，使已知与未知逐步靠拢。那些把条件与结论、已知与未知有机地联系起来的量，诸如数式中共有的字母及量、函数、比值、图形中的公共边、公共角、互补或互余角，或其他密切相关的线段、角、面积、体积等，往往就是应找的媒介量。寻找并使用媒介量，有时还需对条件、结论进行一些变换。例如，对数式进行变形，在图形中添加一些辅助线、辅助面等，这就需要对面临的数学题做深思熟虑的观察分析和充分的联想。另外，还需注意：选取的媒介量不同，常导致解法也不同。

在数学问题中根据数式或图形特点直接寻找媒介量是常采用的策略。但实际上还有不少问题涉及的数式十分复杂，图形中已知与未知间的逻辑关系不明朗，或图形中各个量之间的关系相当分散，人们一时难以找到直接存在的媒介量，这时就应当对问题做全面充分的分析探索，选择与条件和结论都有密切联系的元素辅设为媒介量（即“增设”策略），以便沟通题中各量之间的内在联系，或改变数量关系的形式，催化反应，达到简化数式的表现形式，将分散的图形条件和结论汇聚起来的目的，进而顺利开辟解题路径。

对问题的思考角度不同，辅设的媒介量也常不同，一般选用起着关键作用的数式（增量、比量、待定量、匹配量等）、点、线段、角、面积、体积及各种辅助图形、辅助函数、辅助方程等作为辅设媒介量。另外，解析几何及代数问题中的参数引入是寻找媒介量的一种重要表现形式。

（2）引理与原理

在解决问题的过程中，常需要引入或运用某些结论（证明了的定理除外）作为中间推理的根据。这些有待证明的结论称为引理，不须证明或极易证明的事实或被人们公认的事实称为原理。应注意推理的根据有时需要设计或者寻找。

（3）分步与排序

在解答一个问题时，如果直接通向目标比较困难，那么就可以在这个问题已知条件与结论之间建立若干个小目标或中途点，把原问题分成一些有层次或有关联的小问题，逐个解决这些小问题，以达到一个又一个小目标，最终解决问题，这就是解决问题的“分步”策略。

如果一个数学问题中涉及一批可以比较大小的对象（实数、长度、角度等），它们之间没有事先规定大小或顺序，那么，在解题之前可以假定它们能按某种顺序（数的大小、线段的长度、角的度量等）排列起来，对这种顺序的研究常有利于问题的思考，这就是“排序”策略。

（4）分类与缩围

不少数学问题给定的条件和结论不相匹配，表现出条件较宽或较少，一开始或当解题进行到某一步后，不能统一进行。必须将待解决的问题分成若干个比较简单、无顺序层次的情形或小问题，以便分别讨论，各个击破。这便是解数学题的“分类”策略。

分类，即将被分类的概念看成“种概念”，再按照一定的属性将其外延（与概念相关的事物）拆分为大量不相容的、并列的“类概念”。需要强调的是，此处的分类是按照概念各自的属性进行的，划分标准不同，类别也有所差异。

二分法是一种较为普遍的分类方法，它从被分类对象的外延出发，看其是否具有某个属性（即 P 与 $\overline{P}$），然后将其划分为两种截然相反的类别。

孙子兵法中有一种“收缩并分割，再围而歼之”的战略，而数学中“缩小包围圈”的解题思路恰恰体现了这种军事思想。这种解题思维包含“放缩夹逼，限定范围”“分类讨论，逐一击破”“归纳特征，减元缩围”“肢解简化，各别处理”等解题方法。

(5) 类比与想象

类比是一种从个别到个别，从特殊到特殊或从一般到一般的推理形式。它是在甲与乙两个（两类）事物之间进行对比（对相反现象进行研究）、似比（对类似对象或现象进行共同研究），从它们的某些类似或相同（相异）的属性出发，根据甲具有某一属性，指出乙可能也有与之类似或相同（相异）的另一属性。

一般而言，类比有三种基本形式：正类比、反类比和合类比。在数学中，通常运用正类比，其推理形式如下。

因为，对象 A 有属性 a，b，c，对象 B 有属性 a'，b'（a'，b'分别与 a，b 相同或类似）。

所以，对象 B 也可能有属性 c'（c'与 c 相同或类似）。

类比把人们对甲类事物的认识推移到对乙类事物的认识，扩大认识的领域，是温故知新、发现新问题、发现解题思路和方法去处理问题的策略，也是启发人们联想的思想工具，是进行创造性思维的一种好形式。类比能帮助人们从固有的解法模式中解放出来，培养思维的独特性，启发人们做多方探求，促进思维的流畅性，扩大人们的想象空间，使思维活泼。

但在运用类比时，应注意：①要尽量从本质上类比，不要被表面现象迷惑，否则，只抓住一点表面相似甚至假象就类比，容易犯机械类比的错误；②类比是似真推理，它得出的结论不一定正确，还需经实践或用演绎法证明。

在考察他人和总结自己的解题过程中可以发现，当遇到难题百思不得其解时，不必按固定的思路，借助于已知事物的表象对问题进行思考，而是设想解决问题的新方法或构造表现事物的本质的新形象，从而使问题获解。甚至可能是无意识地在受到某种意外事物的作用，或注意力转向毫不相干的事情时，突然在脑间闪现出新的思想火花，茅塞顿开，领悟其中奥妙，从而使长期倾心研究的问题瞬间获得解答。

人们把在解题过程中，通过想象构思，出现新设想，形成新形象的策略称为想象。

想象属于一种科学思维活动，它是人们把大脑储存的已有事物的表象进行加工改造后的独立构思；是把过去未能结合的新旧信息联系贯通，从而以某种新方式建立的新形象。旧事物的已有表象就是新事物的新形象的基础，而新事物的新形象就是旧事物的已有表象的新创造，想象是将已有表象升华到新形象的思维心理过程的联系纽带。

有些想象在旧有事物的已有表象的引发下，在人脑中进行仿造而设想出类似的新形象，这是一种仿造想象，一种初级想象。有些想象是人们在意外引发物的作用下，在人脑中闪现出与旧有事物已有表象不同类的新形象，这是一种跳跃想象，是比仿造想象更繁杂、高级的想象。还有些想象是在跳跃想象的过程中渗透仿造想象的因素，既有跳跃性又有仿造性，这是一种复合想象，是跳跃想象和仿造想象的复合物。

(6) 方程与对应

“方程”策略系指笛卡儿设计的著名的“万能代数模型”策略。波利亚把笛卡儿的这一设计轮廓描述为：首先，把任何类型的问题归结为数学问题；其次，把任何类型的数学问题归结为代数问题；最后，把任何类型的代数问题归结为解单一方程。

换言之，笛卡儿企图拟出能解一切问题的“万能策略”。尽管笛卡儿在世时，大概就已经察觉这一抱负无法实现，没有把文章做下去，而以后数学的大发展，更把这个设计的问题暴露无遗，但它在数学史上的地位仍然是伟大的。为了实现把任何类型的数学问题归结为代数问题，他首先致力于欧氏几何代数化，为此，发明了直角坐标系，并创立了解析几何。笛卡儿的上述创造性成果都为牛顿和莱布尼茨发明微积分学创造了条件。

重温这一设计的意义在于，尽管它并非在所有情况下都有效，但适用于很多情况，尤其是大学数学所涉及的许多情况。重温这一设计的意义还在于，尽管其中包含着错误的内容或思想，但也包含着极为正确有用、可以发扬光大的策略，可用于解许多数学问题。

这个策略的主要步骤有四个：①在充分理解问题的基础上，把它归结为确定某些未知量。②以最自然的方式考察问题。设想问题已解，把未知和已知、根据题设而必定成立的一切关系，按适当次序形象化。③取出已知条件的一条，用两种不同的方式表示同一个量，列出未知量的一个方程。最终，有多少未知，就得把整个已知条件分成多少条，从而列出和位置一样多的方程。④把方程组归结为单一方程。

在如上的代数模型中，较精彩和有用的是“设想问题已解”和“用两种不同的方式表示同一个量”两步。迄今为止，它们仍是初等数学和高等数学建立各种方程（待定系数、微分方程、隐函数的导数等）的基本功，是学好代数和解析几何的基本功。这两步有时兼用，有时单用。

“用两种不同的方式表示同一个量”的引申就是“用两种不同问题形态表示同一实质的关系”，这便是“对应”策略。显然这里的对应是指一一对应或配对，属于“RMI 原则”（又称 RMI 方法，这种方法是把比较困难的问题，转化为较容易处理的问题，以解决问题的方法。其应用范围之大已超出了数学领域，RMI原则包含着所要研究、处理的问题中的关系结构，主要采取映射和反演两个步骤去解决问题）策略。“对应”策略，也称为“映射”策略。在处理集合的元素计算问题时，“映射”策略具有特殊的作用。

(7) 列举和递归

某些数学问题，情况比较复杂，但有限定或界定，解答时需要采用“列举”策略，找出所有可能出现的情况，加以分析、讨论、推理或计算，必要时把所得结果互相比较，逐一排除或筛选结果，然后归纳出结论。采用“列举”策略，常常在如下四种情形时灵活处置。

第一种情形：在用反证法证明某些问题时，原题结论的反面有多种可能情况，要逐一列出，逐条加以否定的穷举归谬型。

第二种情形：在解有关组合问题、逻辑问题和数谜问题时，题目的结论、条件或论证过程可能出现多种情况时，逐一列出，分别论证或计算，然后归纳出结论的穷举归纳型。

第三种情形：在解有关不定方程、组合计数问题时，分别列出各种可能的情况，在每一种情况下，找出有用的情况，淘汰无用的情况的穷举搜索型。

第四种情形：在有关几何作图、求轨迹、解含参数的方程或不等式等问题时，问题的结论有多种可能而又未明确指出的穷举表述型。

怎样使列举的对象尽量地少，使它不“繁”，这是列举的难点，也是其巧妙之所在。此时应当考虑极端的情形。

考虑极端的情形，就是为确定集合 M 具有某一性质A。常常从极端情形（如数量上的极大或极小、图形的极限位置等）出发，选取 M 中具有极端性质的元素 a 来考虑，或者 a 本身就具有性质A，或者 a 本身虽没有性质A，但 a 与具有A性质的 M 中元素 b 有密切的关系，从而可确定集合 M 具有性质A。

将“列举”策略引申至处理某些情况比较繁杂的数学问题时，如涉及无限定或无界定（无限多、无穷多等）的问题，就要运用“递归”策略。“递归”是通过有限认识无限的重要策略，一般适用于探讨与自然数有关的问题。运用“递归”策略的关键在于寻找所论对象的某种递推关系，有了这种递推关系和初始值，便能经“递归”达到解题的目的。递推关系的正确性是需要严格证明的。它的证明常用数学归纳法。显然数学归纳法是典型的“递归”证明方法。“递归”不直接对问题进行攻击，而是对其变形、转化，直至最终把它化归为某个（些）已经解决的问题。有些常运用数学归纳法证明的与自然数有关的数学命题，运用“递归”策略可得到简洁证明。

(8) 调整与逼近

说到调整，人们就联想到座位调整、队形调整、人员调整、价格调整等，其意义是不言而喻的。调整一般是局部的、逐步的。解数学题中的“调整”策略，就是把解题信息进行分类分析，通过逐步或局部调整，找出最佳方案。“调整”策略将变量分散考虑，使研究的变量个数相对减少，可使问题得到简化。

调整又分为微微变动与局部调整。微微变动是按照已知条件选取某个简单问题或某一任意的方案，然后做微小变化调整，把问题归结到已有的结论上或考察通过怎样的微小变动才能使方案改善，重复上述工作或再继续变化，直至不能再被改善，而得到最后方案，即最佳方案。局部调整就是假定某几个变量是已知的或暂时保持不变，调整剩下变量的相互关系，使之达到目标（相对目标），然后调整开始固定的那些变量，从相对目标中找到最适合的一个。

“逼近”策略就是从与问题实质联系的较宽条件和较低要求开始，利用此时获得的结果作为新的行动基础，再逐步加强要求，加深层次，逼近原问题，最终彻底解决问题的一种策略。它包括一系列试探，其中每一个都企图纠正前面一个所带来的误差。整体来说，误差随着试探而减少，而逐次进行的试探越来越接近所要求的最终结果。

例如，“缩小包围圈”是逼近的一种形式。

“逼近”策略自然可用于种类繁多、水平各异的求解步骤。当在词典上查一个单词的时候，便在应用逐次“逼近”策略，按照字母的顺序，根据注意到的单词，在所要找的单词之前或之后，朝后或朝前翻页，等等。

“逼近”策略甚至可用于整个科学领域。一个接一个的科学定理，每一个比起前面一个，对现象都做出更好的解释，这可以看作是对真理的逐次逼近。

“逼近”策略历来被数学家们称为高深的策略，可以用它来解决其他策略难以处理且具有重大实际意义的高级问题。

“逼近”策略是从古代数学家用“割圆术”来求圆周率的近似值，到分析数学始终贯穿的一条基本线索，如实数理论中用有理数逼近无理数，极限理论中的闭区间套和单调有界原理，微分学中的用平均变化率逼近瞬时变化率，积分学中的用有限和逼近无限和，级数理论中的用多项式逼近函数等。“逼近”是数学上基本且重要的策略之一。逼近的形式常有递推式逼近、连锁式逼近、调整式逼近、递降式逼近、磨光式逼近等。

逐次“逼近”的策略，收到了分散难点、逐层突破的效果。像这样为了解决问题而从与问题实质有联系的较宽要求开始，然后充分利用已获得的结果作为新的行动基础，逐步加强要求，逐次逼近原问题，直至最后彻底解决问题。显然“逼近”是一种有确定方向和一定程序的靠近。

从逼近的方向来看，有顺推、逆溯等方式。

从逼近的程度来看，有模糊逼近、近似逼近等。

从实现逐次逼近的实质来看，有直接逼近式和启发逼近式。直接逼近式中又有以下几种形式。①问题序列逐次逼近：把原问题所求范围扩大，得问题 A_1，再逐步缩小范围得 A_2，…，A_n。在这个问题序列中，后一问题的解决直接依赖于前一问题的解决结果，而最后的 A_n 解出时就得到原问题的结论；②问题状态序列的逐次逼近，又叫磨光变换，即把一种状态（数、形）变为另一种状态，逐步消灭状态间的差别，最后达到平衡的、均匀的状态；③问题解序列的逐次逼近：先给问题的一个初始解（可行或近似的），然后以此解为基础，按固定的程序给出一个解序列，它的极限就是问题的精确解。而序列的每一项都是近似解，且一个比一个更接近精确解。实现逐次逼近还可运用对分和等高线等。

3. 差异分析、适时转换解题策略

差异分析解题策略是利用差异使目标差不断减少的策略。这种差异包括处理手段的差异、分析条件和结论两者的差异。在运用差异分析时要注意四个方面。①从需要分析的题目结论和条件等多种特征中找到目标差。例如，字母的指数或系数、元素个数等数量特征，还有垂直或平行、等于或大于等关系特征，以及位置特征等。②当目标差出现在题目时，要尽量使目标差减少。③每次调节目标差都要能发挥作用，才能够不断减少目标差，否则便无法达到累积的效果。④减少目标差的调节常体现在处理手段差异的调节与转化上。

运用差异分析解题策略可以同时回答“从何处下手”与“向何方前进”这两个基本问题。就从分析目标差着手，就向着减少目标差的方向前进。对于一类恒等式或不等式证明题，这一策略常能奏效。对于处理手段差异的调节，则需要适时恰当转化。这是因为人们解决数学问题时，常常按照习惯的思维方式进行思考。人们常借助一些具体的模式和方法加强这种思维定式，而使许多数学问题得到解决。但按照这种思考方式在很多时候也会出现较繁或较难入手的情形，或出现一些逻辑上的困惑。这时，就要从辩证思维的观点出发，向减少处理手段差异的方向前进，即从问题或其中某个方面的另一面进行思考，采取顺繁则逆、正难则反的适时转化解题策略。也就是说，当用顺证不易解决时，就考虑用反证或逆推；当正向思考不能奏效时，就采用逆向思考去探索；当推理中出现逻辑矛盾或缺陷时，就尝试从反面提出假设或特例，通过背向思维进行论证。

差异分析、适时转换解题策略子系统体现了调节的思维，遵循的是和谐化、分析问题的全面性原则。

进退互用，倒顺相通，这是差异分析、适时转换解题策略的灵活运用。

当遇到解题困难时，可以换种解题思路，不再执着于迅速解决问题，而是集中精力思考问题，才能够使自己的头脑清醒，更加客观地看待所需要解决的问题。同样在解决问题时，也可以主动解决容易问题，这些问题可以从一般性推导出具体特殊性的问题。进退思路灵活运用才能事半功倍。后退思路非常重要，主要有以下几个方面：抽象退到具体，高级思维退到低级思维，一般退到特殊，较强命题退到较弱命题。而如果是以进求退则是相反的思路。这种策略的使用可以帮助学习者更好地解决所遇到的数学难题，是探索未知领域的必要手段，在引申、推广问题的过程中不断提高自己的创造力和解决问题的能力。例如，人们常用的以屈求伸、欲进先退、逆推、降维等数学解题策略就是进退互用的策略在具体解题中的运用。

对问题倒推顺证进行综合思考，易于挖掘题中隐含的数量关系并发现有关性质，从而沟通已知条件和待证结论或求解对象间的过渡联系。兼顾结论和条件两个方面，集中注意力于目标，从整体到局部进行考虑，广泛联想，这是辩证思维对事物认识的正确反映。倒顺相通策略的运用有两种表现形式：一种侧重于整体性的思考，即盯住目标，寻求压缩中间环节的解题捷径；另一种侧重于联通性的思考，即两头夹击，沟通中间，得到目标的总体思路。这两种形式也可以在解题过程中局部加以运用。这里从适时转化的一些方面进行探讨。

（1）正面思考与反面思考

解答数学问题从已知条件出发，进行正面思考，称为“正面思考”策略。对于大多数问题，人们通常运用“正面思考”策略。在正面思考遇到困难时，应适时运用反面思考策略，即从条件的反面、结论的反面或方法的反面去思考。反面思考的常用策略还有逆推、反求、反证、举反例等。

（2）整体与局部

解题是一个系统工程，系统的整体性决定了要用整体的观念研究和指导解题，它们的各部分是互相联系、互相影响的，它们以某种结构的形式存在。解题时，将问题看作一个完整的整体，注意问题的整体结构和结构的改造，解题的成功是整体功能的作用，这便是“整体”策略。解题时，在研究问题的整体形式、整体结构或做种种整体处理（整体代换、整体变形、整体思考等）的过程中，注意问题内部结构中的特殊局部，由此可知能牵动全局的便是“局部”策略。例如，人们熟知的割与补、添与减等就是具体的运用局部与整体策略的典型。用“整体”策略来分析、处理问题，注意问题的整体结构（有时还将局部条件和对象重新改造并组合成另一个整体模式），容易把握住问题的要点和相互联系，排除细节的干扰，监控并调节思维过程和解题程序。

（3）表面与内在

观察题设条件的表面形态特征，有时也能简捷破解。但当问题较复杂时，还必须通过探索问题的内容属性去揭示内在的规律，即采取层层剥笋、步步深入的策略，探求出未知。一般而言，对于较复杂的问题，仅靠外形破解是不可能的，必须里外结合，方能奏效。

（4）进与退

人们在认识事物的过程中，自然会不断向前推进认知。数学更是一个不断前进的过程，其中的命题序列和知识发展都是环环相扣的。然而，这种发展历程不是绝对的一往无前，而是在后退中求前进，在前进中求发展，进退之间相互转化，没有绝对的壁垒，这是学习者在学习道路上必须学会的辩证思维。学习者在面对学习难题时，如果直接解题会难以前进，那么就应该去考虑更普遍或者更特殊的问题。进退互为前提，不能分割，但对于解决问题来说，学会后退比前进更加关键。

后退是要去繁就简，找到具备基本特征的简化问题，可以从复杂、整体、较强的结论、抽象、一般、高维退回到特殊、部分、较弱的结论、具体、简单、低维。

退到最小独立完全系，先解决简单的情况，处理特殊的对象，再归纳、联想，发现一般性。取值、极端、特殊化、由试验而归纳等都是以退求进的表现。

（5）动与静

事物通常有两种存在状态：一动一静。两者并不是绝对对立的状态，而是可以在某些情况下互相转化，静可以转为动，动中孕育着静。在数学领域中，静态化的形态和数量都可以借助动态化的思维解决。例如，用变化的数值看待常数，用瞬间运动的过程看待静止状态，反之同样适用，如变化、无限的数值可以用某个字幕代替；无尽变化的趋势可以用不等式进行描述；事物之间的依存关系可以用函数来代替，这些都是将动态问题静态化处理。具体体现动静转换策略的有以下方面：轨迹相交、局部调整法、定值探求、递推法、初等变换、变换法、不变量等。

人们认为静态化的事物是运动过程中的某个静态瞬间，或者是找到静止之前的动态化轨迹，将运动化的视角赋予静态化的事物。

动静是一种相对的状态。如果静止的A和运动的B进行比较，可以认为是A动B静。同时，事物在运动状态下也会有相对静态化的状态，在解决数学难题时，转化下动静思维方式，寻找不变的量、性质或者静态化的状态，都可以成为解题的重要突破口。

（6）特殊化与一般性

解题者在研究问题或者对象时，会从个别情况或者在小范围之内进行思考，这种解题策略便是特殊化。特殊化通常和一般性相结合。所以个性和共性便是解题者所要考察的重点，要想了解事物或对象的本质属性，就要结合综合比较、分析、归纳等多种形式进行思索。在使用特殊化这种解题策略时要注意以下三方面内容。

第一，从一般到特殊。在解决问题时可以把需要解决的对象或问题，从一般特性问题出发，逐渐增加外在条件，针对其中部分或特殊情况进行重点分析，将问题进行特殊化处理，这是演绎的重要形式。

第二，从个别和特殊出发找到一般规矩。要想了解事物的关系和性质就要从特殊角度出发，找到解决问题的方法、途径、方向，这也体现了以退为进的解题策略，具体可用到反例分析法、特例、极端性原理等多种方法。

第三，由特殊否定一般。在解决数学难题时，借助特殊化策略可以使解题者思路更加清晰，还可以以反例、排除法等多种形式，使解题思路更加完善，思考范围更加广泛，不会疏漏答案，这种策略是从一般化向特殊化进行推进的策略，称为普遍化策略。解题者在研究问题或对象时，适当放宽外在条件，将结论的关系、形式、数量进行普遍化处理，从而在更宽泛的范围内进一步解题。

解题者在解题的过程中会使用公式、法则、公理、定义、定理等多种方式，这种解决过程其实是“一般”向“特殊”转化的过程，也是“特殊”向“一般”进行转化的过程。这种转化过程是比较常见的，解题者创建合适的学习情境，借助一般性来更好地揭示事物发展的规律和事物的本质，提高解题者创新能力和解决问题的能力，才能够更好地使用其他的策略。

（7）弱化与强化

特殊与一般是弱化与强化的一种形式。降格（维）与升格（维）也是弱化与强化的一种形式。由于无关紧要的枝节掩盖了问题的本质，找不到解答的关键所在。于是，变更转化命题，使原命题适时弱化或强化，或强、弱反复适时转化使之更明确地表现出问题的本质。

(8) 抽象与具体化

抽象是在对事物进行由表及里、去粗取精、去伪存真的基础上，抽取提炼事物的本质属性，舍弃事物的非本质属性，借以形成科学的概念和揭示事物发展规律的一种思维。数学解题中的抽象策略，就是挖掘数学问题的本质特征而使问题获解。用图论方法、映射方法等解题是抽象策略的具体表现。

具体化是把抽象的概念、定理和规律体现于具体的对象或问题中的策略。任何具体事物都是许多规定的综合，因而是多样性的统一。而人们认识具体的过程则表现为感性具体—抽象—综合—理性具体。因此，具体化的策略作用就包含以下两个方面。

第一，把抽象的概念、定理和规律回归于感性具体，用个别的、特殊的或局部的具体实例或经验材料对抽象内容做直观描述，验证抽象规律或应用抽象法则，以加深对概念、定理和规律的理解。例如，用立交桥空间直线交叉或六角螺母上下端面非平行边线来描述异面直线。

第二，把抽象的概念、定理和规律，通过综合上升为理性、具体的概念、定理和规律，形成各种思维的具体模式，体现于各类典型的具体对象或问题。因此，理性具体化也是模式化过程的另一个侧面，是辩证思维的重要体现，是抓住了抽象与具体的对立统一，反映具体事物之间的同一性和相似相联系的认识方法。

(9) 分解与组合

数学解题中的“分解”与“组合”策略，是辩证思维的重要内容之一。由于矛盾存在于一切事物之中，“分”与“合”这对矛盾在数学解题中也是无处不在的。

“分解”策略，就是在解题时，将待解决的问题适当分拆、分域、分步、分类等，或将图形分拆成易于讨论的几个互相契合的图形，然后一一证之或解之（各个击破），这种策略常可使一时难以捉摸、无法下手的问题变得明朗清楚。

“组合”策略，也是一种整体策略。解题时，将待解决的问题的条件组合起来，叠加起来，从统一的角度，用整体的观点来考虑如何达到目标。这可使人们更为透彻地、更有条理地了解问题中所包含的各种信息，这对于比较自然、比较有把握地发现解题途径无疑大有好处。

在很多情形中，一个问题的解决离不开“分”与“合”的相互配合，相互转化，有时是先分后合，有时是先合后分。

(10) 分离与守恒

在进行多项式运算时，常进行分离系数而得到简便算法；在解线性方程组时，常对系数增广矩阵进行变换而解，这都采用了“分离”策略。

数学上也有很多守恒性的东西：不变量与守恒性操作。在处理数学问题时，进行恒等变形不改变问题的性质、结果的操作称为守恒性操作。如配方法、引入待定系数等是常用的守恒性操作。在解数学题时，能抓住其中的不变量，或采用守恒性操作的策略可以称之为“守恒”策略。利用“不动点”解题是“守恒”策略的一种形式。

（11）展开与叠合

展开的策略是一种转化的策略，例如，高等数学中幂级数展开、泰勒展开式等。把一个比较抽象、复杂的问题展开，转化成比较具体、简单的问题是人们处理问题（特别是立体几何问题）的常用策略之一。

展开的反面是叠合。展开和叠合均是一种运动，运动与状态息息相关。因此，在运用展开和叠合的策略时，要特别注意运动前后的状态。在运用母函数求解数学问题的过程中，离不开展开与叠合策略的运用。

（12）逻辑推演与直感

逻辑是制定策略的有力工具，而逻辑推演是一种重要的解题思维策略。逻辑推演的策略，就是依据逻辑形式（概念—判断—推理），注意逻辑关系（同一、从属、交叉、对立、矛盾等），遵循逻辑规律（同一、矛盾、排中、充足理由），逻辑规则（论题）明确、论据真实、论证充分、合理，将解题形式转化成关于谓词演算和命题演算的推理的一种策略。这是人们在解逻辑推理题（如判定名次问题、比赛胜负或得分问题、说真假话问题、证明不可能性问题及判断身份等问题）要运用的策略。

“直感”策略就是运用数学表象（即人脑对当前没有直接作用于感觉器官的、以前感知过的事物形象的反映）对数学问题有关具体形象的直接判别和感知的策略。直感与灵感不同（直感是显意识，灵感是潜意识），直感与直觉也不同（直感是直觉的整形象判别的侧面，直觉的实质主要在于逻辑思维过程的压缩，运用知识组块对当前问题进行分析及推理，以便迅速发现解决问题的方向或途径。直觉是直感的扩大或延伸，直感是直觉形成的基础之一），数学直感策略有如下几种形式。

形象识别直感：数学表象是一种普遍形象，是一种类象。具体数学是特殊形象，是一种个象。将类象和个象两者的特征进行比较，整合出相似性，对个象进行判断，个象是否和类象属于同一性质。在数学中识别形象主要是对图形、图式的变式、变位等多种情况进行确认，在综合、复合状态下分解辨认这种策略。最重要的是把问题对象分解成最基本的图示或者图形，使解题者能够准确把握解题方向，找到合适的解题思路。

模式补形直感：解题者在大脑中已有数学表现模式，这种策略会让解题者对有相同特征的数学对象进行表象补形，这是由“部分”向“整体”转变的解题思维方式，有时也从残缺的形象中补充整体的形象，这种思维方式就是在数学解题过程中经常会用到的方式。解题者大脑中的表现模式越丰富，那么就意味着补形能力越强，就越能够补充头脑中的图示或图形。几何补形法经常会添设辅助线来使解题思路更加清晰。在代数中经常会用 1 和 0 互相转换，同时还有构造法、配方法、拆添项法等多种形式，使图像的结构模式能够呈现成基本问题，从而更好地解决难题。

形象相似直感：复合直感是以前两种直感为基础发展而来的。解题者进行形象识别时如果不能通过补形来进行解题，或是无法在大脑中找到已有的表象，那么解题者便会从大脑中进行形象识别，选择最接近解题目标的形象，将形象特征进行差异化比较，以此判断两者之间的相似程度；再借助大脑思维进行进一步改造，将改造后的形象与原来的形象进行连接，所以解题者会将问题进行进一步的转化。在解题过程中形象相似直感主要有图示和图形两种直感方式。形象相似直感需要借助猜想、类比、想象、联想等多种推理方法来进行进一步连接。数学形象相似直觉是否丰富主要取决于解题者是否建立起丰富的图像或图形表象系统，同时这种直感系统也是和前两种直感系统不可分割、相互作用的。

质象转换直感：利用数学表象的变化或差异来判别数学对象的质变或质异的形象特征判断。数学中的图形、图像、图式等在主体头脑中形成的表象是数学对象的本质的外观，象变意味着质变，象异代表着质异。数学中质象转换常把图形、图像、图式的相对静止或特殊状态，与有关的动态表象系统或一般形态进行比较来判断。

形象识别直感（直感策略）起到了灵活运用基础知识、简化解题过程的作用。一些解题技巧的运用往往受形象思维（直感策略）的启发，而不是逻辑程序（逻辑推演策略）的套用。因此逻辑推演与直感是相辅相成的，直感是逻辑推演的基础，逻辑推演是直感的归宿。

第三节　大学数学思维与方法

一、大学数学思维分析

数学思维是在思维能力的基础上逐步形成的，它在形成的过程中，伴随着很多干扰性的因素。因此，为了帮助学生形成数学思维，教师重要的职责是提高他们的思维能力，并为他们清除干扰性因素或者降低这些因素对他们的影响。数学思维需要思维能力作为基础，透过数学思维可以发现思维能力的踪迹。二者虽然有关联，但数学思维仍然保持着较高的独立性，体现着数学知识的特点，思维能力对它的影响有限。

（一）数学思维的基本形式

数学思维的基本形式也称数学思维的基本类型，是指用思维科学的范畴来分析数学思维活动的不同特征。

按思维活动的性质特征划分，数学思维的基本形式包括数学抽象思维、数学逻辑思维、数学形象思维、数学直觉思维、数学猜想思维、数学灵感思维。

1. 数学抽象思维

数学抽象思维是指抽取出同类事物共同的本质属性或特征，舍弃其他非本质的属性或特征的思维形式。数学的抽象借助于理性思维研究形式化的数学材料，而且抽象的层次（抽象度）可以不断升级。数学抽象的基本形式可划分为弱抽象、强抽象、等置抽象、形式化抽象、构象化抽象、公理化抽象、模式化抽象。

弱抽象，即减弱数学结构的抽象。将它获得的数学对象（或概念）的外延扩大，内涵缩小，也就是普通意义的抽象。

强抽象，即把新特征引入原有数学结构加以强化形成的抽象。将它获得的数学对象（或概念）内涵扩大，外延缩小，它们实际上是由概念或关系的交叉结合而生成的新的数学对象。

等置抽象是将彼此等价的各元素归为一类，视等价类为一个新元素而获得新集合的抽象方法，是弱抽象的一种特殊表现。

形式化抽象是指用逻辑概念或表意的数学符号及其体系表达和界定数学对象的结构和规律。形式化思维是数学思维本质的一个重要侧面。形式化抽象的目的是从现实世界纷繁复杂的事物内容及其联系中抽取出纯粹的数量关系并间接明了地加以表示，以便揭示各种事物的数学本质和规律性。

构象化抽象是指将现实原型或思想材料加以弱化或强化，或者处于逻辑需要进行构造而得到的完全理想化的数学对象。数学概念都是在不同深度、不同层次上的构象化抽象。数学符号化抽象也是构象化抽象的一种表现形式。

公理化抽象是完全理想化的抽象，其作用在于更换公理（或基本法则），以排除数学悖论，使整个数学理论体系恢复和谐统一。

模式化抽象是对现实原型或数学模型本身进一步简化或一般化、精确化，从而从中分离出数学对象的关系、性质或规律的结构化抽象。

2. 数学逻辑思维

数学逻辑思维分为形式逻辑思维、数理逻辑思维、辩证逻辑思维，其基本形式是概念、判断、推理和证明。数学的特点是形式化、符号化、公式化。这些特点在数学思维中的反映首先是形式逻辑。形式逻辑的进一步发展即是数理逻辑和辩证逻辑，甚至更广义的一些逻辑（如多值逻辑和模糊逻辑）。它们之间既有层次上的关系，又是相互包容的。

形式逻辑采用自然语言，比较复杂难懂，不易为人们掌握，且容易产生歧义。

数理逻辑是形式逻辑精确而完备的表达，也称符号逻辑。

辩证逻辑则是从思维的运动、变化、发展的观点出发去研究思维、概念，判断、推理自身的矛盾运动和辩证思维的逻辑方法，如演绎与归纳、分析与综合、抽象与具体等，以及辩证思维规律，如具体同一律、能动转化律、相似类比律、周期发展律等。

3. 数学形象思维

数学形象思维是指用直观形象和表象解决数学问题的逻辑思维。数学形象思维对学生分析问题和解决问题的培养具有重要作用。

（1）数学形象思维的特性

数学形象思维的基本特性有形象性、非逻辑性、概括性、想象性。

① 形象性。形象性是数学形象思维最基本的特性。形象只是相对于一般人对对象认识而形成的一种感知，是很直观的，具有直观的特点。数学形象思维所反映的对象是事物的形象，思维形式是意象、直感、想象等，其表达的工具和手段是能为感官所感知的图形、图像、图式和形象性的符号。数学形象思维的形象性使它具有生动性、直观性和整体性的优点。

② 非逻辑性。数学形象思维不像抽象思维那样，抽象思维需对已知条件一步一步地进行很严密的加工、推理，是一个很严谨的过程，任何一步都不能少或改变顺序，而数学形象思维以数学表象为材料，经过自由组合、分解而形成新的形象，或由一个形象跳跃到另一个形象。它对信息的加工过程不是很严谨，也不是顺序加工，而是平行加工，是根据表象的组合、分解变化出来的新形象。它可以使人脑迅速从整体上把握问题。数学形象思维需要人们不断地加以证明，并在实践中检验。

③ 概括性。数学形象思维对问题解决的反映是表面上的反映，是具有概

括性的形象，对问题解决的把握是大体上的把握。数学形象思维活动过程只是对表象组合、分解、加工，是具有概括性的形象。同时，形象思维活动过程本身也是概括性的，但这种概括是形象地进行的，它是一种形象性的理性认识、判别活动。人们在进行数学形象思维时常常离不开数学抽象思维，在实际的思维活动中，往往需要将数学抽象思维与形象思维巧妙结合、协同使用，才能更好、更快、更准确、更有效地解决问题。

④ 想象性。数学想象是人脑运用已有形象形成新形象的过程。数学形象思维并不满足于对已有形象的再现，它没有严格的规则，不受逻辑思维规则的约束，更致力于追求对已有形象的自由分解、组合、加工，而获得新形象关系、概念的输出。所以，想象性使数学形象思维具有变化性，需要数学抽象思维的修正、补充从而上升为创造性思维。

（2）数学形象思维的形态

数学形象思维在问题解决中可表现为数学表象、数学直感、数学想象三种基本形态。

① 数学表象。所谓表象是人们对所感知过的事物现象在大脑中保存下来，此后虽然眼前没有出现这种事物，但也会在大脑中回忆起这种事物原来的形式的反映。数学表象是通过事物的直观形体特征概括得到的观念性形象。

② 数学直感。直感是人脑运用数学表象对具体形象的直接认识和判别。数学直感是在数学表象基础上对有关数学形象特征的判别，通常指由一个数学表象想到另外的数学表象的过程，并与在大脑中储存的各种数学表象联系在一起，从而唤起另一种新的数学表象，以揭示数学问题的内容及本质。数学直感是建立在丰富的数学表象的基础上的，只有当我们拥有丰富的数学表象时，才能引起丰富的直感。数学直感有着各种不同的形式，主要的有形象识别直感、模式补形直感、形象相似直感，其中最后一种是复合直感。

形象识别直感是用数学表象这个类象所具有的特征去判断数学对象的个象和通过一系列的转化或整合得到的相似性结果表象是不是同质的象的思维活动。数学形象识别主要是对各种各样的几何图形、公式、图式变式情况的认识，以及在重组、综合形式下的分解辨认。

模式补形直感是利用人们已在头脑中建构的数学表象模式，对部分特征相同的数学对象进行表象补形，实施整合的思维模式。这是一种由部分形象去判断整体形象，或由残缺形象补全整体形象的直感。人的头脑中的表象模式越丰富，面对数学问题所给的图形、图式时，补形能力越强。

形象相似直感是把形象相似或相关的模式联系起来进行联想、类比和想象的直感，它是以形象识别直感和模式补形直感为基础的复合直感。当人脑进行形象识别时，往往在头脑中找不到同质的已有表象，也不能通过补形整合成已有的模型，这时人们通常是在头脑中筛选出最接近目标形象的已有表象或模式来进行形象识别。通过形象特征同与异的比较，判别其相似的程度，从而通过适当的思维加工与改造，将新形象链结到原有表象系统的相应环节，构成相似链，在问题解决的过程中就表现为问题的变更和转化。

③ 数学想象。数学想象是对数学表象的特征进行推理、加工、改造，即对不同的数学表象进行分析、加工、分解、重组等多个复杂的交错的思考过程，然后生产新的复合数学表象的思维活动，它是数学表象与数学直感在人脑中的有机联结和组合。

想象思维的重要性在于它是创造性思维的重要成分。创造性是数学想象最显著的特点，不管是数学中的直觉还是灵感，没有数学想象是不可能完成任务的。根据是否有意识来划分，数学想象可分为有意想象和无意想象。有意想象是指学习者根据一定目标进行的自觉的想象。这种想象是有意识和有目的性的，数学学习过程中大多数都是有意想象。有意想象有许多形式，其中联想和猜想较为典型。联想和猜想是数学形象思维中想象思维推理的不同表现形式，也是数学形象思维的重要方法。它们与想象的关系及规律可以从数学的特点、心理学与思维科学的有关规律等诸多方面相结合的角度来分析。无意想象是指没有目标，只有潜意识的想象。

数学想象有着各种不同的表现形式。第一，图形想象，它是以空间形象直感为基础的对数学图形表象的加工与改造，是对几何图形的形象建构，包括图形构想、图形表达、图形识别和图形推理四个层次。第二，图式想象，它是以数学直感为基础的对数学图式表象的加工和改造，是对数学图式进行的形象特征推理。图式想象可以分为四个不同的层次，即图式构想、图式表达、图式识别、图式推理。

数学形象思维的层次可以分为几何思维和类几何思维。其中，几何思维是指以日常的空间中的图形、图式为对象的直观思维，类几何思维则是借助于几何空间关系进行理性构思而形成朦胧形象的思维。

4. 数学直觉思维

数学直觉思维也称数觉（辨识直觉、关联直觉、审美直觉），是指人们不受逻辑规则约束而直接领悟事物本质的一种思维方式。直觉思维是从整体上对思维对象的考察，要求人们调动自己的全部知识经验，通过丰富的想象敏锐而迅速地做出假设、猜想或判断，它省去了一步一步分析推理的中间环节，而采取了跳跃式的形式。

数学直觉思维的表现形式是以人们已有的知识、经验和技能为基础，通过观察、联想、类比、归纳、猜测之后对所研究的事物做出一种比较迅速的直接的综合判断，它不受固定的逻辑约束，以潜逻辑的形式进行。关于数学直觉思维的研究，目前比较统一的看法是认为存在着两种不同的表现形式，即数学直觉和数学灵感。这两者的共同点是它们都能以高度省略、简化和浓缩的方式洞察数学关系，能在一瞬间迅速解决有关数学问题。

数学直觉思维具有个体经验性、突发性、偶然性、果断性、创造性、迅速性、自由性、直观性、自发性、自信力、不可靠性等特点。数学直觉思维的特征重点表现在直观性、创造性、自信力。

直观性：数学直觉思维活动在时间上表现为快速性，即它有时是一刹那完成的；在过程上表现为跳跃性；在形式上表现为简约性，简约美体现了数学的本质。直觉思维是一瞬间的思维火花，是基于长期积累的一种升华，是思维者的灵感和顿悟，是思维过程的高度简化。

创造性：直觉思维基于对研究对象整体上的把握，不专注于对细节的推敲，是思维的大手笔。正是由于思维的无意识性，它的想象才是丰富的、发散的，使人的认知结构向外扩展，因而具有反常规律的独创性。许多重大的发现都基于数学直觉。

自信力：数学直觉思维能力的提高有利于增强学生的自信力。从马斯洛的需要层次来看，它使学生的自我价值得以充分实现，也就是最高层次的需要得以实现，比起其他的物质奖励和情感激励，这种自信更稳定、更持久。如果一个问题不用通过逻辑证明而是通过自己的直觉解决的，那么这种成功带给他的震撼是巨大的，其内心将会产生一种强大的学习钻研动力。

5. 数学猜想思维

猜想是对研究的对象或问题进行观察、实验、分析、比较、联想、类比、归纳等，依据已有的材料和知识做出符合一定的经验与事实的推测性想象的思维形式。猜想是一种合情推理，属于综合程度较高的带有一定直觉性的高级认识过程。对于数学研究或者发现学习来说，猜想方法是一种重要的基本思维方法。

数学猜想是在数学证明之前构想数学命题的思维过程。构想或推测的思维活动的本质是一种创造性的形象特征推理，即猜想的形成是将研究的对象或问题联系已有知识与经验进行形象的分解、选择、加工、改造的整合过程。数学猜想的一些主要形式有类比性猜想、归纳性猜想、探索性猜想、仿造性猜想、审美性猜想等。

类比性猜想是指运用类比方法，通过比较对象或问题的相似性——部分相同或整体类似，得出数学新命题或新方法的猜想。类比猜想的思维方法极其丰富，如形象类比、形式类比、实质类比、特性类比、相似类比、关系类比、方法类比、有限与无限的类比、个别到一般的类比、低维到高维（平面到空间等）的类比等。

归纳性猜想是指运用不完全归纳法，对研究对象或问题从一定数量的个例、特例进行观察、分析，从而得出有关命题的形式、结论或方法的猜想。

探索性猜想是指运用尝试探索法，依据已有知识和经验，对研究的对象或问题做出的逼近结论的方向性或局部性的猜想。也可对数学问题变换条件，或者做出分解，进行逐级猜想。探索性猜想是一种需要按照探索分析的深入程度加以修改而逐步增强其可靠性或合理性的猜想。

仿造性猜想是指由于受到物理学、生物学或其他科学中有关的客观事物、模型或方法的启示，依据它们与数学对象或问题之间的相似性做出的有关数学规律或方法的猜想。

审美性猜想是运用数学美的思想——简单美、对称美、相似美、和谐美、奇异美等，结合已有知识与经验，通过直观想象与审美直觉，或逆向思维与悖向思维对研究的对象或问题所做出的猜想。

6. 数学灵感思维

灵感（或顿悟）是直觉思维的另一种形式，表现为人们对长期探索而未能解决的问题的一种突然性领悟，也就是对问题百思不得其解时的一种茅塞顿开，是显意识与潜意识的忽然接通。其特征为突发性、偶然性、模糊性、非逻辑性等。

突发性是指灵感是在对问题苦思冥想之后，在出其不意的状态下突然发生，灵感出现得迅速，过程短暂。

偶然性是指灵感的出现常常受到偶发信息的启发或者精神状态的调节，事先难以预料。

模糊性是指灵感的闪动是潜意识加工的结果跃入脑际，隐隐约约，稍纵即逝，给出的信息往往带有轮廓性、模糊性。

非逻辑性指灵感思维不受已有理论框架和逻辑规则的束缚，常常表现出创造性。

数学灵感思维分突发式灵感思维和诱发式灵感思维。

（二）数学思维的规律

在数学思维领域，同一律是它的基本规律，也是其必须遵循的一般规律。

同一律指的是思维的认识结果必须要同客观事物同一，也就是人们的理性分析结果要与客观世界同一，反映的是主体与客体的同一关系，也就是在差异的基础上保持同一性。从这个角度来说，运用数学思维得出的结论应该能够反映客观世界中的数量规律，这一点也能从已有的数学结论中体现出来，如化归思想、三角恒等变化、数形中的等价变等，这些都能够体现数学思维对同一规律的遵循。在培养和拓展数学思维的过程中，不仅要真实地反映客观世界中的事物关系，还要禁得起实践的推敲。另外，对于同一种事物的认识也应该保持同一性。在解决数学问题的过程中，也体现着同一性的规律。解决问题的思维过程，本质上是不断变换问题的过程，将问题逐渐转变成需要的形式，以便通过现有的知识解决该问题。其实，整个变换的过程就是数学思维同一性的展现过程。

在变换数学问题的过程中，如果存在差异，此时，数学思维就应该按照思维的相似律解决问题。数学科学是一个整体，各部分之间存在着紧密的联系，虽然数学知识种类繁多，内容千差万别，但使用的逻辑工具是一样的，概念、理论及方法等存在着一定的亲缘关系。另外，不同组成部分之间也存在相似之处。因此，数学思维中求同存异是普遍现象，异中求同及同中辨异也成为解决数学问题的常用过程。例如，解题过程中的一题多变，或是一题多解，以及题型归类等，都遵循了相似规律。这种规律具体体现在联想、类比及化归等方法上。在教学的过程中，教师应该不断引导学生加深对相似因素的认识，加深对相似关系的理解，以使他们深层次地掌握数学科学的内部规律，进而增强数据思维的灵活性和创造性。

现代自然科学把经验的主体延伸至个人，即个体的经验可以通过祖先的经验而直接获得。例如，现在的学生能够直接应用数学公理解决数学问题，不需要证明，这是积累遗传律的直接体现，这种规律也有效推动了数学思维的发展。

（三）大学数学的思维模式

数学思维方式的形成和应用是数学思维的另一个基本过程。大学数学包括多种思维模式，具体如图 4-1 所示。

1. 变换模式

变换模式是通过适当变更问题的表达形式使其由难化易、由繁化简，从而最终解决问题的思维方式。其思维程序如下。

第一，选择适当的变换，等价的或不等价的（加上约束条件），以改变问题的表达形式。

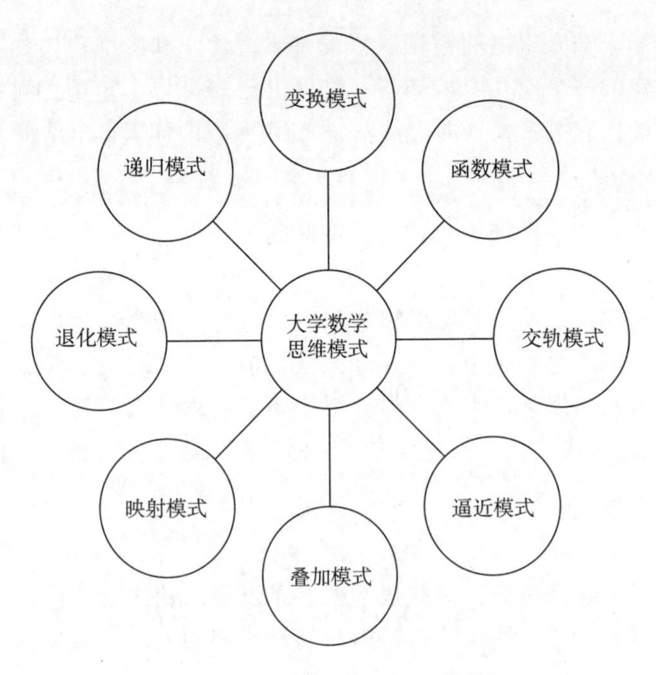

图 4－1　大学数学的思维模式

第二，连续进行有关变换，注意整个过程的可控制性和变换的技巧，直至达到目标状态。

变换模式是变更问题的一种方法。通过适当变更问题的表达，可以使其由难变易，从而解决问题。变换模式具有等价转换和不等价转换两种模式。

所谓的等价变换是指将原问题变为新问题，使两者的答案相同，即两种形式是彼此必要和充分的条件。高等数学求极限方法中的等价无穷小替换、洛必达法则、求积分的换元法、分部积分法都是等价变换。等价变换的特殊形式是一种恒等变换，包括数字和方程的恒等变形。例如，使用泰勒公式来找到极限是恒等变换，线性代数中的求解线性方程组（群）使用方程的通解变形也是等价变换。

非等价变换意味着新问题扩展或限制了原始问题的允许范围。应用一种运算（幂、平方、对数等），形式地套用了某些法则增加和减少了命题的条件，加强或削弱命题的结论等都会导致不等价的结果。例如，在高等数学中，使用对数求导法求导数有时就是不等价变换；求解二阶常系数线性齐次微分方程时，将微分方程转化为代数方程也是不等价变换。

2. 函数模式

函数模式是通过建立函数确定数学关系或解决数学问题的思维方法。它是传达已知和未知元素之间辩证联系的基本方法，其思维程序如下：①把问题归结为确定的一个或几个未知量；②列出已知量与未知量之间按照所给条件必须成立的所有关系式（即函数）；③利用函数的性质得出结果。

3. 交轨模式

交轨模式是一种思维方式，通过将问题的条件分离以形成满足每个条件的未知元素的轨迹（或集合），然后在其上叠加未知元素来解决问题。它与功能模式有一些共同之处，其思维程序如下：①把问题归结为确定一个“点”，一个几何点，或一个解析点，或某个式子的值，或某种量的关系等；②把问题条件分离成几个部分，使每一部分都能确定所求“点”的一个轨迹（或集合）；③用轨迹（或集合）的交确定所求的“点”或未知元素，并由此得出问题的解。

4. 逼近模式

逼近模式是通过接近目标并逐渐连接条件和结论来解决问题的方式。其思考程序如下：①把问题归结为条件与结论之间的因果关系的演绎；②选择适当的方向逐步逼近目标。

逼近模式有正向逼近（顺推演绎法）、逆向逼近（逆求分析法）、双向逼近、无穷逼近（极限法）等。

5. 叠加模式

叠加模式是运用化整为零、以分求和的思想来对问题进行横向分解或纵向分层，并通过逐个击破解决问题的思维方式。其思维程序如下：①把问题归结为若干种并列情形的总和或者插入有关的环节构成一组小问题；②处理各种特殊情形或解决各个小问题，将它们适当组合（叠加）而得到问题的一般解。

上述意义上的叠加是广义的，一般解可以从特殊情况的叠加中得到，或者子问题可以单独解决，并且叠加结果来解决问题。建立小目标的条件和结论之间存在一些中间点。最初的问题被分解为几个子问题，因此前一个问题的解决方案是解决后一个问题并叠加结果以得到最终解决方案的基础，并且可以引入中间或辅助元素来解决问题。

6. 映射模式

映射模式是将问题从本领域（或关系系统）映射到另一个领域，在另一个领域求解后，返回原始域来解决问题的思维方式。它与转换模式基本相同，但转换通常是从数学集到自身的映射。它的思维程序是关系—映射—定映—反演—得解。

较具体的一些映射模式有几何法、复数法、向量法、模拟法等。

7. 退化模式

退化模式是使用联系转化的思想，将问题按某个方向后退到能看清关系或知道解法的地步，然后以退求进以得出问题的结论。其思维程序：①将问题从整体或局部上后退，化为较易解决的简化问题、类比问题或特殊情形、极端情形等，而保持转化回原问题的联系路径；②用解决退化问题或情形的思维方法，经过适当变换以解决原问题。

退化模式有降次法、类比法、特殊化法、极端化法等。

8. 递归模式

递归模式是通过确立序列相邻各项之间的一般关系和初始值来确定通项或整个序列的思维方式。它适用于在自然数集中定义的一类函数，它的应用思维程序：①得出序列的第一项或前几项；②找到一个或几个关系式，使序列的一般项和与它相邻的前若干项联系起来；③利用上面得到的关系式或通过变换求出更为基本的关系式（如等差、等比关系等），递推地求出序列的一般项或所有项。

（四）解决大学数学问题的思维策略

常用的解决数学问题的思维策略有模式识别、变换映射、差异消减、数形结合、进退互用、分合相辅、动静转换、正反沟通、引辅增设、以美启真等。

第一，模式识别是指认识元素之间的关系，建立事物的模式，进而形成思维的模式。模式识别的过程就是把要解决的问题比照以前已经解决过的问题，设法将新问题的分析研究纳入已有的认知结构或模式中来，把陌生的问题通过适当的变更，化归为熟悉的问题加以解决，因此模式识别的策略即是化生为熟的策略。

第二，变换映射。变换是映射的一种常见形式，是数学中某一领域内部的一种映射，是将复杂问题转化为简单问题、较难问题转化为较易问题的精确等价的数学化归。数学中的换元法、代换法、几何变换法、递推法、母函数法，以及解方程中的消元、降次方法等就体现了变换映射策略。

第三，差异消减。差异消减是在解决数学问题时分析问题的条件，整合这些条件以后找出其与结论的差异有哪些，设法逐步消减这些差异以得到结论。其包括从条件出发推出某些关系或性质去逼近结论的顺推法，或由结论去寻找使它成立的充分条件，直至追溯到已知事项的逆求法。将两者有机结合是解决问题的有效和简捷的方法。

第四，数形结合。数形结合是指数（或式）与形之间的相互结合与迁移、转化。其表现形态主要有由形结构迁移至式结构、由式结构迁移至形结构、式结构或部分式结构之间的迁移、形结构或部分形结构之间的迁移。

第五，进退互用。数学归纳、经验归纳、类比、递推、降维、放缩等解题方法就是进退互用策略的应用。

第六，分合相辅。分合相辅是指化一为多、以分求合，即将问题化为较小的易于解决的小问题，再通过相加或合成，使原问题在整体上得到解决；或把求解问题纳入较大的合成问题中寓分于合、以合求分，解决原问题。其主要表现形式为综合与单一的分合、整体与部分的分合、无限与有限的分合等。数学中微积分方法的思想就是思维中的一与多、分与合、有限与无限及离散与连续的辩证关系的体现。

第七，动静转换。动静转换指在处理数学问题时用动的观点来处理静的数量和形态，即以动求静；或用静的方法来处理运动过程和事物，即以静求动。例如，数学中的变换法、局部固定法、几何作图中的轨迹相交法等。

第八，正反沟通。正反沟通指善于利用正向思维和逆向思维。

第九，引辅增设。引辅增设指适当引入辅助参数、辅助函数或增加辅助线（图形）以解决数学问题。

第十，以美启真。以美启真指用美的思想去开启数学真理，用美的方法去发现数学规律、解决数学问题。

二、大学数学方法分析

（一）演绎法与归纳法

1. 演绎法

演绎法是从一般到特殊，从既有的普遍性结论或一般性事理，推导出个别性结论的一种方法。传统的解题方法是直接从命题给出的条件出发，运用概念、公式、定理等进行推理或运算，得出结论，选择正确答案。其优点是由定义根本规律等出发一步步递推，逻辑严密，结论可靠，且能体现事物的特性；缺点是缩小了范围，使根本规律的作用得不到充分的展现。演绎法的基本形式是三段论式，具体如下：①大前提，是已知的一般原理或一般性假设；②小前提，是关于所研究的特殊场合或个别事实的判断，小前提应与大前提有关；③结论，是从一般已知的原理（或假设）推出的，对于特殊场合或个别事实做出的新判断。

演绎推理的逻辑形式对于理性的重要意义在于：它对人的思维保持严密性、一贯性有着不可替代的校正作用。这是因为演绎推理保证推理有效的根据并不在于它的内容，而在于它的形式。演绎推理最典型、最重要的应用通常存在于逻辑和数学证明中。

2. 归纳法

归纳法是从特殊到一般，指的是从许多个别事例中获得一个较具概括性的规则。这种方法主要是对收集到的既有资料加以抽丝剥茧地分析，最后得到一个概括性的结论。其优点是能体现众多事物的根本规律，且能体现事物的共性；缺点是容易犯不完全归纳的错误。

（二）换元法与消元法

1. 换元法

换元法是数学中一个非常重要而且应用十分广泛的解题方法。我们通常把未知数或变数称为元，所谓换元法，就是解数学题时，把某个式子看成一个整体，用一个变量去代替它，从而使问题得到简化。换元的实质是转化，关键是构造元和设元，理论依据是等量代换，目的是变换研究对象，将问题移至新对象的知识背景中去研究，从而使非标准型问题标准化、复杂问题简单化。

2. 消元法

消元法是指消去方程式中未知数的方法，可以用来减少未知数或方程的个数，例如，解线性代数方程组的代入消元法、加减消元法、比较消元法。高斯消元法就是一种加减消元法。

（三）配方法与反证法

1. 配方法

配方就是利用恒等变形的方法，把一个解析式中的某些项配成一个或几个多项式正整数次幂的和的形式。

通过配方解决数学问题的方法叫配方法。其中，用得最多的是配成完全平方式。配方法是数学中一种重要的恒等变形的方法，它的应用十分广泛，在因式分解、化简根式、解方程、证明等式和不等式、求函数的极值和解析式等方面都经常用到此方法。

2. 反证法

反证法是一种论证方式，它是先提出一个与命题的结论相反的假设，然后从这个假设出发，经过正确的推理，得出矛盾，从而否定相反的假设，达到肯定原命题的一种方法。

反设是反证法的基础，为了正确地做出反设，掌握一些常用的互为否定的表述形式是十分必要的，如是/不是，存在/不存在，平行于/不平行于，垂直于/不垂直于，等于/不等于，大（小）于/不大（小）于，都是/不都是，至少有一个/一个也没有，至少有 n 个/至多有（$n-1$）个，至多有一个/至少有两个，唯一/至少有两个，等等。

（四）待定系数法

解数学问题时，若能确定所求的结果具有某种确定的形式，其中含有某些待定的系数，则可根据题设条件列出关于待定系数的等式，解出这些待定系数的值或找到这些待定系数间的某种关系，从而解答数学问题。

待定系数法一般是，设某一多项式的全部或部分系数为未知数，利用两个多项式恒等式同类项系数相等的原理或其他已知条件确定这些系数，从而得到待求的值。

从更广泛的意义上说，待定系数法是将某个解析式的一些常数看作未知数，利用已知条件确定这些未知数，使问题得到解决的方法。求函数的表达式，把一个有理分式分解成几个简单分式的和，求微分方程的级数形式的解等，都可用这种方法。

对于某些数学问题，如果已知所求结果具有某种确定的形式，则可引入一些尚待确定的系数来表示这种结果，通过已知条件建立起给定的算式和结果之间的恒等式，得到以待定系数为元的方程或方程组，解之即得待定的系数。此方法广泛应用于多项式的因式分解、求函数的解析式和曲线的方程等。

（五）图解法

图解法是解选择题的常用方法之一，是一种数形结合的方法，也是一种重要的解题方法。它是根据数学问题的条件和结论之间的内在联系，借助符合题设条件的图形的性质、特点或构造出某种图形，使数量关系和空间形式巧妙结合起来的解题方法，它同时也是一种重要的思维方式。例如，对于只存在两个决策变量的线性规划问题，我们可以用两个决策变量 x_1，x_2 所确定的约束方程组画出可行域从中决定目标函数的最佳点。

（六）构造性方法

所谓构造性方法是指数学中的概念和方法按固定的方式经有限步骤能够进行定义或得以实施，或给出一个行之有效的过程使之经有限步骤将结果确定地构造出来的方法[①]。从数学产生的那天起，数学中的构造性方法就产生

① 傅海伦，构造性的思维方式与数学机械化 [J]，大自然探索，1998，17 (1)：119－122.

了。但是构造性方法这个术语的提出，以至把这个方法推向极端，并致力于这个方法的研究，与数学基础的直觉派有关。直觉派出于对数学的“可信性”的考虑，提出一个著名的口号：存在必须是被构造。这就是构造主义。

在数学解题过程中，我们常规的做法是采用从条件到结论的定向思考方法。然而，对于有些问题，用这种方法来探寻解题途径往往会有相当大的困难，甚至无从下手。此时，我们通常会改变思维方向，变换一个角度来进行思考，通过对条件和结论的分析，构造辅助元素，辅助元素可以是一个图形、一个方程（组）、一个等式、一个函数、一个等价命题等，架起一座连接条件和结论的桥梁，探寻出一条绕过障碍的新途径，从而使问题得以解决，这种解题的数学方法就是构造性方法。运用构造性方法解题，可以使代数、几何等各种数学知识互相渗透，有利于问题的解决。

（七）验证法与筛选法

由题设找出合适的验证条件，再通过验证，找出正确答案，亦可将供选择的答案代入条件中去验证，找出正确答案，此法称为验证法（也称代入法）。当遇到定量命题时，常用此法。

筛选法又称筛法。如求不超过 n 的全部质数的具体做法：先把 n 个自然数按次序排列起来，1 不是质数，也不是合数，要划去；2 是质数留下来，把 2 后面所有能被 2 整除的数都划去；2 后面第一个没划去的数是 3，把 3 留下，再把 3 后面所有能被 3 整除的数都划去；3 后面第一个没划去的数是 5，把 5 留下，再把 5 后面所有能被 5 整除的数都划去；这样一直做下去，就会把不超过 n 的全部合数都筛掉，留下的就是不超过 n 的全部质数。因为古希腊人把数写在涂蜡的板上，每划去一个数时，就在上面记一个小点，寻求质数的工作完毕后，这许多小点就像一个筛子，所以就把这种方法叫埃拉托斯特尼筛，简称筛法。

第五章　大学数学教学与能力培养探析

第一节　大学数学教学与数学能力培养

一、大学数学教学能力培养

“提高大学数学教学水平对深化教学改革、全面提升高校教学质量具有重要的意义”①，大学数学教师应该充分认识自身特点，在工作中不断学习、总结和完善。大学数学教学能力的培养可以从以下几个方面着手。

第一，思想上高度重视，明确责任。思想是行动的指挥棒，有崇高的职业道德、认真的教学态度，才能敬岗爱业，为人师表，赢得学生的尊重和信任，并取得良好的教学效果。青年数学教师应该以先进的教育理念武装头脑，弄清楚现代数学的本质，理解大学数学课程的价值，明确自己肩负的责任，更好地服务高教事业。

第二，深入钻研教材，注重教法的灵活应用。课堂是教学的前沿阵地，是学生学习知识、接受熏陶的最直接有效的平台。数学教师要认真钻研教材。只有准确把握教材的系统性、逻辑性，才能制订单元课时教学计划，明确重点和难点，从而使教学的指向性更明确、具体；只有吃透教材，才能高屋建瓴，深入浅出，做到巧妙启发，准确点拨，及时引导学生。另外，采用行之有效的教学方法。教学方法是实现教学目标的“船”或“桥”，有讲授法、引导发现法、讨论法、自学辅导法等。哪一节用“船”好，哪一节用“桥”好，这要根据教学目标、教材内容及学生的实际等因素来确定。只有积极探究并灵活运用切实可行的教学方法，才能取得较好的课堂教学效果，进而提高教

---

① 魏剑英．浅谈青年教师大学数学教学能力的提高［J］．牡丹江大学学报，2010，19（7）：160.

学质量。

第三，提高讲课的艺术性，让学生爱听自己的课。要上好课，就得讲究讲课的艺术。一个优秀的数学教师，上讲台后用不了多少话就能吸引学生，这就是基本功，就是艺术。首先，教师要有良好的精神面貌。只要站在了讲台上，就应该精神焕发，以情动人，引起学生的共鸣。其次，教师要注意自己的板书、语言和着装。板书尽量工整美观、条理清晰、布局合理，这样可以有效帮助学生加深理解和记忆。在语言上，声音洪亮，保证每个学生都听得见；讲话干脆，层次分明，引人入胜；语言生动，不时用一些风趣诙谐的语言吸引学生的注意力。另外，着装方面也要注意，尽量端庄、大方、低调、富有一定亲和力同时兼具理性特征。最后，善于展示数学的魅力，激发学生学习数学的兴趣。兴趣永远是最好的老师，数学类课程更是如此，因为数学类课程是大量符号和术语的组合，非常抽象。如果教师懂得在课堂教学时适当添加“调味剂”，一定可以让学生感受到数学的魅力，从而有兴趣学习数学。

第四，在备课、习题课、批改作业上多下功夫。要讲好数学课必须潜心备课。备课分平时备课和课前备课。平时备课就是平时关注相关学科的发展，多看些参考书和文献资料，做好知识的储备，以供课前备课使用。课前备课是根据教学计划，在课前对课时所授内容做好准备。授课内容要以教材为基础，但不要照本宣科，根据学生和教学内容的实际情况选择合适的教法，精心组织课堂教学。例如，习题课是课堂教学的继续和补充，尤其对大学低年级学生而言，习题课更是一种行之有效的教学手段和不可缺少的教学环节。教师对于习题的选择和处理应该遵循有针对性且少而精的原则，既要体现概念和知识点，又要灵活，有一定的方法和技巧，最好还能尽可能地联系实际。此外，大学数学课区别于其他课程的一个特点就是作业多，甚至每节课都有作业。因此，批改作业成了教师了解学生学习态度、检查学生学习情况的最直接、有效的途径，也是促进学生自我纠正和提高的手段。作业批改得越及时越认真，教师从中获取的有效信息就越多。青年数学教师为此要多下功夫，以此辅助课堂教学。

第五，多学习、多交流。教师要向经验丰富，或有独特教学风格的优秀教师学习，多听他们的课和意见，学习并借鉴他们的教学经验和技巧；与同学科组的老师多交流，共同探讨和处理数学教学过程中出现的问题；和学生多交流，了解学生的思想态度和学习情况，及时调整授课进度和方法。加强沟通对大学数学教师及时发现和弥补自身在教学中的不足、提高其教学能力有很大帮助。

第六，教学、科研同步提高。教师只有经常进行科学研究，才能从平凡的司空见惯的事物中看到新的方向、新的特征、新的细节。只有那些勇于探索、善于将教学与科研相结合、在教学中搞科研、以科研促教学的教师，才能有完备的知识和新颖的教学理念。数学教师应养成理论学习和实践反思相结合的习惯，增强科研意识，使教学和科研紧密结合，从而促进教学质量的提高。

二、大学生数学能力的培养

数学具有鲜明的学科特点，教师应充分利用这些特点，在大学数学教学中重视学生抽象思维与逻辑推理、分析问题与解决问题、自主学习、归纳、总结等能力的培养，为学生未来的发展奠定坚实的基础。

（一）抽象思维与逻辑推理能力培养

高度的抽象性和严密的逻辑性是数学课程的显著特点，初次接触高等数学和线性代数课程的大一新生在学习中难免会遇到困难，需要教师积极良好的引导。“抽象思维和逻辑推理能力是学生今后从事更高层次科学研究的重要基础，也是现代大学生应该具备的基本数学素养。将直观具体的事物或现象提升为一般抽象的普遍规律，再将其应用于具体问题，是人类认识世界和改造世界的重要手段，而严密的逻辑推理也是学生正确分析问题和解决问题的重要保证。教师应该充分利用数学课程的特点，培养好学生的这种能力”①。抽象思维与逻辑推理能力培养，需要大学数学教师在教学过程中循序渐进地启发引导，如在讲解基本概念和重要定理时，借助直观的几何图形和物理现象，这不仅对学生理解概念和定理的论证有所帮助，还是培养学生洞察问题本质、提升抽象能力的重要手段。

（二）分析问题与解决问题的能力培养

大学数学课程的教学目的是让学生在掌握数学知识的同时，学会用数学方法去分析和解决实际问题。抛开实际问题单纯讲授数学知识，无法调动学生的学习积极性，更不能提高学生的能力。数学教师在传授知识的同时，要讲清知识的来龙去脉，带领学生重走发现之路，引导学生站在数学家的角度去思考问题。例如，在利用极限讲授导数和积分的概念时，要讲清其本质是促进变与不变、近似与精确的相互转化。学生领悟到这一点，就不难运用极

---

① 魏连鑫．大学数学教学应重视学生四种能力的培养［J］．上海理工大学学报（社会科学版），2021，43（1）：82.

限思想去解决瞬时速度和曲边梯形面积等问题。再如，概率论中对正态分布的讲解，可以从高斯对测量误差的研究引入，结合学生的专业特点，通过分析各种误差或偏差的产生来说明正态分布的特点，指出如果一个随机变量受到大量相互独立的随机因素的共同影响，而每个因素在总影响中所起的作用均不大，则这种随机变量往往服从或近似服从正态分布。而对于正态分布更深一层的理解，则放在中心极限定理的讨论中。这就为学生揭示了正态分布产生的源泉，使学生认识到正态分布在生产、生活中是极为常见的，很多自然群体的经验频率均呈现出钟形曲线。通过理解这些，最终达到让学生正确分析问题并利用正态分布解决实际问题的目的。

（三）自主学习能力培养

自主学习能力是大学生持续进步和提高自身能力的重要素质，大学数学教师的任务不仅是教会学生数学知识，更重要的是教会学生如何学习数学知识。随着大学教学的深入，教师在课堂上更多的是起到引导和示范作用，在将基本概念、课程定位、主要内容和学习方法等传递给学生以后，应该积极引导学生进行独立拓展学习。为了培养大学生的自主学习能力，教师可在教学中适当布置一些任务，引导学生课后通过阅读书籍和文献自主完成任务，逐步提高学习积极性，培养自主学习和解决问题的能力。例如，在线性代数的教学中，学生很难理解行列式和线性变换这样抽象的概念，教师可以启发学生思考其与空间解析几何的联系，并自主查阅文献和参考书来说明行列式和线性变换的几何意义。再如，学生往往对线性代数中复杂的运算望而生畏，对自己的计算结果产生怀疑，教师可以鼓励学生课后自学 Excel、Mathematic 等软件，在独立完成作业后借助这些软件来检查自己的计算结果是否正确，这样既提高了学生的学习积极性和自觉性，又锻炼了其自主学习能力。

（四）归纳、总结能力培养

归纳、总结是大学生学习数学的重要方法，数学教师应在数学教学中重视学生这方面能力的培养。在大学数学教学中，教师应在每一章节结束后做出小结，对不同知识点之间的联系也要进行归纳总结。线性代数具有概念和定理繁多且高度抽象的特点，不同章节的概念和定理往往存在紧密的联系，但不易被学生发现。教师在教学中应注意引导学生进行归纳和比较。例如，向量组的极大无关组、齐次方程组的基础解系、向量空间的基这三个重要概念，虽然出现在不同章节，但它们的本质相同：①线性无关，表明在线性运算下无冗余，不能互相表示，缺一不可；②其余向量均可由其线性表示，表明无缺失，具有代表性，是其中的“骨干”。三个概念对应向量组、方程组和向量空间三个不同对象，但其本质都是描述和揭示对象的线性结构。基础解系即方程组解空间的基，向量空间的基即几何中坐标系的抽象，这易使学生理解几何中为什么用两个坐标轴描述平面，用三个坐标轴描述空间。这就将不同概念通过相同的本质联系起来，以统一的观点来描述它们的实质。这样的归纳、总结可以帮助学生深入理解抽象的概念，同时启发学生探究不同概念和结论之间的联系，培养归纳、总结的能力。

第二节　大学生数学创新能力培养

一、大学生创新能力的培养

（一）大学生创新精神能力的培养

创新精神是指要具有能够综合运用已有的知识、信息、技能和方法，提出新方法、新观点的思维能力和进行发明创造、改革、革新的意志、信心、勇气和智慧[①]。具体而言，创新精神的内涵包含四个方面。第一，推陈出新精神。创新精神是一种勇于去除旧思想、旧事物，创立新思想、新事物的精神。第二，科学精神。创新精神是科学精神的一个方面。第三，开拓精神。开拓就是进行探索。创新的方法并没有一个标准的答案和固定的模式，每一种创新都是在摸索中前进的。开拓精神是一种不断进取的精神，是创新主体的不断完善和追求，即使已经取得了一定的成绩，也要继续努力，设定更高的目标，不断突破自己。开拓精神是一种激励，激励创新主体走出现有的圈子，积极地投入新的创新中，以更加积极的态度去开拓新的世界。第四，冒险精神。冒险精神是一种勇敢精神，是不怕困难和失败、勇于追求的精神。创新者应当在失败中寻找成功的契机，不怕承担失败的后果，敢于冒险，敢于向困难发起挑战。

（二）大学生创新意识能力的培养

创新意识是人们根据社会发展和个人生活的需求思考、果断地为新事物而奋斗、发展新的思想和方法、解决新的问题、创造新事物的意识。它对一个人创造力的形成起着非常重要的作用。创新意识是主动认识出现在人们头

---

① 秦静，周东生，赵宏伟，等．立体化软件工程专业课思政教育案例设计与实施［J］．大连大学学报，2022，43（2）：113－118.

脑中的一种主动研究解决问题的思维。这是人类创造性活动的出发点和内在动力，是创造性思维和创造力的前提，也是形成创新潜力的基础。正如马斯洛所说："创造性首先强调的是人格，而不是成就。自我实现的创造性强调的是性格上的品质，如大胆、勇敢、自由、自主性、明晰、整合、自我认可和一切能够塑造这种个性的普遍化特征，或者说强调的是创造性的态度和有创造性的人。"① 换言之，创新最重要的不是结果，而是要有强烈的进取精神和勇于探索新事物的思维意识。

大学生创新意识能力的培养主要从以下五个方面着手，如图 5－1 所示。

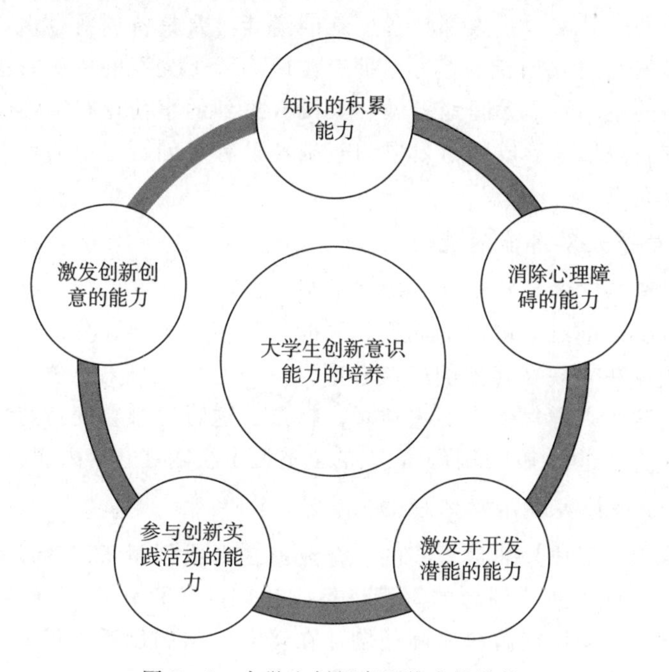

图 5－1　大学生创新意识能力的培养

1. 知识的积累能力

知识的积累是创新意识形成的前提。要想培养学生的创新意识，首先要增加其求知欲，使其有求知的目的感。因为"学而创、创而学"是创新的主要方式。只有不断学习新知识，才能在自主创新创业过程中发挥主导作用。创新知识的积累需要创新地学习技能。创新学习是接受、优化和塑造知识的过程，其核心是为知识增值。因此，要开发创新潜能，首先要重视创新学习

---

① 马斯洛．存在心理学探索［M］．李文湉，译．昆明：云南人民出版社，1987.

技能的培养。创新学习能力是获得继承和重构知识的能力。通过创新实践，包括写作、艺术创作、技术进步、工艺、方法、工业产品等，新的想法和设计被转化为真正的产品。只有掌握创新的基础知识和基本技能，并遵循创造性规律，了解科技发展和知识更新的动态，形成较强的学习能力和思维能力，才能萌生创新意识[①]。创新离不开知识的积累，尤其是技术创新，更需要创业中的大学生在生活和工作中重视知识的学习与积累。

2. 消除心理障碍的能力

谈及创新，有的创业者有一种天生的抵触和恐惧，认为创新是神秘、可望而不可即的。其实，人人都具备创新的潜能，要具备创新意识，首先需要消除心理障碍，树立创新的信心，拥有“敢为天下先”的勇气。这就需要创业者有创新的主动性，大胆地去做别人没有想到的事情，有很强的创新精神和勇气。创新意识是形成创新习惯的基础，只有有创新意识的企业家才能灵活地识别创新点。

3. 激发并开发潜能的能力

创新需要一定的敏感性，通过仔细观察、研究、反思，可以有更多的思路火花来解决以前难以解决的问题。同时，创新也需要强烈的好奇心，人们探索的欲望往往表现在强烈的好奇心中。好奇心使人们对某物、某事、某人充满兴趣，这些兴趣促使人们去质疑、探索。这时思维会变得特别活跃，人的潜能会在这个过程中得到释放，人的创造性也会随之空前高涨。

4. 参与创新实践活动的能力

创新意识的形成是非常重要的，企业家在形成创新意识的过程中，应形成科学的创新观，厘清创新的真谛，不应让创新仅仅作为一种琐碎的创新、一种新的创举，而不能解决实际问题。在培养科学的创新意识的过程中，大学生创业者应该积极参与创新实践活动，创新实践活动可以是创新创业培训，也可以是创新创业比赛，可以是理论性的，也可以是操作性的。人们的生活中有很多事情要经历，有时我们已经接近创新的门槛，但还没有发现创新的机会。作为一名学生，必须学会复习、反思、怀疑，学会用已有的知识进行创新和实践。

5. 激发创新创意的能力

创新是企业成功的核心与关键，是企业获得最大收益的廉价方法。创新

---

① 吴帅锋．新世纪大学生创新教育［J］．湘潭师范学院学报（社会科学版），2004（3）：144－147.

思维是一种具有开创意义的思维活动，即开辟人类认识新领域。它往往表现为发明新技术、形成新观念、提出新方案和决策、创建新理论，可以通过以下三个步骤来获得并激发创意，激发创新创意的能力的方法如图5-2所示。

（1）记录疑问

企业主要提供满足人们生存和发展需要的产品或服务。思考如何创业，了解人们日常生活中的问题或需要，可以为后续发展提供服务。

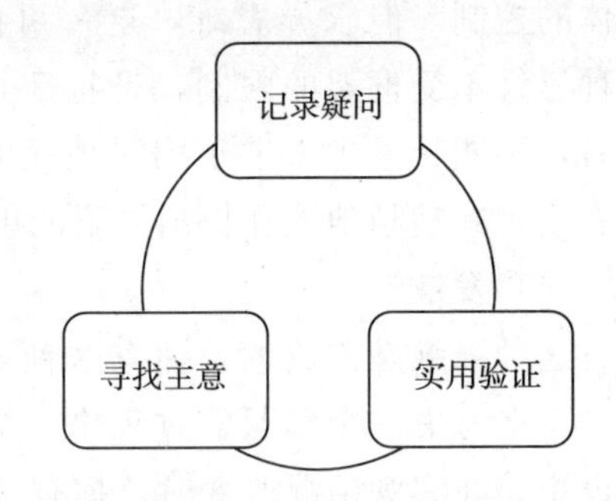

图5-2 激发创新创意的能力的方法

（2）寻找主意

好主意能解决问题，帮助他人，使生活轻松，改进环境，有助于公司运作。寻找主意可以培养对人、环境、事物的好奇心，扩大自己的生活面，如参观当地工厂、特色商店、图书馆、其他城市等；与不同专业、不同地方、不同生活方式的人交谈，能帮助创业者打开思路，捕捉到好的点子。另外，捕捉到点子后，要把它们写下来，以防遗忘。

（3）实用验证

实用验证主要是为了落实所收到的意见。事实上，大部分的创造性努力都是在前一个阶段进行的，但还需要更多的研究来给生活带来新的想法。这是从观念到创新、实践的重要一步，验证方法包括理论和实践两个步骤。理论推理和科学程序的实践基础是将思想转化为具体行动，通过实验产生实际结果。

（三）大学生创新思维能力的培养

1. 创新思维的特性

（1）独立性

表现为个性的思维，能够以怀疑的态度看待人们认为完美无缺或司空见惯的事物。打破陈规，拥有与传统和习惯站反对面的勇气，也能够主动否定自己，破除自身的框架。

（2）灵感性

创新思维与常规思维不同，是一种无先兆性的思维。创新思维产生于常规思维，它是一种瞬间从常规思维中跳跃出来的思维。通常是瞬间出现的一种新想法或方法，它并非产生于逻辑。下面是创新思维的两种产生情况：一种是在集中长期思考某一问题时突然出现的，另一种是在大脑极度放松且思维发散的状态下突然闪现的。

（3）求异性

创新思维拥有求异性。虽然有一定灵感成分存在于创新思维之中，不受主体的控制，但求异思维，这一可控的特征在创新思维的过程中明显存在，这种思维不受框架的限制，是特殊且标新立异的。教师在培养学生的这一特征时，不能让学生太过于拘泥现成的答案，要让他们在学习的过程中持怀疑的态度，有超越他人和提出异议的勇气。

（4）发散性

这种思维是开放的，拥有这种思维的人，能够在考虑问题时从各种角度出发。在考虑一个问题的过程中，拥有这种思维的人能够提出多样化的方案和设想。在客观情况改变时，拥有这种思维的人也能够灵活变换思路和思维。在问题解决的过程中，拥有这种思维的人能够细心寻找最优的方案，使问题得到最好的解决。教育者在对学生的创新思维进行培养时，要重视对学生思维的开发，让学生的思维不受固定模式的束缚，这是培养学生创新思维的重中之重。

（5）联想性

创新思维的实现存在于丰富的事物联想过程中。人们在发散思维的基础之上能够以事物之间的客观联系为前提，发散思维；可以通过各种联想的形式开展创新思维活动，如相似、对比、自由和因果联想等。教师在培养学生创新思维的过程中，需要努力发挥学生的想象力。

（6）综合性

拥有这种思维的人能够对前人智慧中的精华进行提取，通过与自身的结合来获得新的成果。拥有这种思维的人能够综合大量的材料、事实和概念，并对其进行整理与概括，进而使科学的体系与概念得以形成。拥有这种思维的人能够分析并把握所有材料的特点，并从中总结出相应的规律。

2. 创新思维形成机理

（1）逻辑与直觉思维的统一辩证之下获得创新思维。人们在领悟某件事物的本质并在此时脱离某种固定逻辑规则束缚的跃进性思维就是直觉思维。直觉与创新动机紧密联系，同时也与寻求创新思维的过程相联系，是创新者劳动所带来的结果。创新教育要想对人的创新思维形式进行培养，必须进行大量的思维训练。直觉思维包含理性与感性思维，这种思维是飞跃性和渐进性的。通常来说，创新思维的飞跃体现在个别事物走向一般原理的过程中。而感性的认识是逻辑思维的基础，以间接的方式，通过推理、判断等方式概括反应客观世界的过程是最基本的科学思维类型。其包含两种形态，分别为辩证逻辑和形式逻辑思维。二者分别是思维发展的高级阶段和初级阶段。

直觉与逻辑都有自身的作用，因此各种思维的形式和方式在综合与交叉的过程中形成了人类的思维过程。简化和压缩逻辑的过程就是直觉的实质，同时，这一过程也通过跳跃的方式对思维进行了简化。创新者取得直觉成果之后，还要加工整理自身的思维。只有辩证统一并综合地应用了逻辑和非逻辑的方法，才能够建成完整且科学创新的创造性思维方法。

（2）创新思维是优化综合了发散与收敛思维的一种思维。发散思维是指在解决问题时，以已有的信息为中心向各个方向思考，并从中找寻解决问题的方式和问题的答案。拥有较强发散思维的学生，能够在短时间内产生多样的想法或概念，拥有灵敏且畅通的思维活动。他们能在有限时间内设定各种问题解决方案，能够在客观情况发生变化时，对自己的思考方式进行灵活的修改和调整。因此，教师不仅要培养学生的思维速度，让他们能够将许多的概念于短时间内迸发，发现更多的问题解决的可能性，还要对学生的思路跳跃进行培养，让他们能够灵活进行意境的转换和方法的转换，在考虑问题时，可以多层次、多角度且多方位。收敛思维以发散思维的事实为基础，通过比较和分析将可能正确的方案挖掘出来，然后将最可能实施的方案找出并进行检验。

在思维方式方面，创新思维的特征是优化、综合、统一了发散和收敛思维。发散与收敛思维二者相辅相成，互为前提。发散思维可以多层次、多角度获取方案，但在选择优化方案的过程中，需要对各种方案进行综合比较分析。通常来说，思维发散的过程就是解决问题的过程，也就是尽最大努力在不同角度对问题的解决方案和途径进行寻求。如果思维的发散程度已经到达了一定水平，就需要对思维的策略进行及时改变，即转变为收敛思维。科学创造的创造性成果的获取存在于“问题、发散思维、收敛思维”的思维过程之后。创新思维是一种优化综合的思维方式，结合了发散与收敛两种思维。

3. 创新思维的培养策略

（1）突破创新思维的障碍

随着成长人的思维会出现很多障碍。能否突破这些思维障碍是关系创新思维能否发展的重要方式。创新思维障碍具体如下。

第一，过于依赖习惯。过于依赖习惯，有碍于状态的改变，有碍于问题的解决。我们可以把工作分为两类：非创新性工作和创新性工作。有潜力的人会致力于解决新的和不断变化的情况与问题，依赖习惯的人却很难考虑其他的选择，很难应对这些创新挑战。所以，我们应该让思维冲破习惯，以非习惯的方式去理解事物，让创新成为习惯。

第二，思维定式。思维定式是心理活动的一种准备状态，是过去思维对当前思维的影响。思维定式对人们平时思考问题有很多好处，可以省去探索步骤，缩短思考时间，提高行动效率。思维定式对问题解决既有积极的一面，又有消极的一面，它容易使人们养成一种机械、千篇一律的解题习惯。当新、旧问题形似质异时，思维定式往往会使解题者步入误区。当一个问题的条件发生质的变化时，思维定式会使解题者墨守成规，难以涌出新思维，做出新决策，造成知识和经验的负迁移。

当一个新问题起主导作用时，解决老问题所产生的思维定式往往会阻碍新问题的解决。从大脑皮层在思维过程中的活动来看，固定的效果是一种习惯性的神经联系，即如果思维领域的两种活动是同质的，那么前次的思维活动就可以作为后续思维活动的正确引导；如果思维领域的两种活动是异质的，那么前次的思维活动会对后续思维活动造成错误的引导。

第三，恐惧失败、害怕批评。恐惧失败、害怕批评也是常见的思维障碍，因为恐惧会阻碍创新思维。

（2）创新思维的训练

① 发散思维的训练。

第一，发挥想象力。要善于从学习和生活中捕捉能激发创造欲望、为自身提供一个能充分发挥想象力的空间与契机，让自身也有机会“异想天开”，心驰神往。奇思妙想是产生创造力的不竭源泉，在寻求“唯一正确答案”的影响下，学生往往是受教育越多，思维越单一，想象力也越有限。这就要求教师要充分挖掘教材的潜在因素，在课堂上启发学生，展开丰富合理的想象，对作品进行再创造。

第二，淡化标准答案，鼓励多向思维。学习知识要不唯书、不唯上、不轻信他人。应让学生提出与教材、教师不同的见解，鼓励学生敢于和同学、教师争辩。单向思维大多是低水平的发散，多向思维才是高质量的思维。

第三，打破常规、弱化思维定式是培养学生创造力的前提。思维定式使我们能够轻松、友好和成功地解决熟悉的问题，但当需要创新时，思维定式就成了“思维陷阱”，阻碍了新知识的发展，也阻碍了新思维、新方法的形成。因此，思维定式和创新教育相互矛盾。“创”与“造”有着千丝万缕的联系，“创”是打破常规，“造”就是在此基础上创造有价值的东西。

第四，大胆质疑。质疑能力的培养对启发学生的思维发展和创新意识具有重要作用。质疑常常是培养创新思维的突破口，真理是绝对的，也是相对的，怀疑可以把机械记忆变成理解记忆，享受学习和创造。反省是一种冷静地对自我行为进行反思的行为，是对自己原有思想和结论的批判性态度，是对过程的不断改进，它其实是良好的自我教育、学习创新思维的重要途径。

第五，学会反向思维。反向思维也叫逆向思维，旨在朝着相反的方向思考，即不了解正在发生的事情，从而开发出一个通用的、过度扩展的解决方案。反向思维是不被旧的思维方式所束缚，积极主动地探索、打破常规思维的思维。另外，反向思维不会只看眼前，也不会完全遵从传统看法，但是要注意的是反向思维并不违背生活实际。

② 聚合思维的训练。

在应用聚合思维方法时，一般要注意以下三个步骤。

第一，收集相关信息。为了得出正确的结论，需要采用不同的方法和手段收集和储存与事故目标有关的信息，而更广泛地获取信息是采取综合办法的先决条件。

第二，清理、分析并选择可用信息。这是集体思考的关键一步。在对收集到的信息进行分析的基础上，区分其与事故目的的相关性，以保存敏感信息，排除无关或不相关的信息。一旦组织和选择了相关信息，就必须对其进行抽象、比较和概括，以确定其共同特征和关键方面。

第三，客观地、实事求是地得出科学结论，获得思维目标。聚合思维的特点是同一性、程序性和比较性。同一性意味着对同质性的追求；程序性是指在解决问题的过程中，要按规定解决问题，即先按严格的程序办什么，再按程序办什么；比较性是指在比较的过程中，为各种问题找到一种更有效的方法、方案、衡量标准。

③ 灵感思维的训练。

引发灵感常用的一般方法就是愿用脑、会用脑、多用脑，也就是遵循引发灵感的客观规律，科学地用脑。以下分别探讨会用脑和多用脑。

第一，会用脑。任何知道如何激发和发展创造性知识的人都能很好地利用大脑，他们的特点在于更喜欢独立思考，并且经常问一些为什么和做什么的问题。

第二，多用脑。为了促进灵感的产生，我们需要更多地使用大脑，因为人们的认知技能都是在使用大脑的过程中训练出来的。“多功能大脑”并不意味着大脑可以不间断地连续使用，而是要充分利用人脑的创新潜能。由此可见，科学用脑是开发大脑创造潜能、引发灵感、形成创造性认识的最一般、最普遍适用的方法。引发灵感时常用的基本方法如下。

观察分析。在科技创新过程中，始终离不开观察和分析。观察不是一种普遍的观点，而是一种选择性的方法，可以一步一步地观察和修正有意的、深思熟虑的和可以理解的事物。通过深入观察，我们可以在一般现象中发现不寻常的东西，在其他看似无关的现象中发现相似之处。另外，在观察的基础上进行分析，才能获得灵感，形成创新思维。

启发联想。新知识是在现有知识的基础上发展起来的。旧与新、已知与未知之间的联系是获得新知识的关键。因此，要创新就必须先联想，通过联想，我们可以获得启发、灵感，形成创造性的理解。

实践激发。实践是创意和灵感产生的基础，实践激发不仅包括对现实实践的激发，还包括对过去实践经验的升华。各种科技进步离不开实践的激发。在实践中，解决问题的紧迫性促使人们积极思考问题、学习研究。科学研究的逻辑起点就是问题。因此，在实践中思考、提出和解决问题，是唤醒灵感的好方法。

激情冲动。激情可以调动全身的巨大潜力，创造性地解决问题。激情能增加注意力、丰富想象力、提高记忆力、加深理解，使人产生强烈的、不可抗拒的创作冲动，自动地按照客观事物的规律行事。这种自动化是建立在准备过程中反复研究的基础上的，换言之，激情和冲动也能带来灵感。

判断推理。判断与推理有着密切的联系，说明推理在于判断，判断的形成依赖于推理。推理是在现有判断的基础上获得新判断的过程。因此，在科技创新活动中，对新发现或产生的材料的判断也是唤醒灵感的方式。

④ 直觉思维的训练。

直觉是一种不可言说的感觉，有人称之为第六感，直觉思维能力的增强可以从以下几个方面进行。

第一，获取广博的知识和丰富的生活经验。直觉建立在人们所拥有的知识和经验的基础上。从某种意义上说，获得广博的知识和丰富的生活经验是增强直觉的基础。

第二，学会倾听直觉的呼声。直觉思维凭的是“直接的感觉”，但又不是感性认识，人们平常说的“跟着感觉走”，其中除去表面的成分以外，剩下的就是直觉的因素。直觉需要创业者去细心体会、领悟，去了解它的信息。当直觉出现时，不必迟疑，更不能压抑，要顺其自然，做出判断，得出结论。

第三，培养敏锐的观察力和洞察力。直觉与人们的观察和视角密切相关，对于那些观察敏锐的人，他们的直觉有较高的发生概率，更强烈的效果直接影响事物的本质。因此，我们必须自觉地培养和提高观察能力。

第四，真诚、客观地对待直觉。直觉是建立在人们已有知识和经验基础上的“直接感觉”，它往往受到客观环境和个人情感的干扰。当一个人受到某些情绪的干扰，如怀疑、抱怨、愤怒等，其直觉判断可能会失去客观性。因此，我们必须真诚对待直觉，努力消除直觉产生过程中的各种影响和干扰，在直觉出现后冷静地审视直觉的客观性。

二、大学生数学创新能力的培养

创新是国家兴旺发达的动力，大学生是否拥有创新能力将直接影响综合国力的发展。作为基础学科的数学不仅对促进自然科学领域的发展具有重要作用，还在社会科学各领域中发挥着重要的作用。因此，大学数学教学中要注意加强学生创新能力培养①，具体可以从以下几个方面着手。

第一，积极尝试更新数学教学内容，将一些比较先进的教学研究成果融入数学教学过程中，用先进的数学知识激发学生的数学创新意识，从而培养学生的数学创新能力。教师可以将新的科研成果引入学生数学学习中，突出知识在实际中的应用，让学生明白数学的用处。在数学分析、高等数学和微积分的教学过程中，教师一方面应该保持数学基本知识的严谨性，另一方面要注重根据学生特点因材施教，要花时间与精力介绍一些具体的实际应用背景以及与之相关的研究成果，强调整个课程体系建立的重要性，这样才能培养学生良好的数学素养。此外，教师还可以根据教育教学理论对数学教学内容进行加工，制作材料丰富的课件，确保课件成为培养学生创新能力的重要途径。

第二，充分利用数学基础课精品课程的网络平台，激发学生探究数学的动力，从而培养学生数学创新能力。教师可以建立关于数学基础课程的教学网站，通过网站解答学生提出的一些问题，同时也可拓展一些数学专业背景方面的知识，学生可以与老师网上交流或者对课程学习提出要求。建立网站能对数学教学起到辅助作用，同时也对满足学生差异化的学习需求起到一定作用；通过网站可以形成一个较好的动态的教学反馈机制，师生双方能够很好地通过该网站交流，不仅能提高教学效率和效果，也可以及时地将学生的一些创新思维和灵感传达给教师。

第三，合理运用多媒体辅助教学手段，大力发展数学第二课堂。运用多媒体辅助教学，可以让数学课堂更加丰富多彩，更好地引导学生进行数学知识的探索与创新。数学教师制作教学课件时，注意选材要恰当，知识不要太

---

① 刘炎，张学奇．大学数学教学中加强学生创新能力培养的研究［J］．当代教育理论与实践，2018，10（2）：27.

多，要注重实效，课件只是辅助教学，绝不能用课件来代替教学。此外，学生数学创新能力的培养，还可以通过开展数学学习第二课堂的方式来进行。大力发展数学第二课堂的主要方式包括成立不同的数学学习兴趣小组，每个小组配备相应的指导教师，根据学生的兴趣与目标进行相关知识的拓展。同时可以开展一些相关的数学软件使用培训，如数学竞赛培训等，满足不同学生对数学学习的需求，这样能使学生更深入了解数学，提高学习数学的兴趣，增加学习的积极性，从而更好地培养数学创新能力。同时，通过第二课堂开展一些活动，也可以吸收一些优秀学生，鼓励优秀学生开展科研创新活动。

第四，改革评价机制和方式，增加对创新能力的测验。数学教学需要改革学生的考试方式，加大数学基础知识的应用和创新题目的分量，将传统的考知识变为考综合应用能力，增大开放题的比重，变闭卷测试方式为闭卷与开卷、报告与小论文相结合的方式。此外，在百分制的测验中可以拿出 10 分作为学生创新能力的成绩，如发现或者提出一个问题，或者用新颖的方法解决一个旧的问题甚至习题等，都可以加分，数学教学需要不断探索有益于培养学生创新能力的评价体系。

三、基于创新能力培养的数学建模的教学体系

（一）组织学生参加数学建模竞赛

当学生对数学建模知识有了一定储备之后，便可以鼓励他们积极参与数学建模比赛，在比赛中不断提升自己的创新能力、实践能力和建模能力。一般来说，为了不断提升学生参加“高教社杯全国大学生数学建模竞赛”的信心，会安排参赛的学生以三人为一组开展模拟训练，对竞赛的整个过程和建模论文的写作进行训练。同时，让他们有选择地参加“苏北杯”“电工杯”“深圳杯”“认证杯”等比赛，在比赛中锻炼自己，让他们的创新能力不断得到提升。

（二）组织学生开展赛题的后续研究

学生参加完数学建模竞赛之后，学校要让学生对自己的参赛课题继续进行深入的分析和研究，利用多样化的方式促进课题的后续研究。在一些需要编写具有专业背景的案例时，学校要积极组织学生参与。也可以发挥指导者的作用，积极利用申请专利、科技论文发表、赛题后续分析研究立项、大学生 SRT 项目、美国数学建模竞赛等多种形式，不断提高学生的数学创新能力和实践能力。

结合上文中所阐述的内容，新型的数学建模教学体系的学习对象是在大

学中学习线性代数、概率论和数理统计、高等数学三大数学公共课程的大学生。教师应不断提升学生的数学素养，让他们能够灵活运用数学知识来解决工作和生活中遇到的问题，从而在数学建模的基础上将数学应用平台构建起来，在其他的行业或者学科中，利用数学知识解决更多的疑难问题，这有利于大学生的创新实践能力和创新意识的培养和提高。

第六章 数学文化融入大学数学教学的研究

第一节 数学文化融入大学数学教学的意义

一、数学文化融入大学数学教学的必要性

数学文化以其富有的思维方式，对整个社会的发展和人的成长有着深远的意义。在信息技术飞速发展和计算机日益普及的21世纪，数学与社会的关系发生了根本性的变化，新时代高科技的发展更离不开数学的推动。数学作为强有力的量化技术，并且与计算机相结合，已广泛而深入地被应用到人类社会的各个领域，渗透到人们生活的方方面面，在形成现代文化中起着越来越大的作用，人们已普遍认识到数学作为文化的功能。当今社会，数学不仅可用于谋生，更是一个现代人必备的素质。因此，在大学教育中，要把数学作为文化来加以重视，不能忽视了大学数学属于文化范畴。然而，目前在大学教育中，科学素养培养和人文素养培养分离的状况仍普遍存在，导致人文类学生科学素养欠缺和理工类学生人文素养不足。大学数学是学生成长成才进程中非常重要的基础课程之一，在大学数学教学中融入数学文化教育就显得十分必要，其必要性如下。

（一）适应国家和社会发展对人才的要求

国家和现代社会的快速发展，对人才提出了更高的要求，需要培养具有创新意识和能力的高素质复合型人才。党的十九大明确指出："要贯彻党的教育方针，落实立德树人的根本任务，发展素质教育，推进教育公平，培养德智体美劳全面发展的社会主义建设者和接班人。"大学生是未来国家发展的中流砥柱，在国家的建设和发展中发挥的作用是无可取代的。他们的素质直接关系到国家未来的发展及整个社会的发展潜力。因而，培养适应国家和现代

社会发展所需要的高素质人才，是对大学教育的必然要求。

纵观古今数学发展史，我们可以看出，数学科学早已进入社会化发展时期，数学已不仅仅是一门专业化的科目，着眼点也不在于数学的应用价值，而是在于提高人的素质[①]。大学数学教学承担着立德树人和发挥素质教育功能的基本任务。大学数学作为大学的重要理论基础课程，不但是学习后续专业课程的工具，而且是培养学生理性思维和文化素质的重要载体，是衡量人才培养质量及其科学水平与科学素质的重要内容[②]。大学数学在产生和发展的过程中，对人们的思维形式、价值取向、行为方式、情感和意志品质等产生影响，反映了大学数学对塑造人的文化素质、形成正确的观念以及培养高素质人才有着独特的作用，是大学生更好地适应现代社会发展和培养文化自信不可或缺的渠道，在大学教育中占有特殊的重要的地位。在大学数学教学中融入数学文化，能够帮助学生形成理性思维、科学精神以及人文精神，提升自身的综合素质，充分发挥素质教育的独特育人价值，为国家和社会发展培养所需要的高素质人才，使他们能够担负起国家繁荣昌盛的重担，成为国家和现代社会创新发展的不竭动力。

（二）服务于大学数学教学改革的需要

随着教育改革进程的不断深化，大学数学教学形式和理念发生了非常大的变化，尤其是在“立德树人”教育根本任务确立的背景下，综合素养的提升在大学数学教学中的地位越来越高，成为检验大学数学教学改革成效的重要目标之一。中国科学院李大潜院士曾指出：“大学数学的教学改革，要着眼长远，着眼学生一辈子的成长和发展。”当前，大学数学教学改革正是基于学生长远发展的需要，强调数学文化价值，坚持数学科学教育和数学文化教育并重，将数学文化融入大学数学教学作为教学改革的需要和有效途径之一。这就要求教师在教学理念以及教学形式等方面进行转变。数学文化的融入以及在数学教学过程中的体现与运用，促使教师从文化层面来理解数学的存在、影响和教育作用，使教师在进行教学改革创新时思路更宽，教学形式的创新选择面更广。不仅关注学生数学基础知识的掌握，还从学生数学思维的形成以及思维体系的构建角度出发[③]，为学生学习数学提供更加立体的途径。一方

---

① 王立冬，张治田．试论高等数学对改变大学文科生知识结构的作用［J］．数学教育学报，1996（3）：89－91.

② 张友，王立冬，刘满．民族高校高等数学分层次教学的探索［J］．大连民族学院学报，2008（3）：274－276＋279.

③ 夏祥红．在数学教学实践中融入数学文化的教学策略研究［J］．高考，2021（36）：58－60.

面，教学过程体现数学知识的发生和发展过程，促进学生的自主探索；另一方面，数学教学不仅传授知识，还融入数学文化，引导学生掌握数学科学价值的同时，探寻数学的人文价值，弄懂数学与社会发展之间相辅相成的促进关系，使学生在数学科学知识和数学文化知识融会贯通的宽阔视野下，开启心智，养成求真务实、批判质疑等理性思维习惯和精确严密的科学精神，全面提升学生的综合素养。这才是大学数学教学改革目标的关键所在，这一目标顺应世界教育发展趋势和现代教育理念的要求[①]。

（三）加强大学生数学素养培养的需要

科学理论知识的掌握固然重要，但是，相对而言，数学所蕴含的数学文化对学生成长的影响和所起的作用更大。因为对大多数大学生来说，在未来的工作岗位中，直接用到的数学科学理论知识不多，但是数学所蕴含的思想方法、人文精神以及给他们所带来的良好的意志品质等数学文化，可让其受益终生。比如，数学中所特有的严谨理性、开拓自律、务实创新以及数学所兼有的真、善、美和哲学思想等深厚的数学文化，可以帮助学生从更深的层次、更宽的视角去观察社会、思考人生，这对大学生的全面发展无疑会起到更重要的作用。因此，在大学数学教学中，教师不能只注重对学生科学素养的培养，而忽视对学生人文素养的培养和教育，应当将数学文化教育融入教学之中。在帮助学生理解和掌握数学科学理论知识的同时，让学生学会用数学的思维去思考和解决问题，尤其是提高运用数学文化知识分析问题和解决问题的能力，感悟数学中蕴含的数学文化，使学生逐步领会到数学的精神实质和思想方法等数学文化的价值，不断提高其数学素养，进而从更高层次体现大学数学的教学目标。

（四）激发学生数学学习内驱力的需要

一般认为，内驱力是在需要的基础上产生的一种内部唤醒状态或紧张状态。学习内驱力是学生自主产生的一种对学习的渴望，可以直接推动学生进行学习活动的一种内部心理状态。一个内心有了学习内驱力的学生，就会自发、自主地去学习。学习内驱力是一个学生的核心竞争力，它相当重要。

大学数学是一个相对枯燥的学科课程。大学生思维模式虽然已经从形象思维向抽象思维转变，但是大学数学知识抽象、晦涩，数学概念抽象、立体，数学定理深奥难懂，学生理解起来依然很困难。久而久之，很多学生出现了

---

① 蒋家尚．将数学文化融入大学数学教学之中［J］．高教学刊，2018（7）：80－82.

“谈数学色变”的现象[①]，学习数学的欲望不高，对学好数学的信心不足。如果教师仍按传统方式讲授数学知识，学生学习的兴趣和内驱力会减弱，更谈不上数学素质的提高。在大学数学教学中适当融入数学文化，让学生在学习数学知识的同时感受数学文化的魅力，并通过情境创设，激励、唤醒、鼓舞学生，启发学生多角度想问题，诱发学生学习数学的兴趣，活跃课堂气氛，最大限度地激发学生的学习欲望与学习内驱力，对学生的数学学习有积极的促进作用，进而提高数学课堂的实效。

（五）加强学生创新思维能力培养的需要

培养学生的创新思维能力是数学文化教育功能的本质和核心，是数学教学工作的重要组成部分。对于任何一门学科，只有站在文化的高度上去审视和认识，才能真正理解它的科学意义和文化价值。例如，大学数学教材中隐藏了很多数学思想方法，如符号化思想、数形结合思想、函数思想、极限思想、建模思想、化归思想等，这些思想的本质都是创造性思维方法，它们蕴含于大量的数学概念、定理、法则和解题过程之中。因此，教师应在传授数学知识的同时，通过对数学知识的发生、发展、应用过程的揭示和解释，将这一过程中丰富多彩的思想方法抽象概括出来，使学生在自主学习的过程中受到创造性思维品质的启迪和熏陶。一旦学生掌握了数学思想方法，就能更快捷地获取知识，更透彻地理解知识，更灵活地运用知识，在知识的获取、理解和运用过程中，自觉地产生创新意识，使创造性思维得以充分体现。所以融入数学思想方法等数学文化内容，加强了对学生创新思维能力的培养，会使学生受益终生，这正是数学素质教育的本质所在。

二、数学文化融入大学数学教学的作用

大学数学教学对概念、定理等一般都以直接呈现加证明的方式给出，并未对相关概念、定理得出的过程予以探究；课程作业与考核也基本不涉及相关内容，使得数学文化不能有效融入教学，这就使得大学数学教学对数学文化的融入不够重视。然而，数学文化的融入对大学数学教学有重大的作用。

（一）有助于构建民主、活跃的课堂环境

教学实践表明，轻松、民主、活跃的课堂学习环境更能激发学生的求知欲。数学文化观下的数学教学应着力于数学活动的开展，在课堂上构建一种

---

① 夏祥红．在数学教学实践中融入数学文化的教学策略研究［J］．高考，2021（36）：58-60.

活动化的课堂环境[①]。作为课程形态的数学文化，其活动主体是教师和学生组成的“数学共同体”，教师不再是课程的传递者和执行者，学生不再是课程的被动接受者和吸收者，他们共同参与课程开发的过程[②]。因此，将数学文化融入大学数学教学中，可以促使教师改变以往一言堂教学模式，让大学生快速地融入数学教学活动中，改变以往被动学习知识的状态。师生在深入探寻、研讨数学知识的发生和发展过程，数学的人文价值及数学与各学科、与社会发展之间相辅相成的促进关系的过程中，共同参与，平等交流，畅所欲言，一起经历发现问题、分析问题、解决问题的全过程，形成民主、活跃的课堂氛围，使大学生的创造力与想象力得到激发，从而达到共识、共享、共进的目标，实现教学相长和共同发展。

（二）有助于提升学生的数学能力

众所周知，数学教学的根本目的在于培养数学能力，也就是培养运用数学解决实际问题的能力和进行发明创新的本领。事实上，我们说一个人的数学能力强，有数学才能，并不是简单地指他记忆了多少数学知识，而是指他有运用数学解决实际问题的能力和创造发明的本领。数学文化揭示着数学知识产生的背景和形成的过程、起源与发展等。将数学文化融入大学数学教学中，对于每一个概念，都将会在一种广阔的文化背景下，从产生背景、解决思路以及相关拓展等角度去展现与阐述[③]，揭开数学神秘的面纱，学生可以清楚地看到知识产生的原因和来龙去脉，改变对数学的高度抽象、刻板的印象，产生学习兴趣和动机，消除对数学的畏惧感，在内心深处亲近数学、认识数学、理解数学、学习数学。由此可见，数学文化的融入，让学生不仅仅学到数学知识和技能，还通过数学文化的熏陶，逐步养成理性思考的习惯，进而学会思考，并善用数学的观念去分析和解决问题。这会有助于学生提高数学能力。

（三）有助于帮助学生开阔视野，增长见识

数学这一学科的产生源于社会发展的需要。它是认识当今世界的一把大钥匙，被广泛应用于各个学科领域，与其他自然科学、人文社会科学等学科有着千丝万缕的联系，任何学科都离不开它。它们之间相互渗透、相

---

① 韩华，王卫华．大学数学教学中融入数学文化的探讨［J］．中国大学教学，2007（12）：21-23.

② 陈克胜．基于数学文化的数学课程再思考［J］．数学教育学报，2009，18（1）：22-24.

③ 胡良华．大学数学教学中渗透数学文化的实践与思考［J］．边疆经济与文化，2009（9）：115-116.

互影响、相互促进。数学文化充分体现了数学在其他学科面前的应用价值和魅力。例如，数学可为经济学提供强有力的理论支撑，可为物理学解决诸如直线运动即时速度、变力所做的功、水压力、引力等实际问题，还可为机械制造提供数值算法设计等。其他的学科文化也对数学有着很大的影响。例如物理学、经济学等为数学研究提供许多很有价值的生动原型。由此可见，数学文化可以作为学生学习数学和其他学科知识的桥梁。多学科、跨学科知识的融合和应用，能帮助学生从更大范围和更多角度去考虑问题，有助于学生开阔视野，增长见识，扩大知识面，感受数学的价值和魅力。还有，适当地融入一些数学史、数学家的故事以及数学趣闻，也可以开阔学生的视野，激发学生的学习兴趣，培养学生的民族自豪感①。另外，在介绍中国数学文化素材时，适当介绍国外数学文化素材，特别是中外数学思想、文化的差异，可以帮助大学生加深对多元数学思想、文化的了解，拓展其视野。因此，数学文化的融入，让学生学会用数学眼光观察世界、用数学思维分析世界、用数学语言表达世界，开阔了视野，增长了见识，提高了兴趣，增强了自信。

（四）有助于落实“课程思政”教育理念

大学数学是一门具有高度的抽象性、严密的逻辑性和很强的应用性特点的课程。事实上，数学知识的形成过程都是漫长而又曲折的，数学的每一个概念、公式、定理、法则等数学理论知识都是数学家通过不懈的努力、刻苦的钻研而产生的，同时也是数学家智慧、意志力的结晶。

将数学文化融入大学数学教学之中，从数学知识产生和发展的轨迹方面让学生看到数学发展的曲折历程，深刻体会探索的思维过程，亲身体验成功与失败，感受数学家们那种顽强拼搏、积极进取、不畏艰辛、不怕失败的精神和迎接挑战的勇气以及能够承受挫折和战胜危机的顽强意志，有助于学生养成严密的逻辑思维习惯，形成严谨、精准的科学态度，拥有克服困难、奋发向上、坚韧不拔的拼搏精神，形成正确的数学观。同时，通过讲述古今中外数学家刻苦钻研和报效祖国的故事，让学生明白一个道理——“虽然科学没有国界，但科学家有自己的祖国”，有助于激励学生刻苦学习，激发爱国主义热情，弘扬中华民族传统文化，培养文化自信。大学数学中诸如从无限到有限、“以直代曲”等规律和方法，有助于培养学生的辩证唯物主义思想。因

---

① 王建云，彭述芳，田智鲲．将数学文化融入大学数学教学中的研究［J］．大学教育，2020（6）：106－108.

此，大学数学教育既是一种数学文化的教育，又是一种品格的教育。这正是落实“课程思政”教育理念的具体体现。

（五）有助于促进“教”与“学”的有效改变

在教学中，教师的“教”，学生的“学”，都不是个人行为，而是需要两者相互切磋交流的互动行为。

在大学数学教学中融入数学文化，教师必然会在教学过程中多关注数学文化与所教知识的联系，更恰当地将数学文化融入教学中，并促使教师进行反思，改进教学。比如，结合具体的教学内容采取灵活多样的教学方式。有时候一个巧妙的融入胜过千言万语的描述，不但可以激发学生的探究兴趣，而且可以加深学生对数学知识的理解。它可以是一句话、一个片段、一个故事、一个漂亮的结论等，但需要落实在教学的每一个细节中；也可以是布置一个专题，让学生通过多种途径去查找资料，撰写数学小论文等。

同样，受到数学文化（比如数学美）的熏陶，学生对数学的好感度会有所提升，对数学的偏见和误解会逐步消除，学习态度会改变，也必然会改变固有的数学学习方式，并养成良好的认知习惯；学会在理解的基础上，学习前人的智慧，多角度思考问题的本质，学会辩证地看问题，注重探索数学知识的来龙去脉，了解数学知识形成和发展的过程，抓住数学知识的本质属性，感受数学学习的乐趣。不再是老师说什么就是什么，而是学生有了自己的思考和主张，主动去探索、研究问题，寻求更简易、快速地解决问题的方法，并增加解决方法的多样性。

第二节　数学文化融入大学数学教学的原则与策略

一、数学文化融入大学数学教学的原则

将数学文化融入大学教学，应当基于大学数学教学内容和大学生的实际情况，基于数学文化教学的特点，重点关注学生，着力于重构知识，使教学效果得以彰显。在大学数学教学中，融入相应的数学文化必须坚持一定的基本原则，才能取得相应的教学效果。

（一）主体性与主导性相结合的原则

主体性与主导性相结合是指将数学文化融入大学数学教学时，要在教师

主导下充分体现学生在教学中的主体地位。在教学中，要创设适合大学生参与的环境和氛围，选择和改变数学文化素材要结合教学内容，更重要的是要充分地尊重学生的成长规律，以学生的认知需要为出发点，将知识蕴含的数学文化价值和精神充分展示给学生，让学生自主建构，自觉地投入于更多的教学互动之中，体会数学文化，感悟数学文化。同时，教师要发挥主导作用，时刻明确教学主题和目标，确保数学文化的探讨始终不偏题、不跑题，应有助于数学教学内容和主题本身，不能本末倒置；还需要把控时间和节奏，注意融入要自然和流畅，并随时关注学生的动态及其对课堂的感受，适时做出调整，进而提高课堂效率。

（二）科学性与趣味性相结合的原则

科学性与趣味性相结合是指在大学数学教学中融入数学文化时，要体现科学性与趣味性的统一，确保素材的科学性、真实性、有效性，能引发学生的好奇，提高学生探讨的兴趣。

将数学文化融入教学，一方面，所选择的数学文化素材必须是客观的、真实存在的，有实际意义，不可胡编乱造，不能违背数学文化事实，而且教师在传授数学文化时，不能随意更改，更不能虚构数学文化内容，要做到尊重事实。另一方面，大学生虽然心智发展已经趋于成熟，对事物本质的认知也已达到一定的高度，但面对高度抽象的大学数学内容，在课堂中依然难专注于对知识内涵的探究。因此，教师选取的数学文化素材还应具有一定的趣味性，并用更加趣味性的解读方式融入教学，以便吸引学生的目光，活跃课堂气氛，调动学生学习的积极性，让学生在浓厚的探究兴趣引导下更加积极地参与到数学教学过程中，促进教学效果的提升。

需要注意的是，将数学文化融入教学，不只是为了活跃课堂和激发学生兴趣。有些高校教师，在教学中插播一些数学文化小片段，甚至加入一些小游戏或互动等无可厚非，但一定要把握住数学教学这一主题，切忌把数学课变成历史课和科技应用课等其他课，防止热闹过后学生什么数学知识都没学到。事实上，要让学生的兴趣点始终集中在对数学知识的探讨上，这才是将数学文化融入教学的出发点。

（三）广泛性与恰当性相结合的原则

广泛性与恰当性相结合是指在大学数学教学中融入数学文化时，不仅要站得高、看得远，目光放在整个数学文化的范畴内，还要基于所教学的内容或主题，基于学生已有的认知基础，来准确选择恰当的数学文化素材进行教学，并选择恰当的时机融入，确保融入的有效性。将广泛性与恰当性相结合，不仅可以拓宽学生数学文化知识面，还可以直接促进学生的发展。

教育心理学表明，人的认识总是由浅入深，由表及里，由具体到抽象，由简单到复杂。而数学学习是一个特殊的认识过程，包括对数学材料的感知、记忆和思维等，是一个复杂的、多阶段、多层次的认知过程。因此，要以学生的需要、年龄特征、已有知识经验和个体差异为原则融入数学文化组织教学①。数学文化涵盖的范围非常广，在选择教学内容所涉及的数学文化素材时，应当着重考虑学生的现实状况，要与学生的认知水平相匹配，充分考虑学生的认知特点和接受能力，要保证最终选取的数学文化素材能够与学生所掌握的新、旧知识都有联系，而且数学文化素材所涉及的数学知识难度要适中，在学生的最近发展区，以便于学生解读和消化，这样才能满足学生学习的需要，从而提升教学效果。不仅如此，在具体融入教学时，还要考虑到数学文化内容与数学知识之间的衔接度和适应性，选择在最恰当的时机和环节融入，使之与教学内容融为一体，保证教学自然流畅，达到“润物细无声”地融入数学文化的最高境界，从而促进大学生更好地去理解和掌握数学知识，并从根本上增强教学的实效性。

（四）思想性与目的性相结合的原则

思想性与目的性相结合是指将数学文化融入大学数学教学时，应当注重融入其中的数学思想方法和数学应用，并始终明确融入的教学目的，重点对教学内容所蕴含的数学思想方法进行剖析，真正体现大学数学教学的根本目的。

将数学文化融入大学数学教学的根本教学目的，是通过教师的有效引导，大学生能够更好地理解和掌握数学理论知识，学会运用理论知识更好地解决实际问题，增强大学生数学知识运用能力，进而提升大学数学课堂教学质量②。而要达到此教学目的，让学生深刻领会并学会灵活运用数学思想方法是关键。但在日常教学实践中，有些教师很容易本末倒置，就是大量融入数学史或数学典故，将数学课变成了历史课和故事会，在有限的教学时间内，没能揭示问题的本质，没能让学生深度领悟数学思想方法，没能确保教学过程的思想性。这样就很难达到教学目的。

---

① 张友，王立冬，刘满．民族高校高等数学分层次教学的探索［J］．大连民族学院学报，2008（3）：274－276＋279.

② 王刚．大学数学教学中数学文化的渗透［J］．考试周刊，2018（91）：87.

（五）课堂内与课堂外相结合的原则

课堂内与课堂外相结合是指采用课内教学与课外训练相结合的途径进行教学来融入数学文化。数学文化素养培养是一个长期的潜移默化的过程，学生要在数学学习中，经过反复的理解和实践，才能逐步养成数学文化素养。但由于课堂时间和内容量有限，限制因素也多，很难提供更多的数学文化训练。将课堂延伸到课外训练实践中可以拓展数学文化教学融入的场域，体现数学文化融入形式的多样化，丰富数学文化教学内容，强化数学文化素养的培养。例如，开展数学文化（含民族数学文化）社会调查研究与实践活动，可实地参观科技馆、民俗馆等文化场所；组织数学建模竞赛或与数学教师、数学家等数学工作者面对面的交流会；撰写数学文化（尤其是数学思想方法）作文或与数学文化有关的小论文；借助互联网呈现数学文化，供学生课外学习等。

（六）历史性与时代性相结合的原则

历史性与时代性相结合是指在大学数学教学中所融入的数学文化素材，应既要注重历史性，也要体现时代性。也就是说，数学文化内容，既可以是历史形态的内容，也可以是现实形态的内容；在数学文化产生的时间选择上，应既要注重数学的过去，也要重视数学的今天，让学生在数学的历史中感悟，在数学的现实应用中领会数学的精神、思想和方法，从整体上了解数学发展的脉络。这样，可以加强学生对数学的宏观认识和整体把握，促进学生形成合理的数学发展观、知识观、价值观，增强学生学习数学的信心和动力。

二、数学文化融入大学数学教学的策略

教育教学实践表明，在大学数学教学过程中应该始终贯彻大学数学不仅是一种科学，而且是一种文化；不仅是一种知识，而且是一种素养；不仅是一种工具，而且是一种思维模式的新教学理念。这一理念的贯彻，需要采取适当的策略将数学文化融入大学数学教学之中。

（一）在数学文化案例的选择上，要服务大学数学教学，体现求真育人

顾明远先生说过“大学的本质是求真育人。求真就是研究学术，追求真理；育人就是培养真才实学的人才”[①]。由于数学文化本身具有独特的育人价值，使得融入数学文化对大学数学教学体现“求真育人”具有重要的意义。

---

① 顾明远．重塑大学文化［J］．中国大学教学，2015（2）：4－6.

为有效发挥数学文化的教育价值，融数学文化于大学数学教学中，其案例的选择值得考究。

首先，注重它的适用性。选择的数学文化案例应满足大学数学教学的需要，有利于帮助学生理解数学知识的本质，即“对数学知识的来源、发展以及运用的理解”[①]。也就是说，所选用的案例要与教学内容相符，能帮助学生理解数学知识，探究和解决问题，增强数学认识信念[②]。

其次，注重它的文化性。尤其是选取有利于促进学生对中华传统文化的理解和热爱、增强文化自信的案例。只有这样，数学文化价值才能更好地得以体现，育人的功能才能得以凸显。

例如，微积分是牛顿和莱布尼茨发明的，我国古代数学家刘徽的“割圆术”等描述的“逼近”思想，是极限思想的雏形，是微积分思想的基础，比微积分的创立早一千多年；华罗庚开创了“中国解析数论学派”，在多复变函数论、典型群方面的研究领先西方数学界十多年，成就了国际上有名的“典型群中国学派”；陈景润攻克哥德巴赫猜想等。选择这些典型性的教学案例，对促进学生掌握数学知识点、激发学生学习数学的热情、感受数学家追求科学道路的艰辛大有裨益，既丰富了学生的数学文化知识，又增强了学生的民族自豪感和自信心，同时还能激发学生对数学研究的科学精神和爱国情怀[③]。

最后，注重它的实用性。大学数学中抽象概念和定理较多，按照传统的常规理论知识，公式证明复杂，学生主动学习的积极性不高，甚至会出现畏难情绪，影响数学学习效果。为了提高学生学习数学的兴趣，帮助学生更全面地理解数学知识的本质，增强数学学习效果，教师在教学过程中要注重选择能反映数学知识的直观来源、应用背景和理论的直观的案例。而最主要、最容易的做法，就是从身边入手，从生活事例入手，尤其是选择学生最为熟悉的日常生活实例。这样就更接近学生的“数学现实”，从而有助于增强学生学习数学的有效性。所谓“数学现实”是指人们利用数学概念和数学方法对客观事物认识的总体，其中既含有客观世界的现实情况，也包含受教育者使用自己的数学能力观察这些客观事物所获得的认识。具体来说，它包括学生

---

① 傅赢芳，喻平．从数学本质出发设计课堂教学——基于数学核心素养培养的视域［J］．教育理论与实践，2019，39（20）：41－43.

② 黄永彪．民族预科生数学认识信念的调查分析［J］．数学教育学报，2016，25（5）：78－83.

③ 邢治业．从案例教学视角探讨课程思政与高等数学的融合策略［J］．科教文汇（下旬刊），2020（4）：71－72.

在生活中所接触到的数学问题、数学概念，以及学生原有的认知结构[①]。

其实，在日常生活中，数学无处不在，正如我国数学家华罗庚所说："宇宙之广大、粒子之微小，火箭之速，化工之巧，地球之变，生物之谜，日用之繁，无处不用数学。"因此，可以先对生活中的数学文化案例进行分析挖掘，让学生体验数学与实际生活的一些联系。这样，会增强学生对解决实际问题的探索欲，极大地提高学生观察、分析问题的主动性。值得注意的是，对于日常生活案例的选取，教师应找准契合点，避免生搬硬套，应以应用数学知识解决实际问题为出发点，并且以学生在日常生活中所面临的实际问题为切入点，这样更容易加深学生对知识点的理解与记忆。例如，求生活中常见的不规则图形面积（比如校园面积），来引导学生学习定积分的概念；选取校运动会田径比赛项目案例，来分析导数的概念；引入快递公司寄件阶梯收费案例，理解分段函数等。这些案例，不但让学生学会用数学知识解决问题，而且让学生体会数学应用价值及其内涵。

若教学对象是文科专业的学生，教师应尽量从文科专业相关的一些数学应用实例中选择案例，例如，在讲授"概率统计"时，教师可以引入数学在股票、选举、考古、诗歌的评判等工作中的应用实例；又如，在讲授"线性规划"时，教师可以将人力、物力的合理调配，工序的合理安排，缩短工期，优化组合等问题转化为数学问题（即数学规划）去解决等。这样既可激发学生学习数学的积极性，使文科生了解数学在本专业的应用及数学概念的来龙去脉，又有利于学生数学素养的培养，提升学生专业学习的自豪感，顺利实现"情感态度价值观"目标。

如果教学对象是民族地区高校学生，教师还可以从学生耳濡目染的民族文化生活元素入手。比如，在壮族地区，讲授"微积分"中用定积分求不规则图形面积时，可以以"那"为案例，"那"是壮族读音，表示"稻田"的意思；也可以以著名的龙胜梯田为案例。又如，讲授"微积分"中用"微元法"求立体图形体积时，可以以铜鼓和绣球立体模型制作为素材，铜鼓和绣球都是壮族地区学生熟悉的民族工艺品。将这些体现壮族儿女勤劳和智慧、富有民族特色的文化背景，恰当地融入相关教学之中，可以激发学生学习数学的兴趣和自信心。

（二）在数学文化融入的方式上，要创设教学情境，掌握切入时机

课堂教学是大学数学教学的主要途径。课堂教学采用何种方法融入数学

---

① 傅赢芳，张维忠．对数学课程中有关数学文化的思考［J］．数学教育学报，2005（3）：24－26.

文化，更有助于大学数学教学，很值得探究。创设教学情境，掌握切入时机是很有效的方法。

教学情境是指在教学过程中作用于学习主体、产生一定的情感反应的课堂环境。教育家夸美纽斯曾说，一切知识都是从感官开始的。创设教学情境，就是要吸引学生注意力，把学生的思想感官引入教学情境中。因此，创设教学情境是教师教学艺术的体现，同时也是数学文化融入课堂教学的切入点。

情境，即生活背景，即文化基础，即师生情感碰撞的土壤。如何创设教学情境？应善于从生活入手，基于学生的文化基础、认知水平和心理特征，让数学教学在学生的文化背景中展开，用情感激发学生的学习欲望，而且“渗透在课堂教学的全过程之中”[①]，使学生在已有文化背景知识基础上，学习、感知和内化新的知识，完成新知建构。不妨从以下几个方面入手。

第一，以生活事例，引导探究。

例如，在探讨“微积分”中“用铁皮做成一个容积一定的圆柱形容器，应当如何设计，才能使用料最省?”时，教师可以让学生思考：“王老吉等饮料罐为什么制作成如此形状?”把抽象的极值问题转换成熟悉的生活情境问题，使问题变得亲近、具体、生动有趣，这样立即就激发了学生的学习热情。引导学生思考，去解决实际生活中的问题，让学生从数学角度去解释日常生活中的现象，感悟数学应用文化之美[②]。像这样，加强数学与实际生活的联系，可以促进学生的数学学习，加深学生对数学文化价值的认识。

第二，从问题入手，创设悬念。

例如，在讲授“函数零点概念”时，首先抛出问题：方程 $x^5-3x+1=0$ 有实根吗？若有，有多少个？怎么求？如何使用求根公式？面对这一串问题，只有高中数学基础的大学一年级学生可以直接判断实根的存在性，但涉及求根，甚至一般化的求根公式，不免有困惑：五次方程，难求解呀？从而创设悬念。此时，教师应抓住这个时机，通过融入作为数学文化的数学史来解开悬念，如：这些问题对同学们来说确实困难！在数学发展史中，数学家发现了一元二次、三次、四次方程的求根公式，随后几乎所有的数学家都坚持不懈地对五次及五次以上的高次方程的求根公式进行了探索。直至1824年，数学家阿贝尔证明了五次及五次以上的一元高次方程没有求根公式。但数学家用函数观点对方程的近似解进行了深入研究。

---

① 叶澜．让课堂焕发出生命活力［J］．河南教育，2002（3）：1.

② 傅赢芳，张维忠．对数学课程中有关数学文化的思考［J］．数学教育学报，2005（3）：24－26.

像这样通过“鉴古引新，感知文化”的教学过程，拓展了知识的深度，更拓宽了知识的广度，让学生体会了数学知识产生、发展、应用的艰苦、曲折的历史过程，感受了数学家科学探索、追求真理的精神和务实求真的品格，开拓了学生数学文化的视野，提升了学生数学学习的品位和深度，丰富了课堂内涵的同时，也潜移默化地锻造了学生的核心品质[①]。这样的课堂教学进程是在学生的随性探究中自然推进的，和谐又有效。

第三，设问引导，诱发思考。

例如，在讲授函数的连续性概念这一节内容时，教师首先借助多媒体展示几个实例，如瀑布水流、载人飞船火箭发射飞行的轨迹，让学生感受无论是瀑布水流还是火箭飞行的轨迹都给人一种连绵不断的感觉，体会连续的过程；它们都是一条连续的曲线。同时教师也展示生活中遇到的另外一种现象，比如现行个人所得税的阶梯计税。

$$y=\begin{cases}0 & 0\leqslant x\leqslant 5000\\ 0.03\ (x-5000) & 5000<x\leqslant 8000\\ 0.1\ (x-8000)\ +90 & 8000<x\leqslant 17000\\ 0.2\ (x-17000)\ +990 & 1700<x\leqslant 30000\ (x\text{ 代表工资，}y\text{ 代表所得税})\\ 0.25\ (x-30000)\ +3590 & 30000<x\leqslant 40000\\ 0.3\ (x-40000)\ +6090 & 40000<x\leqslant 60000\\ 0.35\ (x-60000)\ +12090 & 60000<x\leqslant 85000\\ 0.45\ (x-85000)\ +20840 & x>85000\end{cases}$$

阶梯计税给人一种断层阶梯的印象。用函数图像表示（数形结合思想），就会发现所得税随着工资的变化而变化的过程并不是连续的。通过这样分析、比较的展示，学生对连续的概念有了感性的认识。随后设问引导，诱发学生思考：“这两类现象本质的区别是什么？函数在一点连续，图像具有什么特征？曲线在某点连续的本质是什么？”针对这些问题，先让学生分组探究，讨论图像的变化特点，归纳并公布讨论的结果。接着，把这些实例中连续现象抽象出来，在直角坐标系中画出它们的图像；然后再画出另外三个不连续函数的图像，分别代表以下三种反面的情况：函数中某点无定义，或虽有定义

① 黄永彪，成冬元，孔颖婷．聚焦核心素养优化教学设计———例谈如何上好模拟课［J］．广西教育，2022（23）：77-80.

但无极限，或有定义也有极限但在该点处的极限值不等于函数值。通过以上的比较分析和总结后，引导学生将连续的概念上升到理性的认识，归纳出函数在一点连续的本质特征并下定义，最后给出典型的例题考查学生对定义的理解及应用。类似这样案例的融入，可使抽象、枯燥的数学知识变得通俗易懂，提升学生学习数学的兴趣，提高大学数学教学的吸引力和感染力。

（三）在数学文化融入目的的达成上，要挖掘文化内涵，实现文化育人

雅斯贝尔斯指出“教育是人的灵魂的教育，而非理智知识和认识的堆集”。作为人与人的精神相契合的“灵魂教育”，文化教育及文化的理解和认同最为关键。

在教学中融入数学文化的最终目的是文化育人。将数学文化融入教学之中，不仅可以帮助学生理解和掌握数学知识，还能让学生热爱中华传统文化，提高民族自信心和自豪感，进而实现文化育人。在教学中，教师要善于利用文化育人的手段，注重数学文化内涵的挖掘和提升，深入挖掘其潜在的教育价值，展现出其民族文化特色、民族精神和民族气质。

例如，在讲授“以直代曲”这一微积分基本思想方法时，可以融入我国举世闻名的赵州桥的例子。让学生思考：“我国古老的大石拱桥典型代表赵州桥主孔跨度达37.02 m，是用很多长方形条石砌成的，但我们看到的桥体却是一整条弧形曲线的拱桥，这是什么原因呢？”[①] 再进一步导出：这座凝聚着我国劳动人民智慧的赵州桥，很好地体现了微积分中“以直代曲”基本思想。赵州桥正是这一思想的生动原型。这说明我国劳动人民在1400多年前，就已经熟练地应用了这一数学思想。经过这样的挖掘，其文化育人的功能就得到了充分发挥。

第三节　数学文化融入大学数学教学的路径与实践

一、数学文化融入大学数学教学的路径

在大学数学教学中融入数学文化，不能仅仅停留在引入数学史料上，还应重视结合现代化教学手段揭示数学思想方法，加强数学与生活的联系，呈

---

① 黄宝玲．浅析数学文化在高等数学教学中的影响与作用［J］．数学学习与研究，2013（15）：3－4.

现新知生成的过程，挖掘数学美的因素，凸显用数学思维解决问题的特殊方式和独特魅力，拓宽融入数学文化的路径，帮助学生养成良好的数学文化素养。

（一）挖掘数学文化内涵，构建数学文化传播机制

在教学中，教师要努力挖掘数学文化内涵，在注重数学技能与数学知识传授的基础上，积极构建数学文化传播机制，为学生深入了解数学文化奠定基础[①]。

1. 适时引入数学史，深入领会数学精神

在大学数学教学中，培养学生的数学精神是一项极为重要的任务，它能促使大学生更好地成长。数学精神实际上是指数学家在进行数学研究过程中所表现出的奋斗精神、求知精神、创新精神等。数学是一门相对抽象、复杂的学科，这也使学习数学的难度大大提升。正因如此，在日常大学数学教学中，我们不难发现不少学生尽管内心十分渴望学好数学，但他们却因之前对数学的认知和学习经历，对学习数学产生了一种“惧怕”心理。这就需要教师帮助学生消除这种心理障碍，引导学生客观、正确地认识数学，树立信心，而适时引入数学史，用数学精神来激励学生就是一种很有效的路径。例如，可以适时介绍以华人命名的数学研究成果、我国历史上尤其是现当代的数学成就、数学十大公式、著名的数学大奖以及数学家尤其是我国数学家的奋斗史与创造性思维过程等有关数学史的知识。数学史中蕴含着丰富的数学精神与数学思维，能让学生感受到数学学习是一个曲折前进的过程，数学家也不例外，他们也是在一次次的成功与失败中，总结经验、不断前进。引入数学史能够激发学生学习数学的兴趣，充分调动学生学习的积极性与主动性，还能够培养学生的数学精神，更重要的是通过数学史学生可以了解数学的发展历程，探究数学家的思想，掌握数学发展的内在规律，对其今后的发展具有重要意义。

2. 以数学知识为基础，充分揭示数学思想方法

“数学思想方法，学生一旦掌握了它，就能触类旁通，促进迁移。因此，学习基本的数学思想方法是形成和发展数学能力的基础。”大学数学中蕴含着丰富的数学思想方法。大学数学教材就是遵循基本数学思想方法的轨迹而展

---

① 史居轩. 新时代背景下大学数学教学中数学文化融入策略［J］. 江西电力职业技术学院学报，2020，33 (1)：52－53.

开的。但是，数学思想方法并非现成地存在于现实世界中，而是人们通过实践活动，对事物有了广泛的认识后，再进行定性把握、定量刻画，逐步抽象、概括，才形成了模型、方法和理论体系。即数学思想方法由数学的概念、原理、观念和方法提炼概括形成。而教材为了叙述严谨、简洁，在一定程度上省略了概念、公式、定理及其数学思想方法的产生、形成、发展直至完善的过程，大量的数学思想方法隐含在数学知识中。在大学数学教学中，教师应在传授数学知识的基础上，将重点放在知识背后的数学思想方法的探究中，凸显数学思想方法在数学知识学习中的灵魂和精髓地位，并且在进行数学知识解读时有意识地将内容中蕴含的数学思想方法进行剖析，让学生“由内而外”地掌握数学知识的本质[①]。

3. 围绕核心知识，整体呈现新知生成过程

核心知识即对学生发展最有价值的知识。就数学学科而言，核心知识一般是指数学的基础知识、基本思想、基本技能和基本活动经验[②]。数学的学习过程不仅仅是知识接收、贮存和应用的过程，更重要的是思维的训练和发展的过程。一般认为，数学不但枯燥，而且抽象，学生学起来乏味，理解困难。如果在数学教学中，教师让学生了解数学知识的来龙去脉，及其产生、发展的前因后果，那么学生学起来就会兴趣盎然，不但知其然，而且知其所以然[③]。但长期以来，数学教学常常忽视或压缩数学知识生成的过程而偏重于结果。其实被忽视或压缩的过程正是突出数学思想、培养创造性思维等数学文化的好素材，如数学概念、定理、公式的提出、建立、推广过程，解题思路的探索过程等。数学中每一个概念和定理的发现，几乎都经历了前人长期观察、创造、比较、分析、抽象、概括的漫长过程。由于数学的最终成果是以逻辑推理的形态出现的，学生往往看不到它被发现、创造的艰苦历程，很容易产生错觉，以为数学就是一步一步的推导，只有推理没有猜想，只有逻辑没有艺术，只有抽象没有直观，学生对数学的本质不能把握，更谈不上用数学眼光和思想方法来认识周围世界[④]。

因此，在大学数学教学中，教师应改变以往只重视结果、忽视过程的教

---

① 夏祥红．在数学教学实践中融入数学文化的教学策略研究［J］．高考，2021（36）：58－60.

② 黄永彪，成冬元，孔颖婷．聚焦核心素养优化教学设计——例谈如何上好模拟课［J］．广西教育，2022（23）：77－80.

③ 丁新梅．数学教学中融入数学文化的意义与路径研究［J］．高中数学教与学，2021（8）：8－10.

④ 陈亚萍．对数学创新教育的一些思考［J］．黔南民族师范学院学报，2002（3）：14－17.

学做法，注意充分展现数学知识产生、形成与发展的生成过程，尽可能多地暴露思维过程。例如，注重概念、定理、公式的形成过程，展现结论的推导过程，展现数学思想、方法的思考和形成过程，展现问题被发现的过程，使学生仔细体验数学知识得以产生的基础以及获取这一知识的程序和技巧，得到数学文化的熏陶，逐步领悟数学核心知识，最终形成数学素养和成功经验，从而提高数学综合能力。

4. 注重挖掘数学美的因素，创设美育的情境

数学中存在许多美的因素，可以说“哪里有数学，哪里就有美”[①]。然而人们往往只注重实用性，而忽视它的美，尤其在中学阶段，数学的美因忙于解题、苦于对付考试而被埋没，不少学生一直没感觉到数学美，觉得学起数学来“枯燥无味”。其实数学蕴含着比诗画更美丽的境界。这种美是一种发人深省的理论美、内在美，其含义是很丰富的。例如，数学中有式的美，形的美，对称的美，和谐的美，一题多解的美，数学思想的美，数学内容的美，应用的美等。这些美蕴含在数学的公理、定理、公式、定义、法则和解题等可以直接接触到的内容中，并没有直接、明确地体现出来，它是模糊的、隐藏着的。这就需要教师在大学教学中，引导、启发学生去发现、感受、欣赏数学的这些美，把抽象的数学理论美的特点充分展现在学生面前，渗透到学生心灵中。只有充分展示数学美，创设出优美的情境，使学生感到数学王国也充满美的魅力，他们才能感知、鉴赏、追求数学的奥秘，突破以往学习数学“枯燥无味”的思维定式，变苦学为乐学，积极主动地探索知识，追求数学美，增强对数学美的热切信念，从而提高学生对大学数学学习的兴趣，培养学生的数学审美能力，最终实现提升学生数学核心素养的目标。这止是将数学文化融入大学数学教学的目的所在。

需要注意的是在数学教学中融入数学美教育，要把握住理论知识的本质及特征，准确地分析其潜在的美学因素，并予以充分揭示，使学生明确地认识到数学美的含义[②]；尤其要善于挖掘其中的精妙之处，然后在课堂教学中，根据学生对知识的掌握程度，从各个层次、各个角度，通过一些具体的实例充分挖掘数学内容中的艺术成分，使其中蕴含的美展现出来。同时，还应当与数学知识的教学及能力培养相结合，并恰如其分地融入教学过程之中，寓

---

① 克莱因．古今数学思想　第一册［M］．张理京，张锦炎，江泽涵，译．上海：上海科技出版社，2014.

② 黄文静．数学美与审美教育［D］．武汉：华中师范大学，2006.

教于乐，使学生在潜移默化之中获得美的修养。比如，可以使用发现法教学，从审美的角度提出问题，为学生创造思维情境，使学生沉浸在渴望求得具有美学特征的新知识情感之中。然后在教学中通过实践去获得感知，在此基础上，让学生愉快而又顺其自然地再发现具有美感的新知识，在这一过程中学生的审美能力必然会得到培养和提高[①]。

5. 加强日常生活中的数学应用，彰显数学文化价值

大学数学能够被应用于各个领域，在人们的生产实践中扮演着十分重要的角色。随着数学应用越来越广泛，大学数学教学中加强数学应用环节就显得十分关键。这也对当代大学生提出了更高的要求，大学生不仅需要掌握基本的数学知识，还要用所学的数学知识指导人们的生活，解决日常生活中所遇到的复杂问题。无论是教师，还是学生，都应当对大学数学的应用予以足够的重视。由于大学数学所涉及的领域十分广泛，因此教师也需要对相关学科有所涉猎。通常情况下，数学与物理、化学等学科密不可分，这就要求教师将这些知识融会贯通，进而拓宽学生的思维；学生要学会理论联系实际，善于将所掌握的大学数学知识与所学专业知识进行融合，会用数学的眼光审视专业知识，用数学思维解决专业学习中的问题，促进大学数学与所学学科的交叉应用，不断彰显数学文化价值。

必须注意的是大学数学更注重对问题的分析、理论的论证，因此，教师在大学数学教学中更要引导学生在日常生活实践中认识数学、学习数学，培养学生利用数学知识解决日常生活中实际问题的能力，帮助学生在实践中向权威挑战、不惧怕失败，进而提升自己、完善自我。这样，一方面可以让学生感受到数学的应用价值，另一方面可以培养学生积极向上的数学精神。可见，通过应用数学解决日常生活中的实际问题，既提高了学生解决问题的能力，又增加了学生迎接困难的勇气，还弘扬了坚持不懈、勇敢拼搏等数学精神。这对于大学生的成长是尤为重要的，是在大学数学教学中融入数学文化的切实可行的路径。

（二）运用现代化教学手段，展示数学文化的魅力

大学数学不同于初等数学，更侧重于对概念、定理的理解以及对公式的推导，要求学生能够把握数学的核心思想，具备发散性的思维，深入思考数学课堂中所涉及的一系列问题。如果教师的教学方法单调，缺乏吸引力，就会给学生一种大学数学课堂“枯燥乏味”“缺乏生机活力”的不良感观，会使

---

① 欧鹏翔．在数学教学中渗透审美教育［J］．高中数学教与学，2015（12）：10-11.

一部分学生不理解教师所讲授的内容，甚至会让一些学生对数学产生一种“畏惧”心理，慢慢地就会有一些学生对数学学习失去兴趣和信心，这对数学教学是很不利的，对学生理解和掌握数学文化有比较大的负面影响。因此，对于教师而言，通过运用现代化教学手段来充分展示数学文化的魅力不失为一条很好的现实路径。它能够进一步改善目前大学数学教学所存在的问题，先进的教学设备和教学方法能为教师提供更多的思路，使教学形式与教学内容逐步趋于多元化、专业化、立体化、直观化，这也能有效地提升教师的教学效果，有助于学生更好地理解和掌握数学知识。

总的来说，大学数学教学应当充分运用现代化教学手段，将数学文化与教学内容完美融合，全方位、多角度地展示数学文化，让学生深入数学学习中，用心感受数学，从而对数学产生浓厚的兴趣，最终实现自主学习和快乐学习，这将有助于数学文化的传播，对提升大学数学教学质量也是十分有益的。

二、数学文化融入大学数学教学的实践

大学数学教学活动围绕数学文化来展开，可以为学生营造良好的学习氛围，促使学生在渴望、热爱的基础上学习和感悟数学，对数学产生全新的认识，更深入地体会数学文化，更好地理解和掌握所学数学知识，进一步提升数学素养和逻辑思维能力，从而传承数学文化。为此，高校教师应当全方位、多角度地加强数学文化的教学实践，使数学文化与大学数学教学深度融合，充分发挥数学文化的价值。

（一）深入钻研教材，充分挖掘数学文化

数学概念、公式、法则、性质和定理等知识都明显地呈现在教材中，是有形的。而数学文化却隐藏在数学知识中，是无形的，并且不成体系，散于教材各章节中。因此教师要认真钻研教材，领会教材意图，弄清每一章节中包含的数学文化内容，把隐藏在具体知识内容背后的数学文化元素揭示出来。例如，通过求曲线上一点的切线斜率、求变速直线运动物体的瞬时速度等变化率问题引出导数概念；通过物体运动的路程、变力做功、曲边梯形面积等一系列求和问题引出定积分概念，运用的都是极限思想。极限思想贯穿于微积分课程的始终。可以说微积分中几乎所有的概念都离不开极限。又如，微积分中极限运算和积分运算是两类基本而重要的运算，在这两类基本的运算中，可通过恒等变形、换元、等价代换等将所运算的问题转化或化归到某个法则、公式或结论上，其体现的就是通过转化实现由复杂向简单、由未知向已知的转化思想方法。这样从有限的教材内容中挖掘和提炼出数学思想方法

等数学文化素材，发现和设计数学思维的新观点以及学生的“最近发展区”，在有限的教学时间内，给学生点燃数学文化精髓的火花，把数学教学由教知识、教技能的“教书”，升华为培养具有数学素养的“育人”，实现数学教学的质的飞跃[①]。

在教学时，教师更要善于把某些具体内容蕴含的数学文化挖掘和提炼出来。例如，

定理(分部积分公式)：设函数 $u=u(x)$ 及 $v=v(x)$ 具有连续导数，则 $\int u\mathrm{d}v=uv-\int v\mathrm{d}u$。这部分内容中就蕴含着丰富的数学文化，教师在教学时应充分挖掘，帮助学生提高应用数学解决问题的能力。

① 化归思想。分部积分公式把复杂不容易求的积分 $\int u\mathrm{d}v$ 转化为简单而易求的积分 $\int v\mathrm{d}u$，体现了化归思想。

② 分类思想。使用分部积分公式进行积分运算的关键在于：怎样正确地选定 u 和 $\mathrm{d}v$? 不同的被积函数结构有不同的选取方法。一般地，可按照“反对幂三指”[②]法选取 u 和 $\mathrm{d}v$，即当被积函数为幂函数、指数函数、对数函数、三角函数和反三角函数中两个函数的乘积时，可按“反对幂三指”的顺序(即反三角函数、对数函数、幂函数、三角函数、指数函数的顺序)，将排在前面的那类函数选作 u，而把排在后面的与 $\mathrm{d}x$ 一起作为 $\mathrm{d}v$(即把排在后面的那类函数选作 v')。这体现了分类思想。

③ 简洁美。分部积分公式把一个积分变成另一个积分计算，形式简洁、明了、易记，体现了简洁美。

④ 统一美。分部积分公式把微分运算与积分运算统一在其中，两者整体和谐，目标一致，体现了统一美。

⑤ 对称美。相互转化的两个积分 $\int u\mathrm{d}v$、$\int v\mathrm{d}u$，u 和 v 各自相互交换位置变成对方，体现了对称美。

如果教师对于所教的每块内容，都能像这样把蕴含其中的数学文化充分挖掘出来，并融入教学之中，必定会提高课堂教学的深度和广度，进而提高

---

① 赵多彪．加强数学思想方法教学培养学生的创新能力［J］．数学教学研究，2001（11）：2－4.

② 黄永彪，杨社平．一元函数微积分[M]. 北京：北京理工大学出版社，2021.

课堂教学质量。

（二）在新课引入中融入数学文化

这是在数学教学中融入数学文化的常见方式。在大学数学教学中，教师在讲授一些比较难理解的数学知识尤其是概念、定理时，常常通过引入知识产生的背景或现实的数学原型或数学史料或与所学知识相关的直观具体的实例，帮助学生理解所学知识。

例如，数列极限"$\varepsilon - N$"定义是大学数学中十分抽象、比较难掌握的概念之一。教师在讲授概念之前，可以先用多媒体展示实例："建筑瓦工拿砖块砌圆门时，砖块的厚边就会连成一条折线，当砖块越小，所成折线就越接近于门的圆弧形线"和数学史料"刘徽的割圆术"，即"当圆内接于多边形的边数无限增多时，其周长就无限接近于圆的周长"等，让学生对极限有一个形象直观的了解，然后选择学生比较熟悉的几个特殊的无穷数列，让学生将这些数列各项分别在数轴上标出对应的点①。

① $\frac{1}{2}$，$\frac{2}{3}$，$\frac{3}{4}$，…，$\frac{n}{n+1}$，…

② -1，$\frac{1}{2}$，$-\frac{1}{3}$，$\frac{1}{4}$，…，$\frac{(-1)^n}{n}$，…

③ 0.9，0.99，0.999，0.9999，…0.99…9，…

④ 1，0，-1，0，1，0，-1，0，1…，

⑤ 2，4，8，…，2^n，…

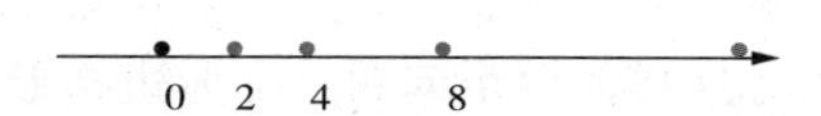

① 沈彩霞，黄永彪．简明微积分[M]．北京：北京理工大学出版社，2020.

结合数轴，引导学生考察当n无限增大时它们的变化趋势，对数列无限变化的稳定趋势进行定性分析，让学生获得对数列极限的感性认识，接着再进行列表计算，引导学生对这些数列无限变化的稳定趋势进行定量分析，帮助学生认识这些数列的本质特征，并逐步形成理性认识，最终抽象概括出数列极限“$\varepsilon - N$”的定义。

从以上内容可以看出，数学文化被自然地融入了整个教学过程之中，对数学教学大有益处，让学生深刻理解了数学文化的内涵，从而提升了学生的数学文化素养和数学学习能力。

（三）以数学知识为载体，融入数学文化

数学文化的最高层面是数学作为一门精密逻辑的科学体系，以知识形态存在，具有抽象性、逻辑性和系统性，却蕴含着丰富的数学思想方法。学生在理解、把握数学知识时，不仅仅是记忆形式上的数学知识，更重要的是领会以数学知识为载体的数学思想方法、数学精神等。因此，数学文化的融入要以数学知识为载体，应重视数学的来龙去脉和数学发展的连续性，注重数学的应用，强调数学的抽象过程，凸显数学思想方法①。离开基础知识的教学，数学文化的融入就会变成无源之水。纵观大学数学，能够融入数学文化的机会很多。诸如概念的形成过程，法则的推导过程，结论的导出过程，规律的揭示过程，无不蕴藏着向学生融入数学思想方法和训练创造性思维的极好机会。在教学过程中，一定要精心设计教学过程，让学生亲自参与“知识再发现”的过程，经历探索过程的磨砺，吸取更多的思维营养。

例如，定积分既是一个抽象的概念，又是一个内涵相当丰富和思想相当深邃的概念，学生难以把握和进行透彻的理解。针对这个问题，在教学中，教师应使学生在掌握数学知识的同时，领会概念背后丰富的数学思想及其分析、处理问题的一种策略和基本方法。先通过实例（物体运动的路程、力所做的功等）来展示平面图形的面积还可以表示路程、力所做的功、压力、电量等，说明面积具有广泛的应用性。接着与学生探讨怎样计算平面图形的面积（不规则的平面图形面积），以求一片树叶面积为例，引导学生用“分割、近似替代、求和”的思想求出树叶面积的近似值，这样求出的面积总存在误差。为了解决上述误差问题，再与学生探讨如何求曲边梯形面积。在求曲边梯形面积之前，让学生思考这样的两个问题：①曲边梯形与“直边图形”的区别？②能否将求曲边梯形面积的问题转化为求“直边图形”面积的问题？

① 陈克胜．基于数学文化的数学课程再思考［J］．数学教育学报，2009，18（1）：22－24.

同时复习前面求树叶面积的思想：分割、近似替代、求和。再依次给出求曲边梯形面积的四个步骤：分割、近似替代、求和、取极限。在以上四个步骤中重点讲清为什么取极限，落实、巩固和升华求树叶面积的思路。总结、归纳解决这些问题的步骤：分割、近似替代、求和、取极限，进一步揭示解决问题的基本思想"化整为零→近似代替→积零为整→取极限"，让学生感受到"极限"这一工具的神奇作用，彻底解决了前面遗憾的"误差"问题，揭示"有限与无限"既辩证又统一的关系。运用极限方法，分割整体、局部线性化、以直代曲、化有限为无限、变连续为离散等，这样定积分的概念逐步被发展并建立起来了。经过这一系列的观察比较、综合分析，学生领悟到了所研究对象的本质属性，进而概括出定积分的概念。像这样经历了一种再创造过程，学生既能从中学到研究方法并领会其中蕴含的数学思想，又能深刻理解概念的精神实质，从而能更好地应用概念。

（四）在"问题解决"中融入数学文化

从某种意义上讲，教学的最终目的是使学生能自主地解决各种问题。数学问题的解决过程，实质上是命题的不断变换和数学思想方法反复运用的过程。数学思想方法是数学问题解决的数学文化成果，它存在于数学问题的解决之中，数学问题的步步转化，无一不遵循这一数学文化成果指示的方向。

例如：设 a_0，a_1，a_2，…，$a_n \in \mathbf{R}$，$n \in \mathbf{N}$，$a_0+a_1+\cdots+a_n=0$，证明方程 $a_0+2a_1x+3a_2x^2+\cdots+(n+1)a_nx^n=0$ 在 $(0, 1)$ 内至少有一个实根。

分析解决问题的思路：因为要证的结论与零点定理或罗尔中值定理的结论是一致的，所以可以考虑用零点定理或罗尔中值定理解决这个问题。如果要用零点定理，对照零点定理的条件和结论可知：要证明方程 $a_0+2a_1x+3a_2x^2+\cdots+(n+1)a_nx^n=0$ 在 $(0, 1)$ 内至少有一个实根，只需要函数 $f(x)=a_0+2a_1x+3a_2x^2+\cdots+(n+1)a_nx^n$ 在 $[0, 1]$ 内连续，且 $f(0)\cdot f(1)<0$，但是根据已知的条件很难证明 $f(0)\cdot f(1)<0$，从而放弃用零点定理。那么再考虑用罗尔中值定理证明，对照罗尔中值定理的条件和结论可知：要证明方程 $a_0+2a_1x+3a_2x^2+\cdots+(n+1)a_nx^n=0$ 在 $(0, 1)$ 内至少有一个实根［此时 $f'(x)=a_0+2a_1x+3a_2x^2+\cdots+(n+1)a_nx^n$，相当于证明方程 $f'(x)=0$ 在 $(0, 1)$ 内至少有一个实根］，只需要函数 $f(x)$ 在 $[0, 1]$ 内连续，在 $(0, 1)$ 内可导，且 $f(0)=f(1)$，但是已知的条件中并没有函数 $f(x)$，此时由 $f'(x)=a_0+2a_1x+3a_2x^2+\cdots+(n+1)a_nx^n$ 自然地构造出新的函数 $f(x)=a_0x+a_1x^2+a_2x^3+\cdots+a_nx^{n+1}$，问题就迎刃而解了。

在解决问题的过程中，教师要把注意力花在引导学生怎样去想，如何想到，到哪里去寻找解题的思路上。运用分析、比较、综合的方法和化归、函数的思想去解决问题。将数学思想方法这一数学文化关键元素置于解决问题的中心位置，突出数学思想方法的解题功能，加深学生对数学思想方法作用的理解和认识，加速知识的内化进程，增强其运用的主动性。

“数学思想”是数学的灵魂，“数学方法”是数学的行为，它们都属于数学文化的范畴。学生只有把数学知识上升到数学思想方法的高度，才能有效地提高数学素质。如果说数学方法是解数学问题的具体战术，那么数学思想则是数学方法的统帅，是站在战略的高度上去分析处理数学问题的。在大学数学教学中必须以数学知识为载体，传授数学思想方法。反过来，数学知识的教学也应在思想方法的指导下开展，数学知识和思想方法互相促进，才能使学生深刻地理解数学知识，并能灵活地运用。

（五）在数学应用中融入数学文化

在数学教学过程中，教师可结合学生所学专业介绍数学与其所学专业的联系，特别是讲授一些数学在其专业中的具体应用时，让学生深刻体会数学的实用价值。

我们知道《线性代数》中的概念和定理都比较抽象，如果直接讲解这些概念，不少学生难以接受。此时，教师可以结合学生的专业，从这些概念产生的实际背景入手，选取通俗易懂的实例，激发学生学习热情，使学生对相关概念产生兴趣。例如，对于信息技术专业的学生，教师在讲授“矩阵的逆”这一概念时，可引入加密编译问题[①]。

在英文中，基于保密需要，用不同数字来代替不同的英文字母，把待发送消息重新用数字编译出来，然后再传送。如将“MONEY”编译成[7，2，10，8，3]，显然用7代表M，用2代表O，……但是采用这种简单的编译方法很容易被破译。因为在一个比较长的消息中，根据数字重复出现的频率，一般就能大概判断出它所代表的字母，所以必须增加编译复杂程度，比如可以先用矩阵将消息进一步加密后再发送，消息收到后再用逆矩阵进行解密。为方便说明问题，不妨设$\boldsymbol{A}$是一个行列式为± 1的整数矩阵，则$\boldsymbol{A}^{-1}$的元素也必定是整数。如果把初步编码后的消息记为矩阵$\boldsymbol{B}=\begin{bmatrix}7 & 8\\ 2 & 3\\ 10 & 5\end{bmatrix}$，用矩阵$\boldsymbol{A}=$

---

① 卢月莉．独立学院线性代数课程实践性教学改革研究——以广西大学行健文理学院为例[J]．科教导刊（下旬），2018（36）：126-128.

$\begin{bmatrix}1&2&2\\2&5&3\\1&3&2\end{bmatrix}$加密后，得发送消息的编码为$\boldsymbol{C}=\boldsymbol{AB}=\begin{bmatrix}31&24\\54&46\\33&27\end{bmatrix}$，收到消息后解密过程为

$$\boldsymbol{B}=\boldsymbol{A}^{-1}\boldsymbol{C}=\begin{bmatrix}1&2&-4\\-1&0&1\\1&-1&1\end{bmatrix}\begin{bmatrix}31&24\\54&46\\33&27\end{bmatrix}=\begin{bmatrix}7&8\\2&3\\10&5\end{bmatrix}$$

这样融入与学生所学专业息息相关的数学应用实例后，既可以帮助学生牢固掌握知识点，又能让学生在应用线性代数知识解决实际问题的过程中，认识到数学对本专业学习的重要性，提高了学习数学的积极性。

(六) 在挖掘数学美中融入数学文化

大学数学中处处存在着美，大学教师要着力研究关于数学美的问题，还应当在教学中引导学生挖掘数学中美的因素，在融入数学文化的同时，培养学生的数学审美能力。

例如，在讲授微积分基本公式$\int_a^b F'(x)\mathrm{d}x=\int_a^b f(x)\mathrm{d}x=F(b)-F(a)$时可以引导学生全方位剖析公式的形式、结构、内容等，并总结出：这是一个优美的公式。

1. 形式美

此公式把定积分转化为原函数的函数值的差，简洁、概括、形象、理想、易记。

2. 统一美

此公式把微分思想与积分思想进行了统一，两者的相互转化并不是人为的规定，而是它们之间存在着必然的共同性、联系性和一致性，使它们具有一种整体和谐的美，这种美就是统一美①。

3. 内容美

此公式$\int_a^b f(x)\mathrm{d}x=F(b)-F(a)=F(x)\Big|_a^b$可以改写成

$$\int_a^b f(x)\mathrm{d}x=\left(\int f(x)\mathrm{d}x\right)\Big|_a^b$$

① 黄永彪，杨社平．一元函数微积分[M]．北京：北京理工大学出版社，2021.

上式把分别独立定义、似乎毫不相干的不定积分和定积分联系了起来，像一座金色的桥梁，把计算定积分问题归结为求被积函数的不定积分问题，从而得到了计算定积分简便易行的方法，这个公式揭示了定积分和不定积分的深刻内在联系，把数学推到了新的广阔天地。正因如此，把上面这个公式称为微积分基本公式。

4. 方法美

公式的证明，推理严谨，方法独特。

5. 结构美

此公式使一元函数微积分的内容更加对称，结构更加完美。一元函数微积分各内容关系图如图 6－1 所示①。

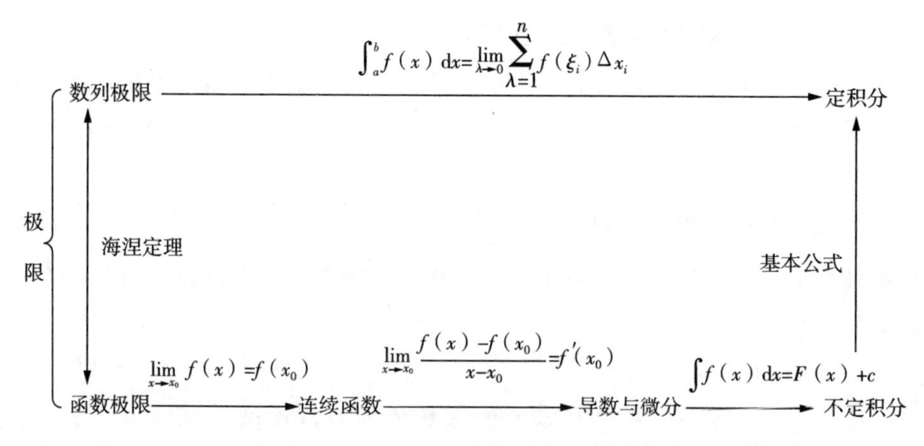

图 6－1 一元函数微积分各内容关系图

应当注意的是此公式虽然很美，但是如果不注意定理中“连续”的条件，就会出现类似

$$\int_{-1}^{1}\frac{1}{x}dx=(\ln|x|)\Big|_{-1}^{1}=0$$

这样的错误。而这正好说明再美的事物都有“美中不足”。

这样挖掘数学美的教学，既让学生体会到了数学的美，感受到了数学文化的魅力，又提高了学生的审美能力，而且让学生对数学知识的理解更加深刻。

① 黄华贤．数学教学中的数学审美教育[J]．广西民族学院学报(自然科学版)，2004(S1)：42－45＋52.

总之，大学数学作为绝大多数理工科、经管类等专业学生的必修课程，其重要性是显而易见的。但由于大学数学的难度相对较大，内容更为抽象，这就为学生的数学学习增加了不少的难度。同时，受传统教学观念的影响，有些高校数学教师更重视数学理论知识的传授，而忽略了数学文化的重要性。数学文化在一定程度上能够帮助学生更好地理解数学理论知识，如果教师一味地讲解概念、公式、定理、法则，无疑会让学生感觉枯燥乏味，进而导致一部分学生失去学习数学的信心。随着大学数学教学改革的不断深化，高校教师需要适时转变教学观念，全方位改变教学方式，让学生成为学习的主体，鼓励并倡导学生自主学习、敢于质疑，提高学生的数学文化素养，烘托良好的数学氛围。这对于改善教与学的状况，实现大学数学教学目标，培养契合新时代发展需要的高素质人才具有重要意义。

第七章 数学文化融入大学数学教学的实践例证

第一节 大学数学作文训练

将大学数学与数学作文相结合，开展大学数学作文训练，有助于学生较好地理解和掌握大学数学教学内容，是将数学文化融入大学数学教学的一种有效的实践。

一、数学作文训练

（一）数学作文

数学作文是以数学知识、数学过程、客观世界的数学化认识为内容的一种教学形式，是开展数学文化教育的一种教学模式，是以写作活动带动学生学习数学的一种新型的数学学习方式①。我国著名数学教育家张奠宙教授曾说，“做数学题是天经地义，写语文作文也是普遍共识，怎么能把二者扯在一起？其实，如从数学文化的角度来观察，这就是自然而然的结果了”，“数学作文开启了学生自由思考的空间”②。

数学作文一般有以下几个类型。①体验感悟型作文，如欣赏数学的美与理，对数学现象和数学价值的领悟与陈述，反思自身的数学学习思维过程等。②知识探究型作文，如探索、研究数学问题，并公布自己进行数学探究的结果与存在的问题。③发现创新型作文，如对数学知识、数学思想方法、数学策略的深化认识、理解、应用和推广。就文体而言，可以将数学作文写成很多形式，如记叙式的、说明式的、抒情式的、思辨式的，或者小论文、微型

---

① 秦小红．撩起数学作文的面纱［J］．新课程（教育学术），2010（1）：62.

② 杨社平．相思湖文龙·预科分册·数学作文实验［M］．北京：中央民族大学出版社，2001.

课题研究、数学社会调查报告等，如果感兴趣，甚至可以写成小说、故事、童话、猜想、诗歌、口诀、对联及其他奇趣文体①。

数学作文是有别于平常数学作业的一种作业方式，是习作者在学习了一定的数学知识的基础上，经过构思、加工而成的一种文本，是习作者的数学学习观、情感体验以及对所学数学知识、数学思想方法等的理解、探究的表达。数学作文在内容上可以反映习作者的数学文化素养，是习作者数学美、数学精神、数学人文素养的体现②，也是习作者认知的呈现。因此，以数学作文为载体，开展数学作文训练，可以自然地将数学文化融入数学教学之中，不失为一种理想的教学方式。

（二）大学数学作文习作示例

大学数学是高校理学、工学、农学、医学等学科专业的学生必修的专业基础课程。但是，大学数学具有高度的抽象性、严密的逻辑性和广泛的应用性等特点，使得大学数学与高中数学在教与学的方法上有明显的不同，有相当部分学生难以理解和掌握大学数学教学内容。针对这种状况，在教学时，教师有必要为学生提供喜闻乐见的教学实践方式。数学作文训练正是这样一种切合大学数学教学实际的教学实践方式。它在帮助学生理解和掌握数学知识、培养数学核心素养的同时，也提升了学生的人文素养和写作水平。

1. 习作示例之一

微积分对人生的启迪

微积分的创立是数学史上的一次重大飞跃，是数学中伟大的创造。微积分思想中渗透的知识使人类进入了一个新的时代。

何为微积分？微积分学是微分学和积分学的总称。“微”是“细微”，“微分”就是“无限细分”，“积”是“累积”，即求和而非“乘积”，“积分”就是“无限求和”。微积分是伟大的，从极限思想的产生到微积分理论的最终创立，无一不体现出社会发展的需求与人们追求真理、积极探索的精神。人们学习微积分，如品尝美酒，越学越醉，越品越醇，使人沉醉，并从中得到人生启迪。

一、微积分是体现时间的人生

蔡志忠说过“人生是时间的微积分”。永恒是由无穷多个无穷小的刹那相

---

① 黄永彪，杨社平．一元函数微积分［M］．北京：北京理工大学出版社，2021.

② 应琴丽．高中数学文化素养评价研究［D］．成都：四川师范大学，2021.

加而成的。开悟的人生像极了微积分的基本精神，人的一生就是所有无穷微小时间之和，而生命的总长度，等于一连串无穷多个小刹那的累积。

人的一生 $=\sum_{n=0}^{\infty}\Delta t_n$，无穷小刹那就是微分：$\mathrm{d}F(t)=F(t)\mathrm{d}t$。

而将这些无穷小刹那相加，就是积分：$\int_a^b f(t)\mathrm{d}t=F(t)\Big|_a^b=F(b)-F(a)$。

无论人的一生有多长，它的总长度就是由这些无穷小刹那相加的总和。如果我们不能融于今日、此时、此地、此刻，就没有别的明天会来临。这些无穷多个无穷小的刹那，无论在当时如何凸显，都组成了我们人生的一部分。因此，我们不能排斥或忽略它。就像英国诗人布莱克所写的那样："一沙一世界，一花一天堂；握无穷于掌心，窥永恒于一瞬。"我们从微积分中明白时间对于人生的重要意义，也应当珍惜当下时光，不负前程。

二、微积分是计算工具的人生

（一）求平面图形的面积——人生成果

由定积分的定义和几何意义可知，函数 $y=f(x)$ 在区间 $[a, b]$ 上的定积分等于由函数 $y=f(x)$，$x=a$，$x=b$ 和 x 轴所围成的图形的面积的代数和。由此可知，通过求函数的定积分就可求出曲边梯形的面积。

人生犹如平面图形，充满不规则的可能，但是人生在图形上构造的每一笔艺术都算数，可以通过微积分来体现出人生成果。

（二）求函数的极限——人生能力

人生也是不断挑战极限的过程，我们可通过微积分的极限思想来体现我们人生能力的极限。就像《庄子》对于极限思想的理解为"至大无外，谓之大一；至小无内，谓之小一"一样，一个人极限能力的大小，取决于一个人思想和认知的深度与范围。

$\lim\limits_{n\to\infty}C=C$（$C$ 为常数），C 为一个固定的数，无论 n 如何趋向于 ∞，它的极限值依旧是 C。而如果一个人的能力像这个固定的常数 C 一样，得不到提高，不管有多少人帮助他，他也依旧在原地踏步，得不到改变与进步。

$\lim\limits_{n\to\infty}n=\infty$，当 n 趋向于 ∞，极限值也无穷大。它告诉我们一个懂得去创造无限可能的人，在正确的方向指导下所焕发出的能力是无穷大的。

（三）不定积分与原函数的关系——人生成功

若 $F(x)$ 是 $f(x)$ 的一个原函数，则 $F(x)+C$（C 为任意常数）是 $f(x)$ 的所有原函数，根据不定积分的定义有 $\int f(x)\mathrm{d}x=F(x)+C$。对上式两边求导，

可得 $f(x)=F'(x)$。

由此可见，可将原函数视为两个部分"结构性的＋非结构性的(就是那个常数 C)"。只要原函数结构性的部分不变，无论常数 C 变成什么样子，在求导的规则作用后都会是相同的那个被积函数。这个被积函数可以被视为一个结果，而求导是达到这个结果的一个法则，因此只要原函数"结构性的"部分不变，常数 C 多大多小都没有用，结果一定是一样的。

三、微积分是遵守规则的人生

火车要有轨道，才能平安地行驶；汽车也要遵守交通规则，才能安全行进。甚至飞机在空中，轮船在海上，有一定的航道，才能彼此相安。人生也一样，遵守规则才能使我们在追求梦想中有条不紊，取得成功。

（一）规则一："三元统一"

在计算复合函数求导时，要遵循"三元统一"原则，如果不对复合函数进行元的统一，就容易在计算过程中出现思想混淆，得出错误结果。只有满足"三元统一"的原则，才能套用基本求导公式。

"三元统一"原则是指任何一个基本求导公式中，被求导函数的变量、求导变量和结果中的变量这三者是统一的，如 $[\ln(1+x^2)]'_{1+x^2}=\dfrac{1}{1+x^2}$。

人生也一样，一心不能二用，只有一心一意地向着目标迈进，才能到达理想彼岸。

（二）规则二："洛必达法则"

洛必达法则是在一定条件下通过分子、分母分别求导再求极限来确定未定式极限值的方法。因两个无穷小之比或两个无穷大之比的极限可能存在，也可能不存在，所以求这类极限时往往需要适当的变形，转化成可利用极限运算法则或重要极限的形式进行计算，洛必达法则便是应用于这类极限计算的通用方法。

例如：求极限 $\lim\limits_{x\to 0}\dfrac{\sin kx}{x}(k\neq 0)$。

解：$\lim\limits_{x\to 0}\dfrac{\sin kx}{x}=\lim\limits_{x\to 0}\dfrac{(\sin kx)'}{(x)'}=\lim\limits_{x\to 0}\dfrac{k\cos kx}{1}=k$。

显然当 $x\to 0$ 时，极限是 $\dfrac{0}{0}$ 型未定式，就可以用洛必达法则来运算，从而为化难为易求极限提供了可能的新途径。正如人生一样，努力固然重要，但是好的方法会事半功倍，一个人一定要找到适合自己的方式，才能在人生中少走一些弯路，以最大效率取得成功。

四、微积分是丰富多彩的哲学人生

微积分如同人生，充满着丰富多彩的哲学。微积分思想中渗透的哲学理念更是开启我们智慧的不二法门。它有着“镜转心行心转境”的对称，也有着“一语究及尽真理”的简洁，更有着“一枝红杏出墙来”的奇异。

（一）对称哲学

在微积分中的直接函数与反函数，变换与逆变换，函数的左极限与右极限，左导数与右导数等无不体现着对称的哲学艺术。

例如，一个直接函数为 $y=e^x$，则它的反函数为 $x=\ln y$，在同一直角坐标系中，$y=e^x$ 与 $x=\ln y$ 的图形是同一条曲线；但是如果把反函数记作 $y=\ln x$，则直接函数与它的反函数 $y=\ln x$ 的图形就不是同一条曲线，它们关于直线 $y=x$ 对称。

由此，充分认识并运用“对称”思想，不仅有助于提高自身数学素质，还可以引发我们对于人生的思考。人生也应该拥有对称美，应该是心灵与气质对称的结合。

（二）简洁哲学

微积分中简洁性的美学准则在数学界也被多数人所认同。朴素、简单，是其外在形式。而微积分既朴实清秀，又底蕴深厚，可称得上至美。

例如，在微积分中第一换元法的应用：计算不定积分 $\int \sin x\cos x\mathrm{d}x$。

解：$\int \sin x\cos x\mathrm{d}x=\int \sin x\mathrm{d}\sin x\mathrm{d}x$，令 $u=\sin x$，则有原式 $=\int u\mathrm{d}u=\frac{1}{2}u^2+c=\frac{1}{2}\sin x^2+c$。

将 $\sin x$ 看作 u，简化解题过程，用寥寥数语，道破“天机”，揭示了知识的本质。这也告诉我们在人生的道路上遇到困难要懂得化难为易，也要做一个简单纯粹、内心又富含文学素养的人。

（三）奇异哲学

数学奇异哲学属于那种惊世骇俗、与众不同的哲学。奇异哲学作为一种不寻常的哲学，体现在微积分中的函数的间断与连续上。

例如，考查 $f(x)=\frac{1}{x-1}$ 在 $x=1$ 处的连续性。

解：由于函数 $f(x)=\frac{1}{x-1}$ 在 $x=1$ 处没有意义，并且 $\lim\limits_{x\to1^-}f(x)=\lim\limits_{x\to1^-}\frac{1}{x-1}=-\infty$，$\lim\limits_{x\to1^+}f(x)=\lim\limits_{x\to1^+}\frac{1}{x-1}=+\infty$，左右极限都不存在，所以

$\lim\limits_{x \to 1^-} f(x)$ 不存在，函数在 $x=1$ 处间断。

这也告诉我们要懂得分而治之，各个击破，在人生的道路上要怀着勇气与信心，懂得越过重重山岗，成为一个有远大志向和不平凡的人。

如果我们的人生忧愁是可微的，快乐是可积的，那么在未来趋于正无穷的日子里希望相守是连续的，快乐和幸福的最大函数总是最大值。微积分是有趣的和饱含人生哲理的，使人回味悠长；我们都需要不断提醒自己，不仅要把快乐无限放大，还要紧贴着时间轴的上方直冲云天，波澜壮阔。品味微积分，可以让人快乐地成长。

习作点评

本文属于体验感悟型数学作文，习作者通过对微积分知识的学习，抒发了自己对微积分学中蕴含的数学精神、数学思想方法、数学美、数学价值观等的感受，并由此感悟出积极的人生哲理，不仅能加深对微积分知识的理解，还可以树立正确的人生观、世界观、价值观。

2. 习作示例之二

微积分中的数学美

如果说数学是自然科学的皇冠，那么微积分就是皇冠上一颗璀璨夺目的明珠，从极限思想的产生，到微积分理论的最终创立，无一不体现出社会发展的需求与人们追求真理、积极探索的精神。而微积分也具有数学理论中那些美的因素。学习微积分，如同品尝美酒，越品越醇，越学越醉，使人陶醉在数学美思想中，感知数学美的存在，进而激发人的数学热情，启迪人的思维活动，提高人的审美及文化素养。下面就从微积分中的统一美、对称美、简洁美、奇异美四个方面来解析。

一、统一美——万流奔腾同入海

极限思想早在古代就开始萌芽，三国时期的刘徽创造了“割圆术”，提出了极限思想。而古希腊哲学家芝诺提出的“阿喀琉斯-乌龟悖论和飞矢不动的悖论”中也蕴含着古朴的极限思想与微分思想，早在公元前 3 世纪，古希腊的阿基米德就采用类似于近代积分学思想去解决抛物弓形面积、旋转双曲体的体积等问题；到了 17 世纪下半叶，牛顿与莱布尼茨相继从不同的角度完成了微积分的创立工作，其中虽然有误会与争吵，但两人的工作使微分思想与积分思想统一于微积分的基本定理中。

$$\int_a^b f(x)\mathrm{d}x = F(b) - F(a) \text{(牛顿-莱布尼茨公式)}$$

两者的相互转化并不是人为的规定，它们之间存在着必然的共同性、联系性和一致性，达到一种整体和谐的美感，这种美就是统一美。微分学中值定理中的罗尔中值定理、拉格朗日中值定理、柯西中值定理层层包含，与李白诗中“欲穷千里目，更上一层楼”的意境有相通之处，而洛必达法则将求极限与微分学知识联系起来，形成一类统一的求极限的方法，又会使人产生“山复水重疑无路，柳暗花明又一村”的感觉。

例如，$\lim\limits_{x\to\infty}\dfrac{\mathrm{e}^{ax}}{x^{10}} = (a>0)$。对于这个问题，我们无法使用普通求极限的方法去求解，这时就联想到另一种求极限的方法——洛必达法则，以统一美思想为标准，在洛比达法则统一的形式下解题。

观察极限，当 $x\to\infty$ 时，题型属于“$\dfrac{\infty}{\infty}$”型未定式，则运用洛必达法则

$$\lim_{x\to\infty}\frac{\mathrm{e}^{ax}}{x^{10}} = \lim_{x\to\infty}\frac{a\mathrm{e}^{ax}}{10x^{9}} = \lim_{x\to\infty}\frac{a^{2}\mathrm{e}^{ax}}{90x^{8}} = \cdots = \lim_{x\to\infty}\frac{a^{10}\mathrm{e}^{ax}}{10!} = \infty$$

由此可见，微积分中的统一美体现在多种层次的知识中，都表现为高度的协调性，将问题在统一的思想下转化、解决。

二、对称美——“境转心行心转境”

李政道曾说“艺术与科学，都是对称与不对称的组合”。对称美作为自然赠予人类的一件礼物，它的身影无处不在。它体现于我国首都北京的城市设计中，也体现在马来西亚的双子塔上，还出现于作曲家穆索尔斯基的名曲《牛车》中；而微积分的对称美就直接出现在函数的左极限、右极限与函数的左导数、右导数这些概念中。函数的左极限、右极限是这样定义的：当函数 $f(x)$ 的自变量 x 从 x_0 左(右)侧无限趋近 x_0 时，如果 $f(x)$ 的值无限趋近于常数 A，就称 A 为 $x\to x_0^-(x\to x_0^+)$ 时，函数 $f(x)$ 的左(右)极限。而函数在点 x_0 有极限并等于 A 的充要条件是 $\lim\limits_{x\to x_0^-}f(x) = A = \lim\limits_{x\to x_0^+}f(x)$，这不仅从形式上，还从含义上渗透出浓厚的对称美思想；我们更可以广泛应用“对称美”思想，发展其精髓。例如下面一道有关“对称美”的经典例题。

求 $\displaystyle\int\frac{\sin x}{\sin x+\cos x}\mathrm{d}x$。

观察被积函数，发现这样一个有趣的现象：

$\dfrac{\sin x}{\sin x+\cos x}+\dfrac{\sin x}{\sin x+\cos x}=1$，因此不妨令

$$s_1=\int\frac{\sin x}{\sin x+\cos x}\mathrm{d}x,\ s_2=\int\frac{\cos x}{\sin x+\cos x}\mathrm{d}x,$$

则

$$s_1+s_2=\int\frac{\sin x}{\sin x+\cos x}\mathrm{d}x+\int\frac{\cos x}{\sin x+\cos x}\mathrm{d}x=x+c_1 \qquad ①$$

$$s_1-s_2=\int\frac{\sin x}{\sin x+\cos x}\mathrm{d}x+\int\frac{\cos x}{\sin x+\cos x}\mathrm{d}x$$

$$=-\int\frac{d(\sin x+\cos x)}{\sin x+\cos x}=-\ln|\sin x+\cos x|+c_2 \qquad ②$$

① + ② 得：$2s_1=x-\ln|\sin x+\cos x|+c_1+c_2$。

故

$$s_1=\int\frac{\sin x}{\sin x+\cos x}\mathrm{d}x=\frac{1}{2}(x-\ln|\sin x+\cos x|)+c。$$

由此，充分认识并运用“对称美”思想，将会是我们提升自身数学素质的重要一步。

三、简洁美——“一语究及尽真理”

达·芬奇的名言：“终极的复杂即为简洁。”简洁美作为数学形态美的基本内容，通常被用于考量思维方法之优劣。对于许多微积分中的问题，表面看似复杂，但本质上往往存在简单的一面，这时就需要我们运用简洁美的观点去观察、去解决，捅破中间的那层“窗户纸”，就会看到另一个神奇的世界。例如，微积分中关于数列极限的定义，如用文字来表达就显得十分烦琐，若用逻辑符号整合而成的 $\varepsilon-N$ 语言就十分简洁明了。例如，$\forall\varepsilon>0$，$\exists N>0$，当 $n>N$ 时，恒有 $|a_n-A|<\varepsilon$，则 $\lim\limits_{n\to\infty}a_n=A$。

寥寥数语，道破“天机”；当然我们可以化复杂为简单，于解题中应用简洁美思想。下面结合一道例题来解析。

求 $\int\frac{x^4-1}{x(x^4-5)(x^5-5x+1)}\mathrm{d}x$。

首先观察题目，发现分母的因式之间隐含着联系，即

$$x^5-5x+1-x(x^4-5)=1。$$

“1”的作用不可小觑，在数学运算中，用“1”进行加减乘除，都是最为简便的。对于这道题目，我们可在被积函数的分子上乘以“1”而不改变其大小，再考虑利用约分、分项等方法去寻求一个简单的解答过程。

$$\text{原式}=\int \frac{1 \cdot (x^4-1)}{x(x^4-5)(x^5-5x+1)}\mathrm{d}x$$

$$=\int \frac{(x^5-5x+1-x^5+5x)(x^4-1)}{(x^5-5x)(x^5-5x+1)}\mathrm{d}x$$

$$=\int \frac{(x^5-5x)(x^4-1)-(x^5-5x+1)(x^4-1)}{(x^5-5x)(x^5-5x+1)}\mathrm{d}x$$

$$=\int \frac{x^4-1}{x^5-5x+1}\mathrm{d}x-\int \frac{x^4-1}{x^5-5x}\mathrm{d}x$$

$$=\frac{1}{5}\int \frac{d(x^5-5x+1)}{x^5-5x+1}-\frac{1}{5}\int \frac{d(x^5-5x)}{x^5-5x}$$

$$=\frac{1}{5}\ln|x^5-5x+1|-\frac{1}{5}\ln|x^5-5x|+c$$

$$=\frac{1}{5}\ln\left|\frac{x^5-5x+1}{x^5-5x}\right|+c$$

以上只是茫茫题海中的一例。分部积分法中 u、v 的选择，平面图形面积计算时积分变量的选择，都存在着简单与复杂的辩证关系，我们往往在碰到复杂问题时将其复杂化，却没想过可能存在的简单关系及其应用方法，最后在复杂的问题面前束手无策，这很大程度上是因为没能深刻理解简洁美的思想方法。

四、奇异美——“一枝红杏出墙来”

对称美与奇异美正如王朔笔下的那一半海水与那一半火焰，两者具有截然不同的美的属性。奇异美属于那种惊世骇俗、与众不同的美，如同柯南·道尔笔下的福尔摩斯，鹤立鸡群，桀骜不驯。奇异美作为一种不寻常的美，体现在微积分中的函数的间断与连续等内容上，但又不仅限于这一小部分知识，往往贯穿于整个微积分的学习过程中。例如，设 $f(x)=3x^2+g(x)-\int_0^1 f(x)\mathrm{d}x$，$g(x)=4x-f(x)+2\int_0^1 g(x)\mathrm{d}x$，求 $f(x)$，$g(x)$。

这道题奇妙之处在于将函数知识与定积分知识有机结合，给人耳目一新之感，乍一看无从下手，实则可以分而治之，各个击破，这正是奇异美思想的精华所在。

不妨设

$$K_1=\int_0^1 f(x)\mathrm{d}x,\ K_2=\int_0^1 g(x)\mathrm{d}x,$$

则

$$\begin{cases}\int_0^1 f(x)\mathrm{d}x=\int_0^1[3x^2+g(x)-K_1]\mathrm{d}x,\\ \int_0^1 g(x)\mathrm{d}x=\int_0^1[4x-f(x)+2K_2]\mathrm{d}x,\end{cases}$$

所以

$$\begin{cases}K_1=1+K_2-K_1,\\ K_2=2-K_1+2K_2,\end{cases}$$

解之得 $K_1=-1$，$K_2=-3$，

代入原式

$$\begin{cases}f(x)=3x^2+g(x)-K_1,\\ g(x)=4x-f(x)+2K_2,\end{cases}$$

解之得

$$\begin{cases}f(x)=\dfrac{3}{2}x^2+2x-\dfrac{5}{2},\\ g(x)=2x-\dfrac{3}{2}x^2-\dfrac{7}{2}。\end{cases}$$

一般来说，只要抓住奇异美思想的实质，解决类似问题就不在话下了。

著名的雕塑家罗丹说："生活中不是缺少美，而是缺少发现美的眼睛。"微积分也是如此，从总体上说，对称美、奇异美、简洁美的最高层次是统一美，简洁美是对称美、奇异美的共通之处，对称美、奇异美互不可缺。因此，今后我们在学习微积分时，如果能从微积分中的四个数学美思想出发，那么将对我们掌握数学知识、培养数学能力、提升数学修养大有裨益①。

习作点评

这是一篇体验感悟型兼知识探究型数学作文，习作者结合微积分课程的学习，应用举例说明的方法，在探究数学问题的过程中，着重解析了微积分中蕴含的数学美（统一美、对称美、简洁美、奇异美），不仅能加深对微积分知识的理解，更好地掌握微积分知识，还可以提高审美和人文素养。

---

① 黄永彪，杨社平．微积分基础［M］．北京：北京理工大学出版社，2012.

二、数学思想方法作文训练

（一）数学思想方法作文

数学思想方法是指在一些数学基本概念、基本理论产生和发展过程中所体现的基本思想，以及所涉及的相关重要数学问题或实际问题得以解决并被反复证实其正确性的一般途径和方法论。它是数学的精髓和灵魂，其内容博大精深。理解数学思想方法，是理解数学乃至数学文化的重要途径；对数学思想方法的掌握程度和运用水平，是衡量一个人数学素养的重要标志①。日本著名数学教育家米山国藏在其专著《数学的精神、思想和方法》中指出：学生在学校所学到的数学知识，进入社会后，几乎没什么机会去用，因而这种作为知识的数学，通常在走出校门后不到一两年就忘掉了。然而不管他们将来从事什么工作，那种铭记于头脑中的数学精神和数学思想方法，却长期在他们的工作中发挥着作用，使他们受益终身②。这足以说明帮助学生理解和掌握数学思想方法在数学教学中的重要性。

围绕数学思想方法所撰写的一种数学作文，称之为数学思想方法作文。具体而言，就是用作文的形式，去正确陈述各种数学思想方法，通过举例论证与解答揭示其中所蕴含的数学思想方法及其价值，阐明如何运用数学思想方法探索解决其他学科中涉及的相关问题。这种作文基本上属于数学领域中的论文，但又不是严格意义上的数学论文。它要讲清的是前人早已发现的数学思想方法，因而其意义在于它是以数学思想方法为中心的基础训练，在于提高习作者的数学素质和综合素质。

（二）数学思想方法作文训练

数学思想方法作文对数学的理解比一般的数学作文要求较高，完成的难度也相对较大。一些学生本来数学基础就薄弱，对数学思想方法的理解和认识也比较模糊，直接用数学语言表达自己的数学思维很困难。一些学生虽然对数学思想方法有初步的认识，但尚未构成体系，难以达到深刻理解、灵活运用的程度。一些学生即使数学基础较好，已经能够理解和运用相关数学思想方法，然而，也只是习惯于使用数学语言的表达形式，用作文的形式则未必能够顺畅表达。因此，教师需要对学生加强数学思想方法培养和写作训练。

---

① 潘建辉、李玲．数学文化与欣赏［M］．北京：北京理工大学出版社，2012.

② 米山国藏．数学的精神、思想和方法［M］．毛正中，吴素华，译．成都：四川教育出版社，1986.

具体可以从以下几方面着手。

1. 联系教学实际，讲清数学思想方法的脉络

在课堂上，教师要特别注重分析知识的来龙去脉，让学生了解知识的发生、发展过程；注重分析具体的数学知识中所渗透的数学思想方法，让学生体会解题的策略。课后，要求学生熟读教材，通过认真反思、探究，结合实例独立思考、分析和完成常规作业，切实掌握其中的数学思想方法。同时，要求学生尽可能地在课堂与教材之外扩展信息渠道，广泛搜集资料，如阅读有关数学的学习方法和数学思想方法方面的辅导材料，阅读关于数学文化或数学教育的研究文献，也可以阅读有关数学的趣题、游戏、谜语、故事等。

2. 帮助学生掌握数学思想方法作文写作的一般规律

数学思想方法作文与普通作文虽然有所不同，但写作规律是一致的。学生上大学之前，已掌握了作文写作的一般规律；长期的数学学习，也打下了必要的数学知识基础。在这两大基础上，只要学生把数学思想方法的脉络理清，再结合作文训练的一般方法，肯钻研，勤思考，勇于实践，大胆创新，一定能够写出优秀的数学思想方法作文。

3. 教会学生谋篇胸有成竹，行文顺理成章

平时的阅读、思考积累，只是为最后的写作奠定基础。真正意义上的写作阶段，必须遵循谋篇布局、草拟修饰等规律，做到胸有成竹、顺理成章。

第一，选定一个适当的题目是关键。在具体选择题目的时候，学生要从自己的实际出发，哪些数学问题是自己学得比较好的，哪些是比较有兴趣的，哪些是有较深刻体会的，应以这些长处作为首选的对象。

第二，打开思路，缜密构思。可以选取一种数学思想方法谈学习体会，谈这种数学思想方法的功能，甚至联系其他理工类学科或人文社科类学科来谈。例如，对于数形结合思想，可以结合不同知识点来谈谈解题的策略，也可以谈谈这种数学思想方法的美学意义，还可以探讨这种数学思想方法在其他学科学习中的运用，或者分析这种数学思想方法对培养能力、优化思维品质的作用，或者把这种思想方法作为一种科学素养来讨论，阐述它对我们今后的学习、生活和工作有哪些重要性等。另外，学生也可以选取其中的两种数学思想方法，谈它们的相互联系、相互影响，对解决数学问题所起的作用等。由数学思想方法的学习和运用，还可以联系到数学哲学、数学文化，联系到数学的研究对象、内容、价值、数学的真善美观念，联系到数学在生活、社会、其他科学等方面的运用实例。学生只要开动脑筋，就会有所创新和开拓，完全可以在数学常识、数学趣闻，以及一切观察到的数学现象之间启动

数学思维，展开数学联想，从而像神龙游海、天马行空那样，理清数学思想方法作文的思路。

第三，撰写精细翔实的提纲。提纲在筛选材料、突出结构、进一步明确思路方面有很大作用。撰写提纲不可掉以轻心，必须“搜尽奇峰打草稿”，将所有资料根据题意和构思进行整合，而后挑选出最合适的，安排在最合适的位置。这个挑选和安排的过程，就是提纲反复修改琢磨的过程。只有这样，才能保障数学思想方法作文中心突出，结构合理，层次清楚，论述周密；或者有理有据，翔实具体；或者有情有趣，生动活泼。否则，写出来的作文就会因为思路不具体、不明确而显得条理不清晰，布局不和谐；或者头重脚轻，或者挺着个“将军肚”，或者扭着个“蜜蜂腰”，那多难看！

第四，正式行文，一气呵成，反复修改。对于拟就的初稿，必须多次反复修改。修改时首先需要注意的是文中所述的数学思想方法是否准确；其次，确保既要准确地把握所写数学思想方法的理论体系，又要把抽象的数学思想方法描述得具体翔实，把深奥的数学思想方法解释得浅显易懂，把枯燥的数学思想方法演绎得有趣动人。因此，修改数学思想方法作文既需要从大处着眼，又需要从小处着手；既需要注意数学思想方法作文整体的结构，又需要注意数学思想方法作文词句的搭配。通篇结构讲究匀称连贯、顺理成章，既要力戒文脉不通、文理不顺，又要纠正详略失当，避免杂乱无章。遣词造句讲究准确朴素、简洁流畅，既要克服模糊含混、艰涩拗口，又要清除错字、别字，修改病句、残句。这些都不是一下子就可以完成的，需要投入足够的时间和精力，在反复审视的基础上，下一番精雕细刻、字斟句酌的功夫[①]。

（三）大学数学思想方法作文示例

大学数学作为自然科学的基础，绝不仅仅是解决问题的工具，其中蕴含着许许多多精辟的数学思想方法。这些思想方法是从对大学数学研究对象的本质认识中，从具体的大学数学概念、原理（公式、定理、法则等）、方法等的认识过程中提炼概括的基本思想和根本方法，是大学数学教学中必须加以重视的。日本数学教育家米山国藏在其专著《数学的精神·思想和方法》中谈道：“无论对于科学工作者、教师人员，还是数学教育工作者，最重要的就是数学的精神、思想和方法，而数学知识只是第二位的。”“如果教师们利用数学教科书，向学生们传授这样的精神、思想和方法，并通过这些精神活动以及数学思想、数学方法的活用，反复地锻炼学生们的思维能力……纵然把

① 黄永彪，杨社平．微积分基础［M］．北京：北京理工大学出版社，2012.

数学知识忘记了，但数学精神、思想、方法也会深深铭刻于脑海里，长久地活跃于日常的业务中。”[1] 对大学数学思想方法的掌握不是一朝一夕可以实现的，必须日积月累，反复训练。在大学数学教学中，教师要求学生围绕这些大学数学思想方法撰写数学作文，引导学生遵循从个别到一般、从具体到抽象、从感性到理性、从低级到高级的认识规律去反复理解和运用大学数学思想方法，进而抓住大学数学思想方法的精髓。这样，即使学生将数学知识忘了，数学精神和数学思想方法也会“深深铭刻于脑海里”。

大学数学思想方法有很多，这里仅以极限思想方法和数形结合思想方法为例。

1. 极限思想方法作文

（1）极限思想方法

极限思想方法，是指用极限概念分析问题和解决问题的一种数学思想方法。极限概念的本质，是用联系变动的观点，把所考察的对象看作某对象在无限变化过程中变化的结果。它是微积分学中的一种重要的数学思想方法[2]。

极限思想方法不但贯穿微积分学的始终，而且在大学数学的微分方程、级数理论、积分变换、概率论与数理统计等中都有广泛的应用。通过对这些内容的学习，学生对极限思想方法一定会有很多自己的感悟、理解和认识。例如，对于极限概念的实际背景、形成过程、概念的本质属性、在解题中的运用，以及它在其他学科中如何解决实际问题等，学生都可以分析探究与归纳总结；也可以由此及彼，展开联想与想象，实虚结合，谈谈自己学习极限思想方法的过程和情感体验，并用数学作文表达出来。

（2）极限思想方法习作示例

极限思想方法浅析

数学是一门神秘而又吸引人的学科，而极限思想方法就是其中牵动人心的一部分。什么是极限？高中奋斗时每天所喊的口号“挑战极限，突破自我”中的“极限”两字，是我们对极限的最初理解。后面，我们慢慢接触了极限思想方法，揭开了它神秘的面纱。

极限思想方法渗透于微积分各个环节之中，是微积分理论形成的重要基

---

① 米山国藏．数学的精神、思想和方法［M］．毛正中，吴素华，译．成都：四川教育出版社，1986.

② 黄永彪，杨社平．一元函数微积分［M］．北京：北京理工大学出版社，2021.

础。因此，对微积分的学习必然要在充分理解极限思想方法的基础上进行。微积分以函数为研究对象，主要介绍微分和积分的概念、计算方法以及导数和微分的应用等。而这些内容都是建立在极限概念基础上的，没有极限思想方法作铺垫，就不会有整个微积分大厦。

极限思想方法的产生和其他科学思想方法一样，是经过历代人的思考与实践一步一步积累起来的，它也是社会实践的产物。极限的思想方法可以追溯到古代，我国古书中表达的无限可分思想方法，就包含了极限思想方法的萌芽。

我国古代数学家刘徽提出的无穷小分割法，就是建立在直观基础上的一种原始的极限思想方法的应用，架起了通向微积分的桥梁，至今仍熠熠闪光。例如，他创立的“割圆术”[①]（采用圆内接正多边形，当边逐次倍增接近圆时推算圆面积的方法）在证明圆面积公式中应用了极限思想方法。

在近代，极限思想方法得到进一步发展，在一定程度上，它是历史发展的必然产物。作为一种分析问题、解决问题的思想方法，极限思想方法主要被用来求未知量的精确值问题。先确定未知量的近似值，且该近似值是一连串越来越准确的近似值，它最终无限趋近于一个确定的值，这精确值就是所要求的值。它反映的是一个变量和另一个常量之间的无限接近的过程。它作为人类发现数学问题并尝试解决数学问题及相关学科问题的一种重要手段，在数学乃至科学发展过程中起到了巨大的作用。

微积分学包括微分学和积分学。概括说来，微分就是无限地细分，积分就是无限地累加求和。其中“无限”就是极限思想方法的体现，具体到知识点，函数连续性、导数和定积分等概念都是借助极限思想方法来定义的。

连续概念中渗透的极限思想方法

自然界中有许多反映“连续”的现象，表现在函数关系上就是函数的连续性。简单地说，如果一个函数图像可以一笔画成，整个过程不用抬笔，那么这个函数就是连续的。可是如何来定义呢？无论从连续函数图像的特征还是从函数连续的本质出发都离不开极限思想这个工具。连续的本质是当自变量的增加很微小时，所带来的函数值的增加也很微小，即$\lim\limits_{\Delta x \to 0} \Delta y = 0$，而能恰当描述这一动态过程的就是极限思想。可见，函数的连续性是借助极限思想来定义的，用极限思想描述的连续概念才完美。

导数概念中渗透的极限思想方法

导数最初是由数学家费马在研究极值问题时引入的，而关于导数经典的

---

① 郭书春．汇校九章算术［M］．沈阳：辽宁教育出版社，1990.

两个案例则分别由数学家牛顿和莱布尼茨提出。牛顿从运动学的角度出发，研究了变速直线运动的瞬时速度；莱布尼茨从几何学的角度研究了曲线的切线斜率。尽管这两个问题的实际意义和背景不同，但它们都归结为增量比的极限：$\lim\limits_{\Delta x \to 0}\dfrac{\Delta y}{\Delta x}$，这种特殊形式的极限就被定义为“导数”。可见，极限思想是导数概念的点睛之笔，是导数概念的核心所在。在学习时，可以从极限的角度理解导数概念，使导数的概念变得浅显易懂。

定积分概念中渗透的极限思想方法

定积分是由解决计算曲线围成的图形面积和变速直线运动路程等实际问题而引入的。这些问题的求解过程中都经过分割、近似代替、求和及取极限四个步骤，最终得到一个特殊类型的和式的极限：$\int_a^b f(x)\mathrm{d}x = \lim\limits_{\lambda \to 0}\sum\limits_{i=1}^{n} f(\xi_i)\cdot \Delta x_i$，利用极限思想方法，使近似值变成精确值，从而得到问题的解。正是取极限这一神奇的思想方法，使之前绞尽脑汁都无法解决的问题得到了解决！

从上面三个概念可以看出函数连续问题、导数问题和定积分问题都是极限问题。它们都是借助于极限才得以抽象化、严密化。实际上，不仅这些概念，还有微分、级数、偏导数、重积分等概念，甚至整个微积分的内容都是围绕“极限”这一核心内容来展开的。可以说，极限思想方法自始至终贯穿其中。它不仅在微积分领域中起到了很大的作用，还能广泛应用于其他数学分支，如概率论、微分几何、计算数学等，以及其他学科领域，如物理学、经济学等。例如，概率的定义即为事件发生频率的极限，现实生活中实验次数是有限的，因此研究概率时往往要用到求极限的办法；还有概率论中的许多定理，如大数定律与中心极限定理等，都是通过极限的语言来描述的。由此可见，极限思想方法无处不在，且极其重要。

数学是一门具有美感的学科，简洁是其主要特征，如定义和定理中凝练语言的表达和抽象符号的使用等，层次清晰，逻辑关系一目了然。微积分这门学科同样如此，极限定义就是非常好的诠释。在专业术语中把极限定义称为“$\varepsilon-\delta$”语言，这一语言虽然简短，但它精准描述了极限的概念，将极限的思想方法全盘托出。在极限的学习中，我们要从其形式的简洁、凝练上多思考、多体会，这样有助于从本质上理解这一思想方法的精髓。

学习微积分不仅学习知识，更是学习其中蕴含的思想方法。极限的思想方法较为抽象，概括来说就是一种无限逼近的思想，是在无限的量变积累过程中最终实现质的飞跃。在学习时，我们可以通过具体的例子慢慢体会，在反复的体会练习中，就能逐渐掌握极限思想方法。充分理解极限思想，在分析问题时就能够在一定程度上化难为易，找到更好的解题方法，在解决类似函数问题、数列问题、定积分和概率等多种数学问题时都会取得事半功倍的效果。

数学与哲学向来是一家，从哲学的角度来考虑，极限思想方法蕴含着丰富的辩证法思想方法，是唯物辩证法在数学上的表达形式。极限思想方法可以使有关变量与常量、无限与有限、近似与精确、量变与质变等矛盾的对立双方相互转化，从而化未知为已知，体现了对立统一规律和量变质变规律，同时也体现了否定之否定规律。正是由于包括极限思想方法在内的高等数学思想方法包含着丰富的辩证思维，才使得高等数学，主要是微积分巧妙而有效地解决了许多初等数学所不能解决的问题。在学习中，要注重体会其中蕴含的思想方法，并从哲学的角度归纳总结，这也是思政教育隐形渗透的具体体现。大学生正处于价值观形成的关键阶段，因此，发挥好这一思想对大学生树立正确价值观有极大意义，而这一意义不仅体现在对具体问题的分析上，还体现在对待学习、工作和生活的态度上。

综上所述，极限思想方法不仅能帮助我们深刻理解微积分学的精髓，提高解决实际问题的能力，还能帮助我们树立正确的价值观。因此，我们不仅要深刻领会极限思想方法在解决问题中的作用，更要体会到它对我们科学认识世界的指导意义。

习作点评

这是一篇知识探究型作文。作文从极限思想方法产生、发展的历史背景出发，阐释了极限思想方法在数学以及其他领域的重要作用与应用，探究了大学数学中的一些重要概念与极限思想方法的关系，并从中领会到掌握它的学习方法，还进一步从跨学科角度领悟到极限思想方法是唯物辩证法在数学领域中的体现以及对大学生树立正确价值观有极大意义。这是相当可贵的。总之，从文中可以看到习作者对极限思想方法有较为深刻的理解和认知。

2. 数形结合思想方法作文

(1) 数形结合思想方法

数形结合思想方法就是通过“数”和“形”之间的对应关系和相互转化来解决问题的思想方法[①]。作为经典的数学思想方法之一，它主要用于解决数

① 黎海英．强化高等师范数学专业学生数形结合思想的教学研究［J］．广西教育学院学报，2021 (4)：103－106.

学问题。解决方式一般有两种：一种是以“形”助“数”，化抽象为直观，即借助图形的直观来解决“数”的问题，来充分反映数之间的变化关系；另一种是以“数”解“形”，化难为易，即从“数”中去认识“形”，将“形”的问题转化为“数”的问题，用数的精确性把图形中蕴含的数量关系表达出来。

运用数形结合思想方法可以把抽象的数学语言、数量关系与直观的几何图形、位置关系结合起来，通过抽象思维与形象思维的结合，使复杂的问题简单化，抽象的问题具体化①。因大学数学内容具有高度的抽象性，学生在学习时常常会采用这种方法，比如用于对概念的深化理解、对定理的直观解释、对解题思路的寻求②等。学生必定有许多感受，完全可以写成数学作文。这样，学生既能加深对数学知识的理解和锻炼数学思维能力，又能提高写作水平和分析与解决问题的能力。

（2）习作示例

运用数形结合思想方法理解微积分知识

数形结合思想方法是通过将数学中最主要的两个研究对象“数”和“形”有机结合，使数学问题具体化、形象化、可视化的一种数学思想方法。柏拉图说过，只有数学存在的实体才能具备永恒的可理解性，任何科学都只有建立在几何带来的概念和模式上，才可以解释现象、表面的结构和关系。著名数学家华罗庚也曾说过：“数形结合百般好，割裂分家万事休。”可见数形结合思想方法对学习数学极为重要。运用数形结合思想方法可以取得两种效果：一是对于抽象的问题文字符号，通过图形可以直观地表达出其内在含义；二是通过数据可以更直接地解读和描述图形所提供的信息。运用数形结合思想方法可以使抽象的数学问题变得更加直观生动，能让抽象的思维转化为形象的思维。大学数学与高中数学相比更加抽象，若运用数形结合思想方法来理解，可以帮助我们更快、更好地掌握相关内容。下面举例说明数形结合思想方法在理解微积分知识中的运用。

一、数形结合思想方法在理解中值定理中的运用

在理解数学知识和解题时，只要能画图就先立刻画图，摘取图中涵盖的重要信息，会使问题变得直观化；同时能够从多个角度出发，使思路变得更加宽广，从而快速获得准确的深刻理解和求解思路。

---

① 陈晓敏．浅谈数形结合思想方法的渗透［J］．新课程导学，2013（11）：61.

② 方倩珊．“数”“形”结合思想在高等数学中的应用［J］．高等数学研究，2017，20（6）：54－57.

（一）罗尔中值定理

如果函数 $f(x)$ 满足下列条件：① 在闭区间 $[a, b]$ 上连续；② 在开区间 (a, b) 内可导；③ $f(a)=f(b)$。

则在 (a, b) 内至少存在一点 $\varepsilon(a<\varepsilon<b)$ 使得 $f(\varepsilon)=0$。

1. 定理的三个条件都满足，定理必成立

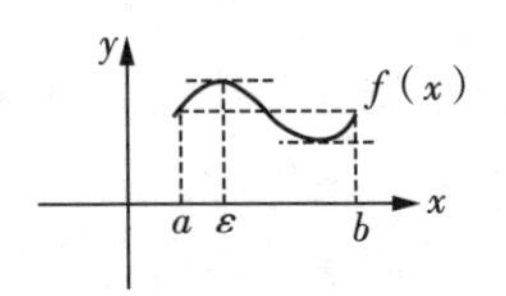

图 7－1　罗尔中值定理成立图示

$f(x)$ 在 $[a, b]$ 上连续，则 $f(x)$ 必存在最大值 M 和最小值 m，又因为 $f(x)$ 在 (a, b) 内可导，且 $f(a)=f(b)$，则光滑曲线必至少有一个最高点或最低点 ε，而在点 ε 处的切线与 x 轴平行，即点 ε 处的切线的斜率为零：$f'(\varepsilon)=0$。罗尔中值定理成立图示如图 7－1 所示。

2. 定理的三个条件缺一不可

① 当 $f(x)$ 满足①②但不满足③时，$f(x)$ 的图像如图 7－2 所示，并不存在一定有 $f'(\varepsilon)=0$ 的情况。

② 当 $f(x)$ 满足①③但不满足②时，$f(x)$ 的图像如图 7－3 所示，并不存在一定有 $f'(\varepsilon)=0$ 的情况。

③ 当 $f(x)$ 满足②③但不满足①时，$f(x)$ 的图像如图 7－4 所示，并不存在一定有 $f'(\varepsilon)=0$ 的情况。

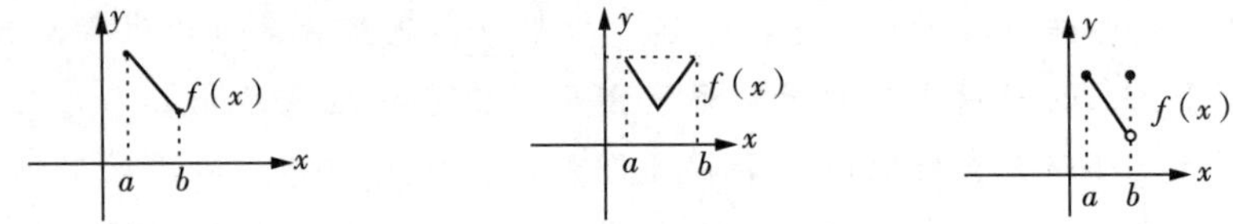
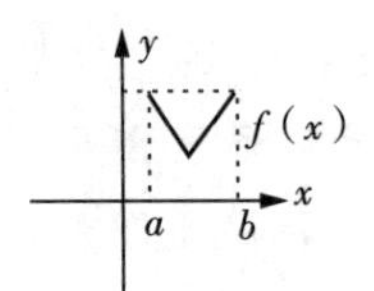
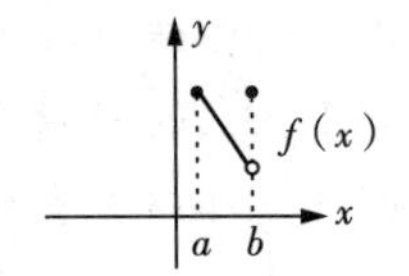
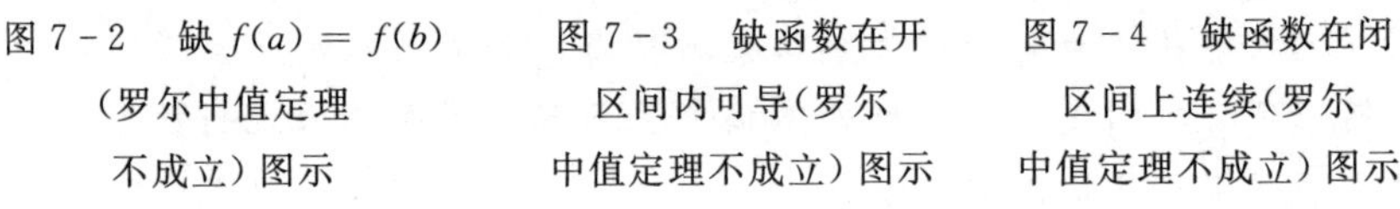

图 7－2　缺 $f(a)=f(b)$（罗尔中值定理不成立）图示

图 7－3　缺函数在开区间内可导（罗尔中值定理不成立）图示

图 7－4　缺函数在闭区间上连续（罗尔中值定理不成立）图示

（二）拉格朗日中值定理

如果函数 $f(x)$ 满足下列条件：① 在闭区间 $[a, b]$ 上连续；② 在开区间 (a, b) 内可导。

则在 (a, b) 内至少存在一个点 $\varepsilon(a<\varepsilon<b)$，使得 $f'(\varepsilon)=\dfrac{f(a)-f(b)}{a-b}$。

1. 定理的两个条件都满足，定理必成立

如图 7－5 所示，$\dfrac{f(b)-f(a)}{b-a}$ 为弦 AB 的斜率，而 $f(x)$ 在 $[a, b]$ 上连

续，且 $f(x)$ 在开区间 (a, b) 上有意义，就一定至少存在一点 ε 处的切线与弦 AB 平行，即它们的斜率相等：$f'(\varepsilon)=\dfrac{f(a)-f(b)}{a-b}$。

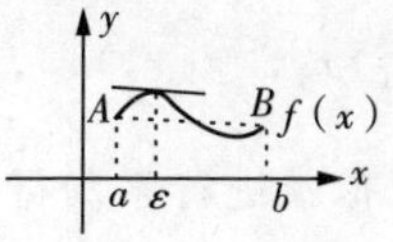

图 7-5　拉格朗日中值定理成立图示

2. 定理的两个条件缺一不可

① 当 $f(x)$ 在 $[a, b]$ 上连续，但在 (a, b) 内不可导时，$f(x)$ 如图 7-6 所示，并不存在一定有 $f'(\varepsilon)=\dfrac{f(a)-f(b)}{a-b}$ 的情况。

② 当 $f(x)$ 在 $[a, b]$ 上不连续，但在 (a, b) 内可导时，$f(x)$ 如图 7-7 所示，并不存在一定有 $f'(\varepsilon)=\dfrac{f(a)-f(b)}{a-b}$ 的情况。

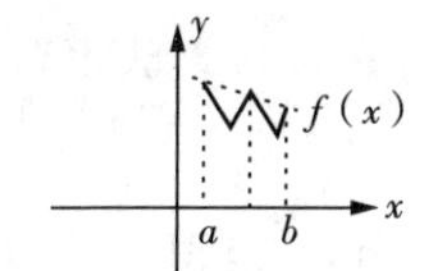

图 7-6　缺函数在开区间内可导（拉格朗日中值定理不成立）图示

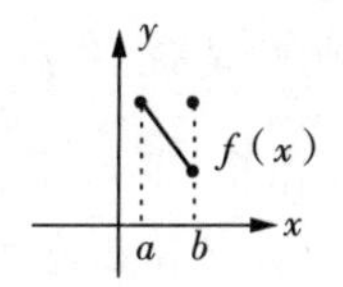

图 7-7　缺函数在闭区间上连续（拉格朗日中值定理不成立）图示

（三）柯西中值定理

如果函数 $f(x)$ 与 $g(x)$ 都满足下列条件：① 在闭区间 $[a, b]$ 上连续；② 在开区间 (a, b) 内可导；③ 在 (a, b) 内每一处都有 $g(x)\neq 0$。

则在 (a, b) 内至少存在一点 $\varepsilon(a<\varepsilon<b)$ 使得 $\dfrac{f(a)-f(b)}{g(a)-g(b)}=\dfrac{f'(\varepsilon)}{g'(\varepsilon)}$。在这里，上式可以变为 $\dfrac{\frac{f(a)-f(b)}{a-b}}{\frac{g(a)-g(b)}{a-b}}=\dfrac{f'(\varepsilon)}{g'(\varepsilon)}$。因此可以看出柯西中值定理与拉格朗日中值定理具有一定的相似性。

二、数形结合思想方法在理解定积分概念中的运用

1. 利用图像理解定积分的定义 $\int_a^b f(x)\mathrm{d}x=\lim\limits_{\gamma\to 0}\sum\limits_{i=1}^{n} f(x_i)x_i$

数形结合思想方法能够有效地将数学中抽象的概念直观化、形象化，能使我们得到解决问题的启发或数量关系的直接感知。

如图 7-8 所示，先把 $[a, b]$ 分成 n 个区间，这些区间的长度的最大值 γ 趋

向于0时，一定有n趋向于∞，则各区间上窄曲边梯形的面积近似值为$f(x_1)x_1$，$f(x_2)x_2$，$f(x_3)x_3$，…，$f(x_n)x_n$，将各区间上窄曲边梯形的面积近似值进行累加得到$\sum_{i=1}^{n} f(x_i)x_i$，则可以推出

$$A=\lim_{\gamma \to 0}\sum_{i=1}^{n} f(x_i)x_i=\int_a^b f(x)\mathrm{d}x$$

也就是说，求$\int_a^b f(x)\mathrm{d}x$就是求$y=f(x)$、$x=a$、$x=b$、x轴所围成的曲边梯形的面积A。这就是定积分的几何意义。

当$f(x)\leqslant 0$时，$-f(x)\geqslant 0$，这时由曲线$y=f(x)$与直线$x=a$、$x=b$、x轴所围成的曲边梯形面积为$A=\lim_{\gamma \to 0}\sum_{i=1}^{n}[-f(x_i)]x_i=-\lim_{\gamma \to 0}\sum_{i=1}^{n} f(x_i)x_i=-\int_a^b f(x)\mathrm{d}x$。也就是说当$f(x)\leqslant 0$时，$\int_a^b f(x)\mathrm{d}x$在几何上表示曲边梯形面积的相反数，如图7－9所示。

$f(x)$在$[a, b]$上有时取正值，有时取负值，如图7－10所示，则$\int_a^b f(x)\mathrm{d}x=A_1-A_2+A_3$。

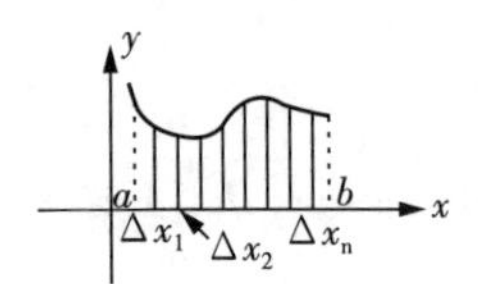

图7－8　定积分定义理解图示

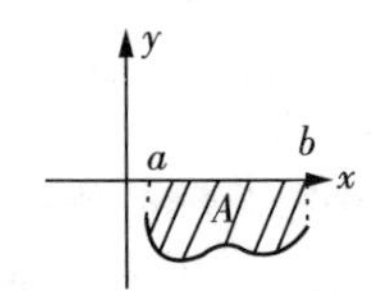

图7－9　$f(x)\leqslant 0$时定积分的几何图示

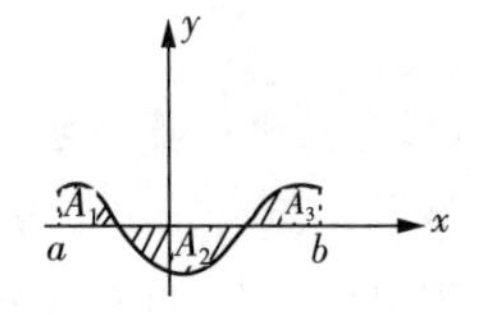

图7－10　一般函数定积分的几何图示

2. 利用定积分几何意义来求定积分

运用数形结合思想方法将复杂、烦琐的代数运算问题转化为形象、直观的几何问题，能在解题时取得事半功倍的功效，不仅能使求解过程变得简洁明了，还能更加快速地得出准确的答案。

例1　求$\int_{-1}^{2} 3\mathrm{d}x$。

根据定积分几何意义可知，这里实际上要求的相当于$y=3$、$x=2$、$x=-1$、x轴所围成的图形的面积A。从图7－11可知就是求矩形面积$A=[2-(-1)]\times 3=9$，则$\int_{-1}^{2} 3\mathrm{d}x=9$。

例 2　求$\int_{-a}^{a}\sqrt{a^2-x^2}\,dx$。

根据定积分几何意义可知，这里要求的实际上相当于$y=\sqrt{a^2-x^2}$、$x=-a$、$x=a$、x轴所围成的图形的面积A，而$y=\sqrt{a^2-x^2}$可以变形为$y^2+x^2=a^2$，$(y\geqslant 0)$。这是一个以原点为圆心，a为半径，在x轴上的半圆，如图7-12所示。于是所要求的就是这个上半圆的面积$A=\pi r^2=\pi a^2$。故$\int_{-a}^{a}\sqrt{a^2-x^2}\,dx=\pi a^2$。

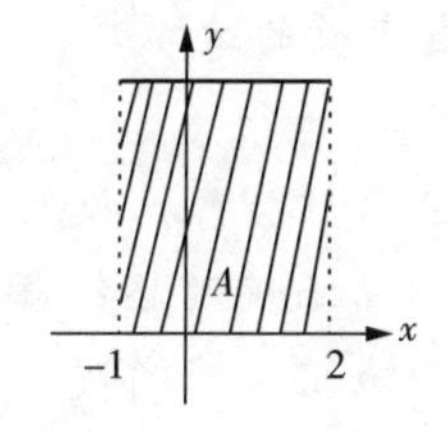

图 7-11　例 1 图示

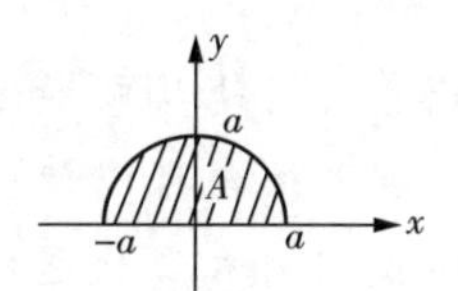

图 7-12　例 2 图示

例 3　求$\int_{-2}^{4}x\,dx$。

根据定积分几何意义可知，这里要求的实际上相当于求$x=-2$、$x=4$、$y=x$、x轴所围成的面积A，如图7-13所示，就是求三角形面积$A=A_1-A_2=\frac{1}{2}(4\times 4-2\times 2)=6$，则$\int_{-2}^{4}x\,dx=A=6$。

例 4　$\int_{-\frac{\pi}{2}}^{\frac{\pi}{2}}\sin x\,dx$。

根据定积分几何意义可知，这里要求的实际上相当于$y=\sin x$、$x=-\frac{\pi}{2}$、$x=\frac{\pi}{2}$、x轴所围成的图形面积的代数和A。如图7-14所示，可得出$A_1=A_2$，即$A_1-A_2=0$，则$\int_{-\frac{\pi}{2}}^{\frac{\pi}{2}}\sin x\,dx=\int_{-\frac{\pi}{2}}^{0}\sin x\,dx+\int_{0}^{\frac{\pi}{2}}\sin x\,dx=-A_2+A_1=0$。

要理解好定积分的概念和意义离不开图形，数形结合可使我们更好地把握定积分的知识，使定积分不再抽象，能看得见、摸得着。

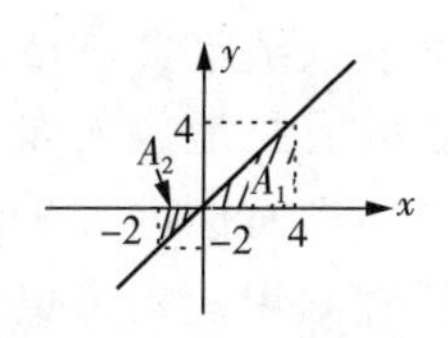

图 7-13　例 3 图示

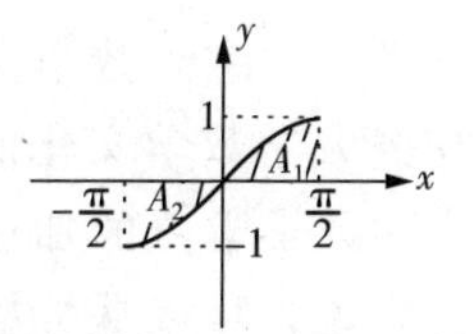

图 7-14　例 4 图示

三、数形结合思想方法在理解微分定义中的运用

充分利用图形与文字的巧妙结合与相互转化，能够从多种角度出发，帮助我们更容易地理解相关概念；找出问题解决方法，使求解变得更加便捷。

如图7-15所示，正方形的面积y关于边长x的函数为$y=f(x)=x^2$，当边长有一个改变量Δx时，对应的面积改变量为$\Delta y=(x+\Delta x)^2-x^2$，由图7-15知$y$为阴影部分的面积，当$\Delta x\to 0$时，$\Delta y\approx 2x\Delta x\approx f'(x)\Delta x$，当自变量的改变量很小的时候，用微分$\mathrm{d}y$代替函数改变量$\Delta y$，自变量$x$的微分等于自变量的改变量$\mathrm{d}x=\Delta x$，即：$\mathrm{d}y=f'(x)\cdot \mathrm{d}x$。

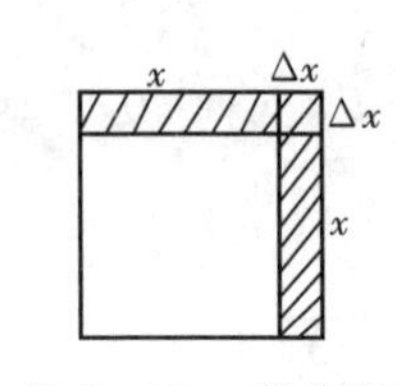

图7-15 微分定义理解图示

利用图形能够直观地反映数量关系，建立数学模型，使问题条件的显现更加直观形象。数形结合可以使我们更好地树立正确的思维意识，利用数形结合的方式帮助我们树立现代思维意识，引导我们从多角度、多方面进行问题的思考，帮助我们养成发散思维的习惯。其实，数形结合思想也不仅仅在微积分、中值定理中运用，很多数学理论的定义都需要数形结合思想来协助理解。因此，在学习大学数学时，我们应该养成主动使用数形结合思想方法的习惯，以提高知识综合贯通能力、思维能力和创新能力。

习作点评

习作者认真分析了数形结合思想方法在理解微积分知识中的运用，思路比较清晰，举例恰当，揭示了数形结合思想方法的具体化、直观化作用，展示了运用数形结合思想方法可感觉到的具体的研究对象，让问题变得简明、形象、易懂。

第二节 例谈在大学数学教学中融入人文素养培养

一、在大学数学教学中融入马克思主义哲学思想

在大学数学教学中融入数学文化，要注重以数学蕴含的马克思主义哲学思想为主线，挖掘大学数学文化的核心要素，并有机地融入课堂教学中，使数学文化成为大学数学学习的加速器和营养液，进而推进大学数学学习和创新。从宏观视角来说，可以从分析大学数学课程知识建构思想与文化、数学文化资源认知着手。下面结合高等代数课程来谈。

（一）高等代数知识建构简析

全国各高校使用的《高等代数》教材有很多种，这里选择北京大学数学系几何与代数教研室代数小组编写出版的《高等代数》（1988 年第二版）为蓝本做如下分析：该门课程的内容结构大致可以概括为“一个中心”“两条路径”“四个内容节点”“两大重要工具”。所谓“一个中心”，即指“以求代数方程式（组）的解为中心”，整个《高等代数》的主要内容就是围绕这个问题展开的，这是一个要解决的实际问题。为了解决这个问题，其内容按照问题在实践中的认识和发展逻辑展开，人们探究历程按“两条路径”展开：一是从一元一次方程式到一般一元 n 次方程式的求解，解决两个问题，分别是是否有解的判别和如何求解（为方便我们姑且将这个问题记为“方程式的解”）；二是从一元一次方程式、二元一次方程方程组，到一般的 n 元一次方程组的求解，也是解决两个问题，是否有解的判别和具体求解的方法（为方便不妨将这个问题记为“方程组的解”）。

由以上“方程式的解”和“方程组的解”的探究和拓展产生了“四个内容节点”，即多项式理论、线性方程组理论、线性空间（包括欧氏空间）、二次型理论；以及“两大重要工具”：行列式及其计算、矩阵（包括 λ-矩阵）及其初等变换。

（二）《高等代数》内容蕴含辩证唯物主义认识论

《高等代数》的内容是从中学的一元（一次）、一元二次（二元一次）、一元三次（三元一次）方程（组）的求解到一般一元 n 次（n 元一次）方程（组）的求解问题，从理论上给出一般性的结论（答案）。

这既是知识上的飞跃，又是思维方式上的飞跃，还是马克思辩证唯物主义认识论的一种数学实践阐释。尤其是给学生呈现了一种认识事物的马克思主义方法论：实践—认识—再实践。

《高等代数》的内容从方程式的求解问题出发，经由“两条路径”发展。

1. 第一条路径：“方程式的解”

从方程的次数提高到一般一元 n 次方程式的解，即 $f(x)=ax+b=0$。当 $a\neq0$ 时，$x=-\dfrac{b}{a}$，$f(x)=ax^2+bx+c=0$；当 $a\neq0$，且 $b^2-4ac\geqslant0$ 时，

$x_{1,2}=\dfrac{-b\pm\sqrt{b^2-4ac}}{2a}$（在实数范围内）

…………

$f(x)=a_nx^n+a_{n-1}x^{n-1}+\cdots+a_1x+a_0=0$，其解的情况如何？

要求其解，需要解决以下两个问题。

第一，用方程式的系数的四则运算和乘方、开方表示其解，即简称为方程式的根式解问题。

实践探索得出了一次方程式的根式解、二次方程式的根式解，并且三次、四次代数方程式也能用根式解。我们不禁要问：一般五次及五次以上代数方程式可否用根式解？之后，数学家们曾经长时间试图证明一般五次代数方程的解亦可以由其系数的四则运算和乘方、开方来表示。直到 1816 年著名的代数学家阿贝尔和伽罗华先后给出了不可根式解的证明。而阿贝尔只给出了五次及以上代数方程式不可用根式解的证明。但事实上，并不是所有的五次以上方程式不可根式解，而是一部分不能解，另一部分能解。问题是什么情况下可以根式解呢？伽罗华的证明及其理论从理论和实践上彻底解决了五次及以上方程式的根式解问题。这就是著名的伽罗华理论。

第二，不要求用系数根式解，而是考虑一般方程式的求解问题。这就是《高等代数》中一般多项式解的理论问题，将讨论在不同的数域中得出不同的结论，给出一些清晰的回答。

2. 第二条路径："方程组的解"

由一元一次方程式发展，增加未知数，而次数仍是一次的，如二元一次方程组、三元一次方程组，以至一般的 n 元一次方程组的求解问题，即

$$\begin{cases} a_{11}x_1+a_{12}x_2+d_1=0 \\ a_{21}x_1+a_{22}x_2+d_2=0 \end{cases} \tag{7-1}$$

…………

推广到 n 元一次方程组：

$$\begin{cases} a_{11}x_1+a_{12}x_2+\cdots+a_{1n}x_n+d_1=0 \\ a_{21}x_1+a_{22}x_2+\cdots+a_{2n}x_n+d_2=0 \\ \qquad\qquad\cdots\cdots \\ a_{m1}x_1+a_{m2}x_2+\cdots+a_{mn}x_n+d_m=0 \end{cases} \tag{7-2}$$

的求解及其判别。当 $m<n$ 时，有可能有解，而且可能有无穷多个解时，其解的集合，对于数的加法和数乘，就构成了解空间，"解空间"的出现，意味着一般空间的理论研究具有十分重要的价值，已经有了一个非常有意义的实例"解空间"，进而产生了线性空间概念及其理论。这就是线性代数的内容（《高等代数》重要的一部分）。这个探讨过程又是一个从实践（实际问题）"（7－

1)”到认识“(7-2)”[从认知少元一次方程组到一般 n 元一次方程组解的一般规律的认识(解和判别)] 的过程。这条路径同样是第一条路径所经历的辩证唯物主义认识论的思想方法，即实践—认识—再实践。

根据以上分析，教师在讲授高等代数这门课程时，要在课程开始的第一节课概述这门课的基本思想、解决问题的思路，即介绍《高等代数》的“一个中心”“两条路径”的基本思想和目标以及内容发展的基本逻辑，让学生初步认识高等代数从解决实际问题拓展到一般抽象的问题，并且以中学代数(或者称为直观的数学)为基础。这是一个飞跃，将是学生必须闯过的第一个难关，讨论解决的方法，从实际问题中寻找和认识一般问题的规律，找到解决一般问题的方法和路径，并从理论上给予其可能性和可靠性的保证。这是一个马克思唯物辩证法的认识论过程，理论来源于实践。

从以上分析可以看到：在解决实际问题时，找到了问题的规律进而提升到理论层次，这就产生了第一次飞跃；当这种理论被应用到更为广泛的领域时，解决了更为高深和尖端的科学问题，这就是第二次飞跃，这次飞跃将极大地推进社会进步，造福人类!

二、在大学数学教学中融入爱国情操培养

以众所周知的中国数学大师华罗庚为例。华罗庚既是国际著名的数学家，又是一位伟大的爱国主义者。1936 年受中华文化教育基金会资助，华罗庚到英国剑桥大学做访问学者，英方合作导师是当时英国乃至世界上数论大师哈代。在上海候船时，时任上海美华女子中学训导主任虞寿勋(金坛老乡)问华罗庚：“今日乘长风，破万里浪，远离故乡，有何感想?”，华罗庚回答：“我现在只想如何为国争光!”，一副“不达目的，誓不甘休”的豪壮气概令人佩服。到了剑桥大学，当哈代看完华罗庚的论文后，请他的助手海尔布伦转告“他可以在两年之内获得博士学位”。通常若要在剑桥大学获得博士学位，至少三四年，甚至更长的时间。华罗庚回答：“谢谢他的好意，我只有两年的研究时间，自然要多学点东西，多写些有意思的文章，念博士不免有一些繁文缛节，太浪费时间了，我不想念博士学位，我只要求做一个访问学者。我来剑桥大学是为了求学问，不是为了学位。”这种务实和远大理想，让外国人惊奇和敬佩。华罗庚没有为了学位耗费精力和时间，而是在两年时间内专心听了七八门课，写了十多篇极高水平数学论文，解决了许多世界难题，如关于三角和的估计、华林问题、哥德巴赫猜想的推进等等。1937 年，抗日战争爆发，大片土地沦陷，华罗庚归心似箭。1938 年他放弃了留在英国继续做研究工作和教书的机会，迎着战火回到了祖国，到西南联合大学任教。临别英

国导师哈代时，哈代问华罗庚两年的研究成果，华罗庚把自己研究的成果一一告诉了哈代，哈代听后十分高兴地说："好极了！我与赖特正在写一本书，你的一些成果应该被写进书里去。"这是近代中国数学家的成果最早被外国名家引用的例子，实现了华罗庚赴英留学的目标，展示了中国数学家的才华和骨气，为国争光了①！1945 年，他应苏联科学院邀请赴苏联旅行和讲学，受到热烈欢迎。1946 年秋，他应普林斯顿高等研究院邀请任研究员，并在普林斯顿大学执教，后被伊利诺伊大学聘任为终身教授。中华人民共和国刚成立，他毫不犹豫地放弃了在美国优越的生活和工作条件，于 1950 年乘船回国。在横渡太平洋的航船上，他致信留美学生："梁园虽好，非久居之乡，归去来兮！为了抉择真理，我们应当回去；为了国家民族，我们应当回去；为了为人民服务，我们应当回去！"

华罗庚回国后，特别是中华人民共和国成立后，得到党和国家的高度重视，担任我国科学界诸多重要职务，领导着中国数学研究、教学与普及工作，组建数学各领域的研究团队，很快取得了喜人的成绩，为国家的数学事业做出了巨大贡献。除了在数论领域研究成果达到世界领先水平外，他还在代数学领域取得了如典型群、矩阵几何、多复变函数论等多方面的开创性的成果，成为中国现代数学的奠基人和领头人。他还为国家培养了一大批具有世界先进水平的著名数学家，如陈景润、王元、万哲先、潘承洞、陆启铿、越民义、吴方等知名数学家。他的足迹遍布中国 20 个省市厂矿企业，普及推广"统筹法"和"优选法"，取得了很好的经济效益，产生了深远影响。

华罗庚学术起源于方程式（多项式）的求根问题；华罗庚求真的学术品质和谦逊的做人品行值得学习；华罗庚始终立足国家发展拼搏，艰苦卓绝、硕果累累，是中国科学家的优秀典范，光耀华夏、影响世界。

华罗庚对中国数学发展所做出的贡献，中华儿女世代铭记。他爱祖国、爱人民的赤胆忠心，永远鼓舞着中华儿女。他历尽拼搏的科学精神永远激励后人②。

教师在大学数学教学中讲述数学家爱国故事，就是要让学生明白：虽然科学无国界，可是科研人员、科学家是有国界的，一个有正义和良知的科学工作者或科学家，先要为了自己的祖国，为了中华民族复兴，为了人民幸福生活，然后要为了人类社会的和谐与和平，建立人类命运共同体而做贡献。

---

① 王元．华罗庚［M］．北京：开明出版社，1994.

② 黄永彪，杨社平．一元函数微积分［M］．北京：北京理工大学出版社，2021.

三、在大学数学教学中融入多元一体思想

多元一体是多元化和一体化的合称，多元化是指不同的对象组合，如性别、种族、民族的不同组合，多元一体化认知的形成，需要通过教育来完成。多元一体是数学学科的显著特征，是数学文化的明显体现。教师应充分挖掘大学数学中蕴含的多元一体思想，并融入课堂教学之中，发挥其育人的功能。

（一）函数运算法则中蕴含着多元一体思想

我们知道，高等数学研究的主要对象是函数，基本上有六种基本初等函数，或者由这六种基本初等函数经过有限次的四则运算或有限次的复合运算而成的初等函数，或者由初等函数所表示的分段函数。函数的运算法则是人们在长期生活实践中发现的真理，是数学研究所必须遵守的原则。微积分的发展史，就是解决处理好各种函数，共同开发自然/社会科学领域，发展壮大，在思想上团结统一、兼容并蓄，地位上相互依存的过程。微积分课程的研究对象使各种函数相互交融汇成多元一体的，相互亲近、你中有我、我中有你的“命运共同体”。

函数的运算法则中蕴含着你中有我、我中有你、同心聚力的思想，只有通过函数运算才能解决现实生活中的复杂问题，使函数在科学研究与经济建设中发挥更大的作用。函数的运算法则充分体现了多元聚为一体、一体容纳多元的思想，既体现了多重多元，坚持平等和谐，又凸显了高度认同，这说明了如果多元不聚成一体，一体不能容纳多元，就不能解决大问题，发挥更大的作用。数学研究学习具有规范人的行为、统一人的思想、使人们养成遵纪守法习惯的作用，所以函数的运算法则具有包容性强、凝聚力大、法规政策性强的内涵，是共同的函数身份认同，是共有的数学精神家园的“命运共同体”，数学中“共同体意识”所形成的数学的高度抽象性，是数学各分支的融合和数学研究统一规律、性质及运算之基，而多元一体认同是数学各分支的根脉。在大学教学中，充分挖掘蕴含在数学知识中的这些数学文化并融入教学，可以促进学生树立正确的人生观、价值观和世界观，形成良好的行为习惯，增强遵纪守法意识，提高思想道德素质。

（二）数学中的抽象性蕴含着多元一体思想

在数学学习中一些具体的简单的公式、定义，如两个重要极限、导数基本公式、不定积分基本公式、定积分的定义等都是非常重要的，必须牢记。但是，只记住这些具体公式，并不能将其发挥更大的作用，必须把这些公式抽象推广，把一个具体公式变成一类抽象公式，使得该抽象公式包含更多具

体元素，从而能解决更多、更复杂的具体问题，这些更多、更复杂的具体问题构成了抽象公式、定义中的多元一体。例如，导数基本公式的“三元统一”，即运用求导基本公式时要满足“三元统一”，被求导函数的变量、求导变量、求导结果的变量这三者（三元）要统一，“三元统一”套用求导公式示意图[①]如图 7-16 所示。

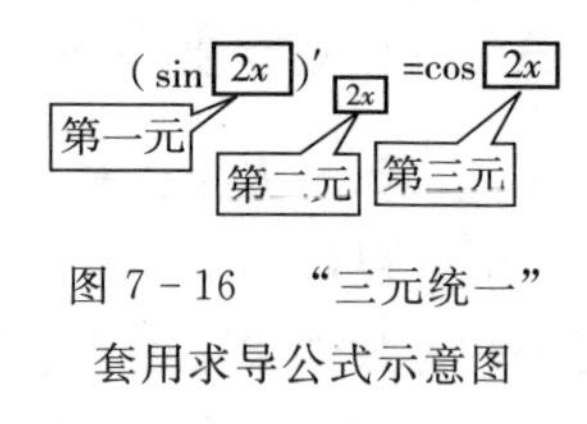

图 7-16　“三元统一”套用求导公式示意图

运用基本积分公式时亦如此，被积函数的变量、积分变量、积分结果的变量这三者（三元）要统一。如在使用第一换元积分法（凑微分）求不定积分时，凑微分的目的就是为了满足“三元统一”原则，从而可以应用基本积分公式求解。即通过凑微分使积分变量（第二元）和被积函数的变量全体（第一元）二元统一，从而满足“三元统一”原则[②]，“三元统一”套用积分公式示意图如图 7-17 所示。若 $F(x)$ 是 $f(x)$ 的一个原函数，则

$$\int f[\varphi(x)]\cdot\varphi'(x)\mathrm{d}x=\int f\left[\boxed{\varphi(x)}\right]\mathrm{d}\,\boxed{\varphi(x)}=F\left[\boxed{\varphi(x)}\right]+C$$

第一元　第二元　第三元

图 7-17　“三元统一”套用积分公式示意图

导数、定积分的定义是从几何、物理、经济等不同学科领域中提出的概念，但它们都被统一到一个抽象的概念中，所以数学中蕴含着丰富、多元一体的思想，深刻理解这些思想，掌握这些数学中的认知规律，对学生在思想上铸牢中华民族共同体意识具有重要的作用。

（三）微积分概念系统中蕴含着多元一体思想

微积分内容都是统一围绕“极限”这一核心内容来展开的。首先从极限思想出发给数列极限和函数极限下定义，进一步研究与数列理论相应的级数理论。函数的连续性是借助极限来定义的：$\lim\limits_{\Delta x\to 0}\Delta y=0$，同时规定以零为极限的变量是无穷小量。再由无穷小量引出极限方法，因为极限方法的实质就是对无穷小量的分析。然后，利用极限去解决几何学中的切线问题及力学中的速度问题，引出导数概念。导数的实质是增量比的极限：$\lim\limits_{\Delta x\to 0}\dfrac{\Delta y}{\Delta x}$。因此，导

① 沈彩霞，黄永彪．简明微积分［M］．北京：北京理工大学出版社，2020.

② 黄永彪，杨社平．微积分基础［M］．北京：北京理工大学出版社，2012.

数问题还是极限问题。微分可以说是导数的进一步扩展，它把函数的改变量与导数的内在联系结合起来。导数考查的是函数在点 x_0 的变化率，而函数在点 x_0 的微分是 Δy 的线性主部，函数可微与可导是等价的。但是不管怎样，它们都涉及一种重要的方法：极限方法。接下来，进一步深化导数思想，使之得到广泛的应用。微分定义及表达式虽然给出了函数改变量与导数的内在联系，但仅是在一点邻近的局部性质，且是近似的。若要揭示在一个区间上函数与导数的内在联系，还得依靠微分学的中值定理来解决。中值定理是微分学中一个很重要的定理。极限给定理证明带来不少便利，特别是左、右极限的作用更大。还有，无穷小量的运算，其实是极限的运算——不定式的极限，最有效的解题方法是运用洛必达法则。不定积分，实质上是微分的逆运算。定积分的概念实质上是一个特殊类型的和式极限：

$$\int_a^b f(x)\mathrm{d}x = \lim_{\lambda \to 0} \sum_{i=1}^{n} f(\xi_i) \cdot \Delta x_i$$

定积分的计算关键是通过牛顿-莱布尼茨公式建立不定积分与定积分的关系。

从这些分析可以发现，函数的连续性、级数、导数、微分、定积分等概念都是借助于极限才得以抽象化、严密化的①，并且以它们为纽带，其他概念和它们一起与极限被统一为一个“微积分命运共同体”。但远远不止这些，在多元函数的偏导数、重积分等概念中，甚至整个微积分中的许多概念，都统一在极限之中。由此可见，微积分概念系统中蕴含着多元一体思想。在大学数学教学中，教师帮助学生理清微积分概念之间的关系，领会其中蕴含的多元一体思想，有助于学生在理解和掌握数学知识时，增强“四个意识”，提高综合素质。

总之，在大学数学教学中融入人文素养培养时，要坚持三条基本原则，即坚持从课程内容中挖掘培养学生素质和方法的数学文化要素，深化知识学习的潜移默化思想，提升数学学习水平；坚持从课程知识发展的优秀历史文化传统中精选数学文化要素，激励学生学习榜样，奋力向前；坚持积极正向的引导和疏导，提趣立志、投身祖国的振兴事业。在这三条基本原则的基础上，还可以根据教师自身的认知和兴趣，开发其他更多数学文化资源要素。

① 黄永彪，杨社平．微积分基础［M］．北京：北京理工大学出版社，2012.

第三节　开展民族数学文化的调查研究

“民族数学文化”是指生活在特定的民族地域的人们所特有的数学行为、数学观念和数学态度等①。民族数学文化，是这个民族数学教育的出发点，是认识学生数学思维特点的依据，是数学教学必不可少的背景材料。正如G·豪森所说：“不管是发达国家还是发展中国家的大多数人民，民族数学对于他们的一生是必不可少的。例如，众所周知，当遇到日常生活中的一个算术计算问题时，几乎没有人会用学校的标准算法。由于民族数学知识富有生气，在需要的时候，它就可以作为进一步发展知识的出发点，它是广泛认可的教育目标‘学会如何学习’的具体化。”实践研究表明，将民族数学文化融入教学之中，能调动民族地区学生学习数学的积极性，增强民族地区学生学习数学的自信，培养民族地区学生的数学思维，增进民族地区学生对数学知识的理解，对民族地区学生智力的发展有很好的促进作用，进一步提升民族地区学生的认知水平、学习能力和数学水平等②，体现出民族数学文化的作用和价值。

在大学数学教学中融入数学文化，办法有许多，其中将发掘民族数学文化作为研究性学习的一个重要内容，不失为一种好办法。具体而言，就是将研究的内容与实践相结合，把数学与文化结合起来，开展民族数学文化调查研究实践活动，让学生发现自己身边的数学，从数学的视角学习、鉴赏、传承民族数学文化，去感悟民族数学文化和体验数学美，同时去正确理解数学的价值和文化内涵以及对人类文明的重要作用，并撰写民族数学文化调研报告和小论文。在此过程中，学生不仅能够开阔视野，培养一种实事求是的科学精神和独立思考的研究能力，还可以在体验丰富多彩的民族数学文化以及不同民族数学文化的相互影响、相互交流、相互借鉴中，加深对各民族的交往、交流、交融的认识，从而铸牢中华民族共同体意识。下面主要结合壮族数学文化调查研究来谈。

---

① 肖绍菊，罗永超，张和平，等．民族数学文化走进校园——以苗族侗族数学文化为例［J］．教育学报，2011，7（6）：32-39.

② 黄永彪．民族预科生数学水平评估方式改革的实验研究［J］．数学教育学报，2014，23（1）：46-50.

一、壮族数学文化调查研究

壮族是我国人口最多的少数民族。在悠久的历史发展进程中，壮族人民创造出了独具特色的文化，它们广泛存在于壮族工艺品、服饰、舞蹈、山歌、绘画和民间传说与神话等日常生活中。这些瑰丽的壮族文化中蕴含着丰富的数学文化，很值得深入调查研究。例如，对壮锦、壮族铜鼓和壮族干栏式建筑的数学文化调查研究情况如下。

（一）壮锦中的数学元素

壮锦是中国四大名锦之一，是广西极具特色的少数民族工艺品，壮族常用其作门帘、被单、台布、荷包、背带、腰带、头巾、围巾等物品的装饰物，在壮锦上加入了精美绝伦的图案，有正方形、圆形、正方形内接小正方形、小正方形内接圆、花、鸟、人物等，把美丽的壮锦勾画得栩栩如生。所以说，美丽的壮锦是壮族人民的瑰宝，壮族妇女通过自己的智慧和巧手，把对美好生活的愿望表达出来，其示例如图 7－18 所示。

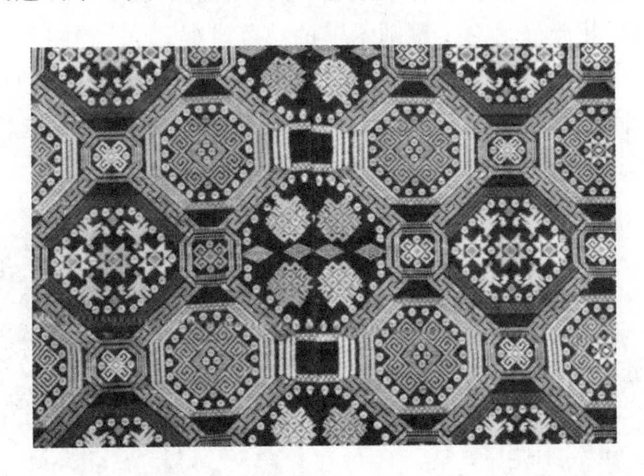

图 7－18　美丽的壮锦示例

据相关研究，壮锦比较常见的有三种纹样的造型，分别是几何纹地、几何形骨架内饰图案和锦地纹上织独立纹样[①]。这些纹样造型的巧妙组合运用，使得整个壮锦处处体现了几何的美。整个壮锦体现了各种各样的数学元素，如正方形、长方形、等腰梯形、三角形、圆形等；在整个壮锦画面上，图案

① 徐昕，吕洁，杨小明．从艺术特色到成因归宗——广西壮锦纹样解读［J］．广西民族大学学报（自然科学版），2014，20（1）：53－58.

自身是轴对称图形，同时又可以将整个图案看成一个又一个变换的图形，其中有许许多多的几何变化，如轴对称、旋转变换等。几何花纹运用了点、线、圆形、方形等全等变换数学原理，构成了优美的图案。展示这些图案和变换，无疑是将数学文化融入几何教学很好的方式。

（二）壮族铜鼓中的数学元素

壮族是最早制造和使用铜鼓的民族之一，壮族铜鼓体现古代壮族高水平的冶铸工艺。铜鼓示图如图 7－19 所示。据统计，广西是中国乃至世界上收藏铜鼓最多的地区，是“铜鼓之乡”。正因如此，铜鼓也成了广西具有少数民族特色的乐器工艺品之一。铜鼓的鼓面和鼓身都有许多精美图案和花纹，相关圆的知识和精湛的“割圆术”都在古铜鼓图中得到了体现。如对西汉北流型铜鼓鼓面拓片进行测量，发现中间的太阳纹，其中心点正好是鼓面的圆心，八个芒中任何两芒之间的角度均为 45°，即八芒把鼓面分成 8 等份[①]。这是展现数学中的“割圆术”思想（即通过圆内接正多边形和外切正多边形来求得圆周率的近似值）的一个很好案例。这是壮族铜鼓与数学相互融合的最好体现，也显示出了壮族先祖对“割圆术”的熟练掌握。

如图 7－20 所示的是铜鼓平面图，不难看出，鼓面是圆形的，在鼓芯处，多个圆组成“同心圆”图案，两个圆之间必定有一些特殊的花纹或图案。最重要的是，鼓面上的图案虽然复杂，但处处能做到“对称美”。

图 7－19　铜鼓示图

图 7－20　铜鼓平面图

铜鼓有许多类型，在不同时代和不同地区，图案和花纹都有所不同，各有特色，深入挖掘和研究都可以成为数学文化融入的教学案例。

壮族是个具有优秀文化的民族，通过梳理和展示将壮族文化融入壮族

① 梁庭望．中国壮族［M］．银川：宁夏人民出版社，2011.

工艺品中的铜鼓以及壮锦所涉及的数学元素，我们看到了壮族工艺品中所蕴含的数学文化，其中铜鼓上的几何纹样、写实图案等运用了形象思维与抽象思维，形成了富有数学韵味的装饰。通过运用点、线、面、几何图形等，构成壮锦上整齐优美的图案，许多图案的构成会应用轴对称、共线平移、等距平移、全等变换等数学原理。这些都证明了壮族先民早已把数学思想融入壮族工艺品中，这些工艺品完美地向我们展现了其蕴含的数学之美！

（三）壮族干栏式建筑中的数学元素

壮族还有许多有特色的建筑物和文化古迹，例如干栏式建筑。这些建筑物和文化古迹同样可以成为将数学文化融入大学数学教学的很好素材，值得学生深入去挖掘、研究和探索。

干栏式建筑是我国西南一些少数民族地区常采用的一种古老的建筑形式[①]。它既可防蛇、虫、猛兽之害，又可避潮湿，下面还可养殖家禽、家畜。这种建筑风格，在壮族聚居的山区村落也比较普遍。其中墙面的高度与整个干栏式建筑的高度之比，蕴含的正是“黄金分割比”这一数学元素。

每一种民族数学文化必定包容“民族数学”，民族数学是由某一民族在社会生活、生产实践中发现、发展起来的，具有民族文化特征的数学思想、数学理论、数学方法，并在且仅在本民族现在的生产、生活以及文化领域内仍被广泛地传承和使用[②]。可以看到，壮族的数学文化知识是片段的、零碎的，绝大部分都处于实用数学阶段，没有形成完整的数学理论系统，这也和我国古代数学主要以解决生产、生活问题的实用数学特点相吻合。然而，民族数学文化的意义不仅在于它是少数民族文化的重要组成部分，更主要的还在于它的现实作用和价值[③]。研究表明，民族数学文化是直接影响数学教育的主要文化因素之一，直接影响着民族学生数学能力的发展。因此，充分挖掘和展示少数民族文化中的数学因素，对了解少数民族学生的数学文化背景，加强数学文化视角下的民族数学课程资源开发和课堂教学融入，提高高校尤其是民族地区高校数学教学质量有着积极的现实意义。

---

① 严风华．广西世居民族文化丛书壮族卷：壮行天下［M］．南宁：广西民族出版社，2014.

② 孙杰远．试论民族数学的数学教育价值［J］．西北师范大学学报（自然科学版），1994（1）：99-102.

③ 黄亿君，陈碧芬．对我国少数民族学生数学学习现状与对策的思考［J］．西南师范大学学报（自然科学版），2011，36（4）：239-243.

二、民族数学文化调查研究报告示例

桂林龙胜龙脊梯田的数学调研报告

梯田——山坡上的土地，大多被修成台阶式的，像楼梯一样，这就叫梯田（见图 7-21）。

图 7-21 梯田

修梯田是为了使庄稼长得更好，因为落在山上的雨水，沿着山坡很快向下流动，山上的泥土、沙石也会被流水冲走，这样坡田上肥沃的表层土壤就会慢慢流失，植物在贫瘠的土地上自然是长不好的。如果不修梯田，雨水顺着山坡流下去，坡田里不能很好地蓄水，土壤非常干燥，庄稼也不能很好地生长。梯田能有效地防止水土流失，因为泥沙每经过一级梯田都会沉淀，最后流到底层的水基本上已经很少有泥沙了。龙脊开山造田的祖先们当初没有想到，他们用血汗和生命开出来的龙脊梯田，竟变成了如此妩媚的曲线。在漫长的岁月中，人们在大自然中求生存的坚强意志，在认识自然和建设家园中所表现的智慧和力量，在这里被充分地体现出来。许多看到龙脊梯田的游客都说有一种说不出的自由和轻松，感受到的是大自然的和谐美和简单美。

然而，有谁在欣赏大自然的美感之时，会想到我们所学的数学，也有着同样的美呢？

或许有人会说，数学是一门学科，怎么能与大自然艺术相提并论呢？这只是认为数学枯燥乏味的人的看法，他只是看到了数学的严谨性，而没有体会到数学的内在美。其实，数学也是一门艺术，也有它独特的美。美国数学家、控制论的创始人维纳则说：数学实质上是艺术的一种。数学，本来就是用来解决实际问题的，所以运用数学思维去思考和研究像梯田这样的自然模型，我们也可以了解到意想不到的东西！

一、调查目的

寻找龙脊梯田的特点和结构及其蕴含的数学文化，了解地方民族特色，并结合数学美，让人们对数学有更深的认识。

二、调查对象和方法

通过查阅资料和实地调查，走访当地居民，并结合各地梯田的特点来了解桂林旅游胜地龙脊梯田。

三、调查内容

（一）龙脊梯田的特点

1. 历史悠久

龙脊梯田始建于元朝，完工于清初，距今已有650多年历史，是广西二十个一级景点之一。居住在这里的壮族、瑶族人民，祖祖辈辈，筑埂开田，向高山要粮。从水流湍急的溪谷到云雾缭绕的峰峦，从森林边缘到悬崖峭壁，凡是能开垦的地方，都被开凿成了梯田。这样，经历了几百年的时间以及很多代人的努力，龙脊梯田日臻完美，形成了从山脚一直盘绕到山顶、“小山如螺，大山成塔”的壮丽景观.

2. 规模大

由于依山而建，因地制宜，因此这些梯田大者不过一亩，小者仅能插下两三行禾苗。但是，桂林的龙脊梯田面积达 $66\mathrm{km}^2$，海拔为 300～1100m,坡度大多在 $26°$～$35°$，最大坡度达 $50°$。

3. 线条优美

从高处往下看，梯田的优美曲线几乎是等高平行的，动人心魄，且其规模磅礴壮观，气势恢宏。从图片来看，梯田如链如带，从山脚盘绕到山顶，层层叠叠，高低错落，显示出无限的和谐感！与其他有名的梯田相比，它最大的特点就是“线条整齐”，即使著名的元阳梯田和哈尼梯田都比不上它的整齐有序。

4. 四季景色宜人

春天，水田里灌满了准备插秧的水，大山之上水的波纹晶莹闪亮，辛勤的农民们弯腰劳作；夏天，错落的绿浪如丝绸般涌动，眺望远处田间完美的弧线绕着山间；秋天，如黄金熔岩在山体上流动，堆叠，闪烁；冬天，清晰壮丽的轮廓展现在眼前。

5. 保留原始气息

当然，龙脊梯田之所以让人赞叹，不止是因为它的美，还有当地人民祖祖辈辈艰苦开拓、并坚持至今的强大精神力量，给后人留下了宝贵而庞大的财产！如今很多梯田修建都是依靠现代的机械工具完成的，省时省力，所以现代人是很难想象当初祖先们是如何一耕一铲建起这座梯田的！一切都保持着原始的气息。这也是龙脊梯田与其他大部分梯田不同的地方！

（二）龙脊梯田的结构

前面提到的龙脊梯田坡度大多在26°～35°，最大坡度达50°。通过调查，我们发现龙脊梯田在缓坡地段的断面高几乎在1.5～2.5m。所谓断面，就是相邻的上、下两块梯田有高度差的连接面。但为什么是这样的高度呢？为什么不将断面挖得深一点来增加种田的面积呢？这就需要用稳定性来解释。不妨把梯田断面的形状想象成阶梯状（见图7-22）。

如果断面过高，那么该断面所承受的上一层的土壤压力过大，遇上大雨等天气，断面很容易发生滑坡（见图7-23）。

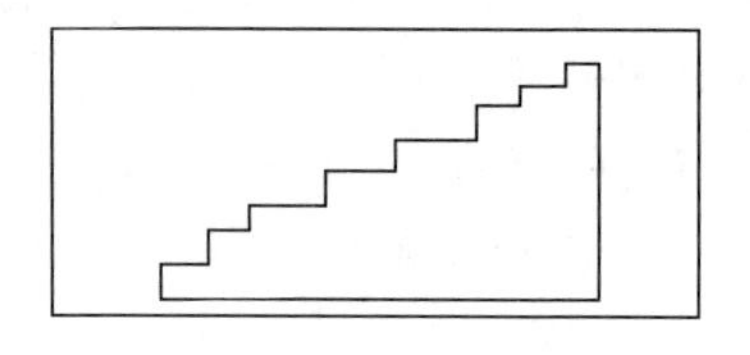

图7-22 阶梯状梯田断面

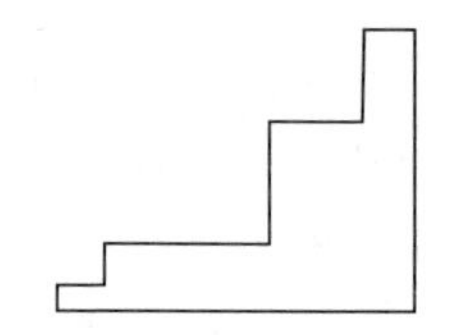

图7-23 发生滑坡后的梯田断面

另外，我们还发现梯田的断面并不是垂直于田面的，而是与田面呈60°～80°夹角，这样也是考虑到梯田的稳定性，运用了三角形的稳定性原理。水平线、垂直线及梯田断面形成三角形。根据坡面的角度不同，断面的角度也跟着变化。坡面越陡，断面与田面的夹角越小（见图7-24），这样就越有利于梯田的持久稳定。也正因为如此，龙脊梯田才能完整地从元代保留至今，我们不得不承认先人的勤劳和智慧。而从现代已有的技术经验来看，我们了解到，土坎的材料、坡度、高度、施工技术、利用方式等是影响梯田土坎稳定性的主要因素。研究表明，黏粒含量低的土壤不宜作土坎。梯田土坎设计高度宜为2m左右，边坡采用66°～88°的夹角即可稳定安全。而龙脊梯田的土质正是黏粒含量比较高的黏土，道路与灌溉系统规划合理，梯田总体坡度不高，可以说是一块种田的圣地！

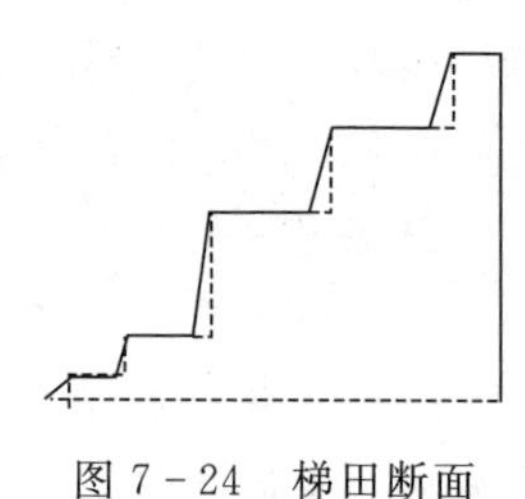

图7-24 梯田断面角度变化图示

（三）梯田美与数学美

看到美丽的龙脊梯田，又有谁能够联想到我们学过的数学呢？或者说学数学时又有谁会想到美丽的梯田呢？

我们都知道龙脊梯田的艺术性主要表现在它行云流水的线条叠加的美感上，简简单单的线条整齐有序，这就是简单性与和谐性的完美结合！而数学的艺术性表现在奇异性、简单性与和谐性三个方面。

首先，数学具有奇异性（也称突变性）之美。突变是一种突发性变化，是事物从一种质态向另一种质态的飞跃。变之突然，出人意料，因而能给人新颖奇特之感。在数学世界中，突变现象是有很多的。诸如连续曲线的中断、函数的极值点、曲线的尖点等，都给人以突变之感。法国数学家托姆创立的突变论，就是研究自然界和社会某些突变现象的一门数学学科。他运用拓扑学、奇点理论和结构稳定性等数学工具，研究自然界中和社会上一些事物的形态、结构突然变化的规律，所给出的拓扑模型既形象又精确，给人一种特有的美感。龙脊梯田看起来由很多线条构成，但这些线条并非直线，而是弯曲的，数学上称之为曲线。各种曲线交接，才能表现出艺术性的美感，正如世界上几乎没有一件艺术品是只由直线构成的。

试想，若梯田全被规划成了长方形，岂不是呆板无趣！另外，田埂弯曲的程度不同，忽而平缓，忽而来个急转弯，用数学来解释，就是斜率忽大忽小。这正是对应了数学中的奇异性之美！在垂直方向上，梯田每一层的高度都不一样，就像高低不一的阶梯。假如在梯田上由上往下走，每走一步，你一定预料不到下一步究竟有多高。有时轻松一踩就到下一阶，有时又要半蹲才能踩到下一阶，这也体现了突变性。如此，梯田中的美感也就在不知不觉中与数学的美学不谋而合！弗兰西斯·培根曾说："没有一个极美的东西不是在常规中有着某种奇异。"这句话的意思是：奇异存在于美的事物之中，奇异是相对于我们所熟悉的事物而言的。

其次，数学具有和谐美。美就应该是和谐的。和谐也是数学美的特征之一。和谐即雅致、严谨或形式结构的无矛盾性。没有哪门学科能比数学更能清晰地阐明自然界的和谐性。的确，梯田上每一条田埂上所形成的线条虽多种多样、无一雷同，但却井然有序，不像迷宫那样很难走出来。在这里，人们世世代代耕田，田地又养活世世代代人，人与自然和谐共处，一切都显得那么和谐。和谐性和突变性作为数学美的两个基本特征，是对数学美的两个侧面的摹写和反映，它们既相互区别，又相互依存、相互补充，数学对象就是在两者的对立统一中显现出美的光辉的。

最后，还有简单性，简单、明快才能给人以和谐之感，繁杂晦涩就谈不上和谐一致。因此，简单性既是和谐性的一种表现，又是和谐性的基础。爱因斯坦说过："美，本质上终究是简单性。"他还认为，只有借助数学，才能达到简单性的美学准则。朴素，简单，是其外在形式。只有既朴实清秀，又底蕴深厚，才称得上至美。的确，龙脊梯田的结构是极为简单的，仅由线条构成，而线条与线条之间又能协调有序地组合在一起，最后仅由大的规模来实现宏伟的艺术感。这是多么完美的结合啊！

四、调查总结

梯田是一幅世代勤劳的农民绘就的艺术画，带着秀美流畅的线条、如诗如画般的意境，与数学相结合，整齐、合理的建设体现出无限的和谐美！它是民族文化的结晶，人类的无价瑰宝①。

综上所述，数学是人类发展和进步的阶梯，科学技术的每一步发展都离不开数学的进步和发展。数学文化是人们认识世界、改造世界极其有力的思想武器。数学教学不仅要注重数学的科学性，也要注重其文化性。高校数学教师要善于挖掘并利用教材中和身边的数学文化素材，有意识、有目的、有方法地将数学文化融入大学数学教学中，这有利于学生形成有效的数学学习和数学认识信念②，并有利于学生综合能力和数学教学成效的提升。在民族地区，教师需要主动了解民族习俗和民族文化，恰如其分地将民族数学文化融入大学数学教学之中，这符合民族地区高校数学教学的需要，有利于民族文化的传承和发展，有利于提高少数民族学生的数学核心素养和综合素质，有利于推动民族地区数学教育发展和促进教育公平。

习作点评

本文围绕龙脊梯田的自然形态、结构展开探讨，并以图示的形式展示，选题大小适中，难度不大，具有研究性，结论切合实际，所用的调查研究方法值得采纳。

每一个民族都有各自的民族文化，因此也会有相应的民族数学文化。数学文化无处不在，它影响着人们的方方面面。龙脊梯田中所蕴含的数学文化没有文字记载，它的科研价值、文化价值及审美价值有待进一步研究。习作者仅从梯田的结构、形态上寻找龙脊梯田的特点和结构，探讨相关数学知识及其蕴含的数学文化，并从审美角度得出相关结论。龙脊梯田在人类改造自然、利用自然、战胜自然的建筑历史文化中占有不可估量的地位，是人类建筑文化的长廊里的瑰宝，同时也是一个巨大的民族文化符号，其中隐含了多层的文化沉淀，是人类文化宝库中的璀璨明珠。

---

① 黄永彪，杨社平．一元函数微积分［M］．北京：北京理工大学出版社，2021.

② 黄永彪．民族预科生数学认识信念的调查分析［J］．数学教育学报，2016，25（5）：78－83.

结束语

大学数学是一门集抽象与具体、逻辑与计算、演绎与推导、想象与实现于一体的自然学科，而现代大学数学教育内容普遍有微积分、概率论与数理统计等，其知识体系纷繁复杂。学生对数学学科知识的学习面临诸多困惑，容易产生厌学情绪。尤其是许多教师认为大学数学课程是一个系统化的知识体系，一味生硬地灌输数学定理、公式、概念、方法等，根本没有把数学作为一种文化来加以重视，忽视了大学数学属于文化范畴。数学本身具有抽象性、确定性、应用性及文化性特点。因此，如何把这几个本质特点融合起来，如何把数学史、数学文化与数学教学融合起来，无疑是当今大学数学界必须研究的重点课题。对此，本书以此为视角，试图在实践教学中把数学文化与大学数学教学有机结合起来，力求提高大学数学教学的教学效果和教学质量。

参考文献

[1] 鲍红梅，徐新丽．数学文化研究与大学数学教学［M］．苏州：苏州大学出版社，2015.

[2] 刘莹．新时代背景下大学数学教学改革与实践探究［M］．长春：吉林大学出版社，2019.

[3] 姜伟伟．大学数学教学与创新能力培养研究［M］．延吉：延边大学出版社，2019.

[4] 丛山．数学文化［M］．合肥：中国科学技术大学出版社，2017.

[5] 孙亚洲．大学数学教学中数学文化渗透的途径［J］．当代旅游，2019（12）：160.

[6] 郑淑智．在大学数学教学中渗透数学文化的思考［J］．科技资讯，2019，17（7）：119－120.

[7] 王刚．大学数学教学中数学文化的渗透［J］．考试周刊，2018（91）：87.

[8] 刘芳，徐丽，李德阳．数学文化在大学数学教学中的重要性分析［J］．商业故事，2018（16）：141.

[9] 高丽．大学生数学创新能力培养的探讨［J］．学理论，2010（23）：274－275.

[10] 宋敏．大学数学教学中渗透数学文化的主要策略［J］．企业文化（下旬刊），2015（1）：242－242.

[11] 李野默，郭媛媛，刘杨熠．大学数学教学中融入数学文化的研究与实践［J］．中外交流，2017（47）：122.

[12] 刘琳娜．数学文化在教学中的运用［J］．基础教育课程，2021（3）：48－53.

[13] 余庆纯，汪晓勤．基于数学史的数学文化内涵实证研究［J］．数学教育学报，2020，29（3）：68－74.

[14] 陈朝东，牛健人．小班教学与大班教学对大学生数学学习成就影响的比较研究［J］．数学教育学报，2017，26（5）：93－98.

[15] 陈朝东，陈丽，郭萌．大学数学小班教学实施的现实困境——从班级规模到教学理念和方式的转变［J］．数学教育学报，2020，29(4)：73－78.

[16] 黄云清．基于新工科理念推进大学数学教学改革［J］．中国大学教学，2020 (2)：28－31.

[17] 凤宝林．大学数学课程教学中培养数学建模意识的方式解析［J］．高教探索，2017 (z1)：46－47.

[18] 何穗，胡典顺，李书刚．大学文科数学教学的现状与对策［J］．数学教育学报，2013，22 (1)：47－50.

[19] 王友国．大学数学课程体系和教学内容的改革与实践［J］．数学教育学报，2010，19 (4)：88－91.

[20] 赵志新，费忠华，吴建成，等．大学数学实践性教学模式的构建与实践［J］．中国高教研究，2008 (3)：92－93.

[21] 伍建华，江世宏，戴祖旭，等．大学数学教学的现状调查和分析［J］．数学教育学报，2007，16 (3)：36－39.

[22] 舒畅，闵兰，万会芳．基于翻转课堂教学模式下的大学数学微课教学［J］．西南师范大学学报（自然科学版），2017，42 (9)：196－200.

[23] 聂力．大学数学教学质量现状及提高对策［J］．首都经济贸易大学学报，2014，16 (6)：122－124.

[24] 李明哲．试论大学数学教学的效率策略［J］．黑龙江高教研究，2012，30 (2)：154－156.

[25] 郭明月．大学数学课堂教学的四种切入方式［J］．华中农业大学学报（社会科学版），2006 (3)：94－97.

[26] 佟玉强．大学数学实践性教学模式的构建与实践［J］．教育与职业，2013 (21)：115－116.

[27] 嵇绍春．基于研究性教学的大学数学课堂教学模式探讨［J］．继续教育研究，2013 (12)：141－142.

[28] 尹洪波．大学数学文化教学体系的构建［J］．中国成人教育，2012 (10)：115－116.

[29] 徐爱华．大学数学教学与形象思维研究［J］．教育与职业，2008 (17)：63－64.

[30] 陈绍刚，黄廷祝，黄家琳．大学数学教学过程中数学建模意识与方法的培养［J］．中国大学教学，2010 (12)：44－46.

[31] 王晓莺，于涛，张晓威．分层次教学法在大学数学教学中的运用

[J]. 教育探索，2011 (8)：59-60.

[32] 宋云燕，朱文新. 浅析大学数学教学中数学建模思想的融入 [J]. 教育与职业，2015 (10)：76-77.

[33] 李文娴. 浅析大学数学教学存在的问题及对策 [J]. 中国成人教育，2014 (18)：182-184.

[34] 喻华杰，宁连华. 大学数学本科人才培养教学特区的实践与探索 [J]. 数学教育学报，2011，20 (3)：93-96.

[35] 张必胜. 数学文化和数学史融入大学数学教学的策略研究 [J]. 内蒙古师范大学学报（教育科学版），2019，32 (12)：114-118.

[36] 曹广福. 浅谈大学非数学专业的微积分教学 [J]. 中国大学教学，2018 (1)：66-69+86.

[37] 王少彧，张艳霞. 浅谈大学数学文化及其教学策略 [J]. 教育与职业，2014 (24)：115-116.

[38] 贾秀利. 大学数学教学中建模思想渗透策略 [J]. 职业技术教育，2014 (35)：53-54.

[39] 张玉峰，芮文娟，周圣武. 用数学方法论指导大学数学教学 [J]. 数学教育学报，2014，23 (5)：76-78.

[40] 赵霞. 浅谈大学数学课堂教学 [J]. 湖南师范大学社会科学学报，2014 (z1)：60-61.

[41] 何建新，尹志刚，叶正道. 大学数学教学培养学生创新能力的探索 [J]. 中国成人教育，2010 (5)：140-141.

[42] 郭红. 数学建模思想在大学数学课堂教学中的应用 [J]. 中国成人教育，2010 (16)：172-173.

[43] 杨学枝. 一类平面几何问题的统一解法 [J]. 中学数学杂志，2017 (3)：25-26.

[44] 沈文选. 平面几何证明方法全书 [M]. 哈尔滨：哈尔滨工业大学出版社，2005.

[45] 沈文选，杨清桃. 数学解题引论 [M]. 哈尔滨：哈尔滨工业大学出版社，2017.

[46] 程华. 数学课堂思维教学若干问题的思考 [J]. 数学通报，2018，57 (3)：26-29+52.

[47] 江高文. 数学新思维——中学数学思维策略与解题艺术 [M]. 武汉：华中师范大学出版社，2002.

[48] 李松林. 回归课堂原点的深度教学 [M]. 北京：科学出版

社，2016.

[49] 张俸保，温定英．双导双学：指向核心素养培育的教学模式［M］．重庆：重庆大学出版社，2018.

[50] 石端银，张晓鹏，李文宇．“翻转课堂”在数学实验课教学中的应用［J］．实验室研究与探索，2016，35（1）：176－178＋233.

[51] 胡晓晓．基于翻转课堂的深度学习模式研究［J］．教育现代化，2019，6（16）：158－160.

[52] 黄永彪，杨社平．一元函数微积分［M］．北京：北京理工大学出版社，2021.

[53] 黄永彪，杨社平．微积分基础［M］．北京：北京理工大学出版社，2012.

[54] 陈克胜．基于数学文化的数学课程再思考［J］．数学教育学报，2009，18（1）：3.

[55] 魏剑英．浅谈青年教师大学数学教学能力的提高［J］．牡丹江大学学报，2010，19（7）：160.

[56] 魏连鑫．大学数学教学应重视学生四种能力的培养［J］．上海理工大学学报（社会科学版），2021，43（1）：82.

[57] 刘炎，张学奇．大学数学教学中加强学生创新能力培养的研究［J］．当代教育理论与实践，2018，10（2）：27.

[58] 陈勋．大学数学创新教学方法初探［J］．中国校外教育，2018（8）：134.

[59] 夏祥红．在数学教学实践中融入数学文化的教学策略研究［J］．高考，2021（36）：58－60.

[60] 徐菁．数学文化融入高等数学教学的实践探索［J］．课程教育研究，2017（42）：138.

[61] 胡良华．大学数学教学中渗透数学文化的实践与思考［J］．边疆经济与文化，2009（9）：115－116.

[62] 王建云，彭述芳，田智鲲．将数学文化融入大学数学教学中的研究［J］．大学教育，2020（6）：106－108.

[63] 徐菁．数学文化融入高等数学教学的实践与探索［J］．考试周刊，2015（A1）：68－69.

[64] 金顺利．基于数学文化的高等数学教学案例［J］．沧州师范学院学报，2019，35（1）：115－119.

[65] 杜春文．数学文化融入大学数学教学中的探讨［J］．科技创新导

报，2015，12（26）：157－158.

[66] 周立平．浅谈大学数学系列课程教学专业适对性的困境与对策［J］．读与写（教育教学刊），2015，12（6）：18－20.

[67] 汪忠志，李文喜，丁芳清．大学数学教学中的数学文化价值研究［J］．安徽工业大学学报（社会科学版），2019，36（1）：53－55.

[68] 李婷．在大学数学教学中应用数学文化的策略［J］．新校园（上旬），2015（11）：47.

[69] 张凌．论价值理念与文化系统的构建——新型研究型大学思想文化工作的路径探析［J］．特区实践与理论，2021（1）：110－116.

[70] 李红玉．新课改下小学数学教学方法探讨［J］．学周刊，2022（17）：50－52.

[71] 邢治业．从案例教学视角探讨课程思政与高等数学的融合策略［J］．科教文汇（下旬刊），2020（4）：71－72.

[72] 黄永彪，成冬元，孔颖婷．聚焦核心素养　优化教学设计——例谈如何上好模拟课［J］．广西教育，2022（23）：77－80.

[73] 陈亚萍．对数学创新教育的一些思考［J］．黔南民族师范学院学报，2002（3）：14－17.

[74] 欧鹏翔．在数学教学中渗透审美教育［J］．高中数学教与学，2015（12）：10－11.

[75] 太江艳．数学文化融入数学课堂学习动力系统的教学研究［D］．昆明：云南师范大学，2018.

[76] 丁新梅．数学教学中融入数学文化的意义与路径研究［J］．高中数学教与学，2021（8）：8－10.

[77] 欧阳凤明．创新意识在课堂教学中的培养［J］．新课程（中旬），2012（7）：56.

[78] 谢业周．小学数学“五环节”教学设计实验研究［D］．重庆：西南师范大学，2005.

[79] 于加露．谈数学教学中的数学美［J］．成功（教育），2010（11）：66－67.

[80] 田果萍，张玉生，康淑瑰，等．横向数学化——高中生数学学习方式转变的有效途径［J］．教育科学论坛，2012（5）：17－19＋4.

[81] 张辉蓉．初中数学新课标理念下的主题式教学设计微型实验研究［D］．重庆：西南师范大学，2004.

[82] 张驰．渗透数学文化的小学数学教学设计研究［D］．重庆：西南大

学，2020.

[83] 朱忠明．数学课堂教学何以承载渗透数学文化的重任［J］．教育文化论坛，2016，8（2）：106－110.

[84] 陈永红．多媒体技术与小学数学教学有机融合分析［J］．读写算，2021（9）：11－12.

[85] 衡美芹，赵士银．课程思政融入高等代数课程教学研究——以宿迁学院信息与计算科学专业为例［J］．科技资讯，2021，19（7）：127－129.

[86] 黄文静．数学美与审美教育［D］．武汉：华中师范大学，2006.

[87] 潇湘数学教育工作室，冷水江市初中数学名师工作室．让数学历史的醇香在课堂中弥漫［J］．湖南教育（B版），2022（2）：42－45.

[88] 杨阳．民办高校内涵式发展的定位研究［J］．西部素质教育，2022，8（8）：157－159.

[89] 陶家兴．小学数学教学中渗透“数学文化”培养学生数学素养［J］．知识文库，2022（4）：40－42.

[90] 童凯郁，元春梅，石澄贤．提高高等数学教学质量的对策探讨［J］．产业与科技论坛，2011，10（12）：177－178.

[91] 曹立勋．初中数学教学中创新意识与创新能力的培养［J］．基础教育论坛，2011（12）：8－10.

[92] 赵多彪．创新教育中数学思想方法教学的研究［D］．兰州：西北师范大学，2004.

[93] 赵多彪．加强数学思想方法教学培养学生的创新能力［J］．数学教学研究，2001（11）：2－4.

[94] 赵多彪．试论数学思想方法教学和创新能力的培养［J］．河西学院学报（自然科学与技术版），2002（2）：84－88.

[95] 杨进．数学思想方法及其教学的探究［J］．科教文汇（上半月），2006（9）：82－83.

[96] 许鸣峰．中学数学思想方法及其教学研究［D］．南京：南京师范大学，2004.

[97] 牛翠．加强数学思想方法教学培养学生创造思维能力［J］．山西教育学院学报，2002（2）：95－96.

[98] 王祥．数学教学中培养学生创新能力的探索［J］．宿州教育学院学报，2010，13（3）：70－71＋126.

[99] 张金英．浅议数学文化在初中数学教学中的渗透［J］．新课程学习（基础教育），2010（7）：23－24.

[100] 王娟．论高等财经类院校《概率论》课程教学过程中数学思想的渗透［J］．内蒙古财经学院学报（综合版），2011，9（1）：74－76.

[101] 蒋本海．数学思想方法教学思路探讨［J］．数学教学通讯，2004（5）：11－14.

[102] 苏东跃．注重数学思想方法教学［J］．考试周刊，2014（62）：58－60.

[103] 王春光．浅谈数学思想方法［J］．考试（教研版），2009（2）：33.

[104] 魏淑清．数学教学中应注重培养学生的创新能力［J］．琼州大学学报，2003（5）：69－71.

[105] 姜文英．大学数学教学中渗透数学文化的策略研究［J］．科教文汇（上旬刊），2013（1）：54－55.

[106] 高成树．数学文化融入初中方程和函数领域的教学研究［D］．上海：上海师范大学，2012.

[107] 王永利．浅谈初中数学教学［J］．学周刊，2011（22）：50.

[108] 唐爱萍．动起来的数学课——对“问题导学”教学模式的初探［J］．学苑教育，2013（15）：50.

[109] 胡敏，唐琦林．数学思想方法在“微分中值定理”课堂教学中的应用［J］．攀枝花学院学报，2015，32（5）：109－112.

[110] 马虹．高等数学教学中数学思想方法的渗透［J］．辽宁师专学报（自然科学版），2012，14（2）：9－10＋17.

[111] 陈立顺．谈如何通过数学思想方法的教学培养初中生的思维能力［J］．新作文（教育教学研究），2011（19）：27－28.

[112] 王凤．浅谈在小学数学教学中渗透转化思想［J］．学周刊，2011（20）：126－127.

[113] 金海波．巧设小问题　挖掘大内涵［J］．新课程（中），2011（5）：141－142.

[114] 马虹．高职数学教学与学生创新能力的培养［J］．教育与职业，2012（12）：126－127.

[115] 曹爱民．高职院校高等数学数学思想方法教学研究［J］．山东电力高等专科学校学报，2011，14（6）：68－71.

[116] 宋鹿鸣．创新创业教育背景下高职高等数学教学策略的研究［J］．数学学习与研究，2016（22）：11－12.

[117] 方勤华．论学生发展与教师专业成长［J］．教育与职业，2006（29）：67－68.

[118] 黄金票．渗透数学思想，构建有效课堂——以《认识小数》为例 [J]．数学教学通讯，2021 (13)：41-42.

[119] 刘兴顺．小学数学教学怎样研读教材文本 [J]．小学教学参考，2011 (8)：32.

[120] 叶健明．浅议在高中数学课堂中数学文化的渗透 [J]．数学学习与研究，2011 (7)：116-117.

[121] 陈兰兰．极限思想在微积分教学中的重要性 [J]．理科爱好者 (教育教学)，2020 (4)：20+22.

[122] 王智勇，王春秀．对微积分学教育教学中构建学生“数学极限思想”的研究 [J]．高教学刊，2020 (20)：125-129.

[123] 汪云芬．数学思想方法在数学教育中的重要地位 [J]．承德民族职业技术学院学报，2003 (4)：26.

[124] 张峰浩．关于中值定理的注记 [J]．卫生职业教育，2003 (6)：93.

[125] 谭伟明，李连芬，苏芳．数学思想方法与学生数学素养的培养——以“数学分析”课程教学为例 [J]．梧州学院学报，2009，19 (6)：66-71.

[126] 郑毓信．“数学思想”面面观（上） [J]．小学教学（数学版），2012 (9)：4-9.

[127] 盛晓明．基于CAI的数学思想方法教学研究 [D]．大连：辽宁师范大学，2004.

[128] 燕学敏，华国栋．国内外关于现代数学思想方法的研究综述与启示 [J]．数学教育学报，2008 (3)：84-87.

[129] 苏洋．数学思想方法在高中数学教学中的应用 [D]．大连：辽宁师范大学，2016.

[130] 陈巧珍．数学专业新生学习适应性调查研究 [D]．福州：福建师范大学，2016.

[131] 王海燕．巧借数形结合　优化数学教学 [J]．名师在线，2022 (7)：31-33.

[132] 蓝欢玉．浅谈数学思想方法在高等数学教育中发挥的作用 [J]．江西电力职业技术学院学报，2021，34 (6)：113-114.

[133] 胡秋霞．基于数形结合方法的逻辑推理核心素养的培养——以“二次函数的复习”为例 [J]．上海中学数学，2021 (11)：25-26+38.

[134] 吕传汉，张洪林．民族数学文化与数学教育 [J]．数学教育学报，1992 (1)：101-104.

[135] 庞培法．华罗庚：用生命谢幕的人民数学家［J］．党史文汇，2010（3）：4－15.

[136] 黄亿君，陈碧芬．对我国少数民族学生数学学习现状与对策的思考［J］．西南师范大学学报（自然科学版），2011，36（4）：239－243.

[137] 罗永超，张和平，杨孝斌．中国民族数学研究述评及展望［J］．民族教育研究，2015，26（1）：132－139.

[138] 刘明君．西北民族地区高中数学新课程实施中的问题与对策［J］．亚太教育，2015（16）：70－71.

[139] 涂青，胡振琴．浅谈大学数学教学中的德育教育［J］．读与写（教育教学刊），2008（10）：76＋82.

[140] 孙小飞．例谈数学的和谐美和奇异美［J］．现代企业教育，2012（14）：85－86.

[141] 张富国，赵树智．论数学由潜向显转化的美学机制［J］．长春师范学院学报，1995（6）：43－48＋59.

[142] 罗彩娟．旅游场域中的龙脊梯田景观解读［J］．经济研究导刊，2011（30）：185－187＋195.

[143] 郭玉蓉，潘艳华，王应学，等．不同耕作和覆盖方式对坡耕地水土及养分流失的影响［J］．农业与技术，2014，34（7）：62－63＋70.

[144] 周长军，穆勒滚，杨永丽．民族小学生数学核心素养的培养刍议［J］．云南教育（小学教师），2019（4）：9－11.

[145] 张雷．“天下一绝”龙胜梯田——方寸之间话林业之九［J］．广西林业，2017（12）：37.

[146] 王奋平，陈颖树．聚焦黎族数学文化［J］．数学教育学报，2010，19（4）：70－72＋91.

[147] 木尔扎别克·阿不力卡斯，吴和敏．哈萨克族传统建筑文化中的几何元素［J］．图学学报，2015，36（1）：1－6.